Der neue „Klick" im Kopf

Wege zum Familienhund

Simone Werth-Wagner

AnRoSi-Verlag

„Das Wort Konsequenz verliert an Bedrohung." Das allein sollte Anlass genug sein, dieses Buch von Simone vom ersten bis zum letzten Satz zu lesen. Denn das Wort „Konsequenz" schwebt wie ein Schwert über unseren Köpfen - immer bereit zu richten oder uns zu erdrücken, mit der Last des „Ich-muss-immer-konsequent-sein-Verhaltens". Doch wo bleibt unser Bauchgefühl und spontanes Handeln, wenn immer erst der Kopf eingeschaltet werden soll? Beeinflusst von Medien, anderen Hundehaltern, Nachbarn oder „Hundeprofis" verzweifeln nicht nur Neuhundehalter anhand der Fülle gutgemeinter Ratschläge – schade nur, dass diese nicht immer konform gehen. Derart verunsichert, klammert man sich dann an festgelegte Methoden in der Hundeerziehung, mit zum Teil sonderbaren „Vorschriften", welche keinen Raum für Individualität lassen.

Bauchgefühl - oder etwas fachlicher ausgedrückt Intuition - ist jedoch eines der wichtigsten Hilfsmittel in der Hundeerziehung. Und genau an dieser Stelle setzt Simone mit dem „Klick" an. Er ist ein „etwas anderer Ratgeber", denn Simone appelliert an die in jedem von uns steckende Intuition. Mit Leichtigkeit und Selbstverständlichkeit hat Simone ihr Buch geschrieben. Sie geht in ihrer wahren Geschichte auf ein konkretes Bespiel ein, weist aber immer wieder darauf hin, dass die Dinge in einem anderen „Fall" schon wieder ganz anders laufen können. Individualität ist das zweite „I-Wort", welches rein sachlich gesehen, aus der Hundeerziehung gar nicht wegzudenken ist.

Jedes Mensch-Hund-Team ist dabei als individuell gewachsene Beziehung zu betrachten. Menschen haben unterschiedliche Erfahrungen mit Hunden gesammelt, haben eigene Vorstellungen vom Alltag mit ihrem Hund. Die Autorin respektiert genau diese Individualität und verzichtet auf den erhobenen Zeigefinger mit den vielen „Vorschriften". Simone weist auf Grenzen hin und auch auf die Notwendigkeit, sich abzugrenzen. Sie lässt aber so viel Spielraum zu, dass jede(r) Hundehalter(in) seine ganz persönlichen Grenzen dort ziehen kann, wo es ihm/ihr passt. Simone hat sich im Laufe der Jahre, in denen sie mit Hunden zusammenlebt, sehr viel Wissen angeeignet. Sie gibt sich nie mit unklaren Antworten zufrieden, sondern bohrt nach und will es genau wissen. Simone hat nie ihre Menschlichkeit und Offenheit verloren und sich auch ihr Bauchgefühl und ihre Spontanität bewahrt. Genau davon wird sie Ihnen ein Stück abgeben, wenn Sie dieses Buch lesen. Nehmen Sie dieses Geschenk an - es ist im „Klick" inbegriffen. Es ist aus dem Leben für das Leben zum Wohle eines zufriedenen, ausgeglichenen Hundes.

Wir sind Simone sehr dankbar für den neuen „Klick" – Wege zum Familienhund.

Sabine und Dietmar Meyer, HundeCentrum Fürth

KAPITEL 1
Der Hund an sich und im Besonderen

Die Entstehung des neuen „Klicks“, Wege zum Familienhund

Ein großes HALLO sende ich an dich, den Leser dieses Buches von der Terrasse unseres Hauses bei Ansbach in Franken. Da uns jetzt schon das wunderbare Geschöpf Hund verbindet, erlaube ich mir das „Du“. Und du darfst mich natürlich auch gerne duzen. Ich bin die Simone und stelle meine Familie und mich kurz vor. Damit du weißt, wer dir hier zum „Klick“ verhilft.

Meine Familie sind: Mein Mann Rolf, in der IT-Branche tätig und außer für das tägliche sichere Brot noch für alle baulichen Aktivitäten rund ums Haus und um die Hunde zuständig. Unsere Tochter Annika, ist kaufmännische Assistentin in einem IT-Unternehmen.

Annika damals, früher, heute und jetzt

Ja und ich, Simone. Ich habe Werbekauffrau gelernt und war einige Jahre in einer Werbeagentur in der Kundenberatung und als Texterin sehr gerne tätig. Danach habe ich in zwei Verlagen gearbeitet. Als Annika auf die Welt kam, habe ich selbstständig von zuhause aus gearbeitet und meine künstlerische Ader ausgelebt: Unter dem Firmennamen „Momky“ habe ich als Unikatrahmen-Malerin ein Zubrot verdient.

So konnte ich mir die Zeit für unsere Hunde und später auch die Zucht der wunderbaren Elo® prima einteilen. Seit 1999 habe ich eine lizenzierte Zuchtstätte in der EZFG e.V. Maximal zwei Würfe ziehen wir pro Jahr liebevoll und bestens sozialisiert auf. Weiterhin bin ich in der Elo® Zucht- und Forschungsgemeinschaft (EZFG e.V.) für die Welpenvermittlung tätig und als Zuchtwart in meinem Umkreis gerne für die Zuchtstätten- und Wurfabnahmen zuständig. Welpen-Interessenten und -Besitzern stehe ich mit Rat und Tat zur Seite.

Rolf und Simone mit den Elo® Samba, Tschakka, Quamie und Pookie

Den Markenhund Elo® gibt es jetzt seit 1987, und ich bin der Begründerfamilie Marita und Heinz Szobries sehr dankbar, dass sie diesen wunderbaren Hund „erschaffen" haben. Er bringt für mich all die Voraussetzungen mit, die ich mir für einen Familienhund vorstelle.

In der Nähe von Nürnberg hatten wir zwanzig Jahre lang ein Haus mit einem kuscheligen Garten und noch etwas weniger - oder auch nur kleinere - Tiere. Meerschweinchen haben mich schon mein ganzes Leben begleitet, ich brauche ihr quieken und erzählen.

Meereber Tschilly zum Beispiel wird in diesem Buch noch eine Rolle spielen. Oder das Kaninchen Snubba unserer Tochter.

Und nicht zu vergessen, unsere erste Elo®-Hündin Roxy. Sie kam 1997 von der Begründerfamilie in unser Leben. Und begleitete uns über sechzehn Jahre lang, sie ist hier auf dem Grundstück unter einer alten Kirsche begraben und wacht gut über uns. Ihre Art hat uns so fasziniert, dass wir diesem Hundetyp bis heute treu geblieben sind.

Die Elo® Roxy, Candy, Jumi und Lolli

Tschilly mit Kumpeline Blackfoot

Roxy und Candy im Wildpark

Shisha-Baby

Snubba mit zwei Welpen

Unsere jetzige Pookie, ihre Kinder und Kindeskinder, sind Nachfahren von Roxy.

Dann sind wir nochmal umgezogen. Hier haben wir mehr Platz und viele Entfaltungsmöglichkeiten - jeden Tag freuen wir uns, dass wir diesen Schritt gewagt haben. In einem kleinen Dorf bei Ansbach haben wir unseren Lebenstraum verwirklicht. Das alte Bauernhaus wurde kernsaniert, dazu sind eine große Scheune und über dreitausend Quadratmeter Grund unser Paradies. Annika, die kurz vor unserem Umzug ausgezogen ist, kommt uns häufig mit ihrem Freund und Kind und Kegel - äh, Hund und Katz - übers Wochenende besuchen.

An dieser Stelle bedanke ich mich bei Rolf und Annika, denn ich, die Ehefrau und Mutter, übertreibe in tierischen Angelegenheiten schon ein bisschen und brauche dann doch ab und an ihre Hilfe. Und sie sind auch in schlechten Zeiten immer für mich und die Tiere da. Danke an alle liebenswerten Familien, die so viel Freude über ihre - unsere - hündischen Schätze zeigen. Die aber auch schwierige Zeiten mit mir teilen und ich selbst diesen Weg mit ihnen gemeinsam gehen kann. Danke auch an die Familie von unserem Helden Takeo hier. Ohne sie wäre dieses Buch nie entstanden. So können wir noch vielen, vielen weiteren Hundehaltern einen glücklicheren Start ermöglichen - oder sie noch auf die richtige Bahn schieben.Und ein großes DANKE an unsere braven Hunde, die, während ich das alles niederschreibe, überdenke, ändere, Fotos einfüge, einfach willenlos diese Ruhe dulden - oder vielleicht sogar genießen?

Auch jetzt haben wir natürlich hündische Familien-Lebensbegleiter.

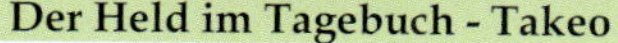

Der Held im Tagebuch - Takeo

Hundemädels, die sich verstehen

Während der Überarbeitung dieses Buches mussten wir uns leider von unserer rauhaarigen Klein-Elo®-Hündin, Lolli von der kleinen Oase, verabschieden. Fast sechzehn Jahre hat sie uns begleitet und uns fünf Würfe mit wundervollen Welpen geschenkt. Am Ende mussten wir ihr helfen, über die Regenbogenbrücke zu gehen. Die Verabschiedung fand bei uns zuhause statt, alle wichtigen Menschen und unsere weiteren Hunde waren dabei. Ruhe in Frieden und wache über uns. Und danke an unsere „kleine" Tierärztin, die das so wunderbar friedlich gemacht hat.

Ein erfülltes Leben hatte Lolli - trotzdem gehen sie immer zu früh

Ganzheitlichkeit auf den Wegen zum entspannten Familienhund

Es werden einige denkwürdige Vergleiche zwischen Kind und Hund auftauchen. Die Grundhaltung in der Erziehung ist sich sehr ähnlich. Dies kann man - ja echt, jetzt - auch auf viele verschiedene Haustierarten ausweiten. Diese Vergleiche dienen nur zum Finden des „Klicks". Natürlich kann man nicht alles im Hundeleben mit einem Menschenleben gleichsetzen. Aber, du wirst im Laufe dieses Buches - hoffentlich schmunzelnd - viele Ähnlichkeiten in der Erziehung feststellen. Oder durch einen Vergleich den Hund an sich besser verstehen. Auch, wenn dieser ein wenig hinkt - also den Vergleich, meine ich.

Ja, ich habe mich für die Zucht entschieden. Meine Zuchtstätte heißt „von Werths Echte", nach meinem Mädchennamen Werth benannt.

Hunde haben mich schon interessiert, da bin ich gerade auf die Welt gekommen. Sie werden immer meine allergrößte Tierliebe bleiben.
Unsere Katze Shisha ist natürlich auch mitgekommen und passt genau auf, dass sich ja keine Fremdkatze auf unser Grundstück verirrt. Weiter wohnen mit uns auch wieder Meerschweinchen und Kaninchen.

Hinzugekommen sind Wachteln, zwei Alpaka-Wallache und zwei Mini-Shetland-Ponys, die wir noch für uns als gut passend empfanden. Kurz darauf hat die ältere Stute bei uns ihr Fohlen auf die Welt gebracht, eine wunderbare, ganz tolle Erfahrung. Amicia verzaubert uns täglich mit ihren Bocksprüngen und weiteren Albernheiten.

Und, endlich hat alles gepasst - sowohl der Zeitpunkt, als auch die Herkunft - zog unser neuer Hausgenosse, der kleine Schweinehund Higgins, ein. Eigentlich ist er ein Minischweinchen, soll aber im Haus und in unserer Hunderotte mitlaufen. Sehr lustig ist es mit Higgins. Wir müssen aber alle noch voneinander lernen. Spannend wird auch seine Endgröße sein - die wir jetzt noch nicht kennen. Auch bei unseren anderen Tieren hatten wir uns belesen, mit Wesen und Zucht beschäftigt, viel umhergefragt und geforscht. Sowohl bei den Alpakas, als auch bei den Ponys und auch dem Schweini.

Bei neuen Tierarten ist uns auch der Zeitpunkt der Ankunft hier wichtig. Daher kommen die Ponys zum Beispiel aus dem hohen Norden, wo wir sie auch vorher einmal besucht hatten. Und für unser Schweini bin ich auch drei Stunden einfach gefahren, auch bei ihm war ich vorab live dort.

Warum wir bei einem Züchter waren und nicht ein Pony für fast geschenkt genommen haben? Nun, wir wollten gut aufgezogene Tiere, da sie ja mit unseren weiteren Mitbewohnern zusammen leben sollen. Ponys können sehr frech werden, wenn ihnen langweilig ist oder ausschlagen und beißen, wenn sie schon Schlimmes erleben mussten. Daher macht ein vorheriges Begutachten sowohl für den Käufer, als auch für den Züchter, durchaus Sinn.

Jedenfalls holten wir die zweieinhalb Ponys ein paar Wochen später mit lieben Pferdefreunden, die einen Elo® von uns haben, zusammen ab. Laziza und die tragende Stute Racine hatten sich sehr schnell bei uns eingelebt. Auch hier hat sich das Beobachten und Annähern in den ersten Wochen ausgezahlt.

Elo® in groß und klein

Filinchen, Manolito und Giovanni

Jonathan Higgins

Laziza ist das kleinste Pony, 74 cm

Und die Chefin der Ponys, Racine

Amicia ist bei uns geboren

Shamu und Cashino, in der Mitte Shisha

Ganzheitlich denken hilft dir bestimmt, den Hund zu verstehen. Es ist wunderbar zu beobachten, wenn die Alpakas, die Ponys und die Hunde – zusammen in unserem Garten umherlaufen, fressen, chillen. Die Grasfresser haben zusätzlich noch Weiden. Das kommt aber nicht von ungefähr: Das

Wesen aller Tierarten muss ausgeglichen, entspannt sein. Nicht alles auf eine Karte setzen, sondern wissen, was kann man den Tieren zumuten, wo sollte der Mensch regeln. Keines der Tiere hatte in seinem Leben vorher schlechte Erfahrungen gemacht. Weder mit dem Menschen noch seinen Artgenossen, noch weiteren Tierarten. Das ist sehr wichtig zu wissen.

Auch die beiden Alpakas sind direkt von Züchtern aus der Herde, wir haben auch diese vorher besucht, sind mit verschiedenen Tieren spazieren gegangen und haben dann zwei ausgewählt, die vom Wesen her zusammen passen: Der eine war Deckhengst und ist mutig, der andere ist schüchtern und lässt sich gerne lenken und leiten. So ergänzen sie sich aber sehr gut.

Der Jüngere lernt vom Älteren und ihre kleinen Streitereien gehen mal um einen Strohhalm oder wer zuerst Wasser trinken darf und das ist völlig harmlos. Dann hat der andere - oder die Wand dahinter - eben mal nen grünen Spucke-Punkt. Uns Menschen haben die beiden noch nie angespuckt, auch nicht getreten. Sie gehen gerne mit spazieren, hören auf ihre Namen und lassen sich gehalftert gut händeln.

Neben meiner langjährigen Hunde-Erfahrung kommt diesem Buch auch zugute, dass ich mich für viele weitere Tierarten interessiere. Durch die Möglichkeit der eigenen Haltung kann ich - durch eigene Eindrücke - die Ganzheitlichkeit mit einbringen.

Wir selbst haben so einige Welpen an die unterschiedlichsten Familien abgegeben. Fast immer bewiesen wir eine glückliche Hand in der Auswahl der neuen Besitzer. Ausnahmen bestätigen leider die Regel. Womit ich ausdrücklich NICHT die Familie meine, durch die dieses Buch entstanden ist!!!

Nahezu seit meiner Geburt beschäftige ich mich mit dem Thema Hund. Da meine Eltern keinen erlaubten, „erzog" ich sehr früh schon Meerschweinchen und Mäuse, mit Hilfe von Futter. Dann führte ich verschiedene Hunde aus und übernahm teilweise die Erziehung. Dies ging von Lang- und Rauhaardackel über Deutsch Drahthaar, Deutschem Schäferhund bis hin zu Labbi- und Spaniel-Mixen.

Es gab damals noch kein Internet - kaum vorstellbar, hm? Auch hatte ich kein Geld, um mir Hundebücher zu kaufen. So erkundigte ich mich eben persönlich (einfach die Besitzer angequatscht) über alle möglichen Rassen. Wichtig waren mir dabei schon damals die Wesenseigenschaften einer Rasse bzw. auch von Mischlingen, deren Eltern bekannt waren.

Auch hatte ich bemerkt, dass es unterschiedliche Erziehungs- oder eben Nicht-Erziehungsarten bei den verschiedenen Menschen und ihrem jeweiligen Hund gab. Und dies - je nach Wesen des Hundes - mal mehr oder weniger auffällig war.

Später dann konnte ich mit Rolf zusammen endlich, endlich, meinen ersten eigenen Hund haben. Was hatten wir diesen Hund geliebt. Vieles hatte ich ohne Hundeschule gut geschafft. Ich wäre auch in eine gegangen damals - aber die gab es noch nicht wirklich in unserem Umkreis. Für Schäferhunde und Schnauzer, ja. Aber für nen kleinen, weißen Baumwollhund (Bonnies Rasse heißt Coton de Tulear) noch nicht. Sie ging mit mir in die Arbeit, mit in den Urlaub, mit in Gaststätten, bei Einladungen durfte sie nie fehlen - eigentlich war sie überall mit dabei. Andere Hunde waren nicht so ihr Ding. Natürlich beging ich Fehler. Fehler sind da, um gemacht zu werden. Jedoch sind einige vermeidbar, wenn man die Hintergründe kennt. Denn, so manch ein Irrtum kann sich furchtbar auswirken.

Mein größter Fehler endete tragisch: Bonnie ist durch wirklich **sehr unglücklich aneinandergereihte Ereignisse, mit nur acht Jahren, überfahren worden. Das ist aber egal, wie es kam - denn tot ist nun mal tot. Dieses** schreckliche Ereignis werde ich mein ganzes Leben lang mit mir tragen - ich denke auch heute noch sehr oft daran.Wenn ich jetzt spazieren gehe und habe meine Hunde im Freilauf und höre von Ferne einen Motor, stellen sich mir immer noch die Nackenhaare auf und ich werde leicht panisch.Daher hier mein erstes dringendes Anliegen: Niemals einem Kind diese Verantwortung aufbürden und es allein mit einem Hund losschicken. Damit ein junger Mensch diese Last nicht ein Leben lang mitschleppen muss, wenn so ein Unglück geschieht.

Diese Hündin hatte auch uns sehr viel beigebracht. Ja, nicht nur sie hat von uns gelernt. Wir bekamen sie bereits einige Jahre vor unserer Tochter - das hat uns in Sachen Erziehung wirklich sehr geholfen.

Mit unserer Bonnie begannen wir damals mit der Zucht - wir wurden Schritt für Schritt von ihrer Züchterin und dem damaligen Verein begleitet und hatten drei wunderbare Würfe mit ihr. Bonnie war ein klasse Hund, wir und viele Freunde von uns, denken noch oft an sie.

Unser zweiter eigener Hund, eine energiegeladene Hovawart-Hündin namens Momo, war nicht ganz die richtige Wahl für unsere damals junge Familie mit kleinem Kind. Momo holten wir zu Bonnie dazu, als unser Haus fertig und unsere Tochter drei Jahre alt war. Ich nahm mir viel Zeit für Momo, sie blieb jedoch ihr Leben lang ein Ein-Mann-, bzw. Ein-Frau-Hund. Mit Kindern war sie schwierig, auch hatten viele Angst vor ihr, sie war groß und pechschwarz. Wenn ich an sie zurückdenke, sehe ich trotzdem einen sehr lebensfrohen Hund, pfeilschnell mit einem riesigen Grinsen, durch unser hochwassergeflutetes Wiesental sausen. Das liebte sie total.

Wir hatten zwischendurch auch ernsthaft überlegt, sie abzugeben - konnten aber keinen geeigneten neuen Halter finden, der für sie ein „besserer" Besitzer gewesen wäre. Da wie schon geschrieben, in Privathaushalten das Internet noch nicht verbreitet war, war es sehr schwierig, entsprechende

Menschen zu finden. Ich wusste dann auch, was es heißt, einen Hund aus einer Arbeitslinie zu haben. Wir hatten vorher auch einige Züchter besucht, ein Buch über die Rasse gelesen und wir dachten, das kriegen wir problemlos hin. Neee, so war es nicht. Unsere Hovi-Hündin war eine eintausendfünfhundertprozentige Vertreterin ihrer Art.

Klar war uns auch, dass wir mit Momo nicht züchten werden. Sie war sehr vielversprechend auf einer Ausstellung in der Junghundklasse - aber die Vorstellung, zehn äußerst energische, arbeitswillige, jedem über den Kopf wachsende Junghunde wieder zurück zu bekommen, fanden wir dann doch grenzwertig. Erst später wurde uns bekannt, dass es auch durch die Farbe gewisse Einflüsse auf das Wesen geben könnte, wenn verschiedene Faktoren zusammen kommen. Alle Hovis, die ich vorher kannte, waren entweder blond oder markenfarbig. Die Arbeit mit ihr einige Jahre in einer Rettungshundestaffel war wenigstens eine gewisse Auslastung für diese energiegeladene Hündin. Stundenlange Spaziergänge mit Versteckspielen, Übungen etc., waren für sie Pillepalle. Irgendwann habe ich endlich, endlich, den ersten Hundesportverein mit mehreren Trainern, die ein fundiertes Wissen hatten, gefunden. Eine Stunde Fahrt einfach, aber endlich hatte ich das Gefühl, gut aufgehoben zu sein.

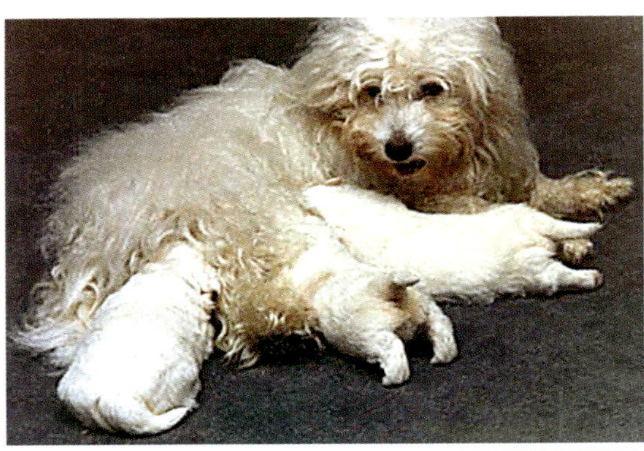

Bonnie, Coton de Tulear

Momo, Hovawart

So hatten wir auch mit Momo viele glückliche Momente, bis sie, gerade mal elfjährig, abends einschlief und einfach nicht mehr aufwachte.

Viele Hunde-Seminare habe ich zusätzlich bei den unterschiedlichsten Dozenten belegt, las, unterhielt mich mit bestimmt hunderten Hundebesitzern und, und, und. Viele Hunde-Schulen und -Vereine und -Trainer und -Psychologen und wie sie alle heißen, habe ich in all den Jahren kennengelernt. Und ich konnte viel Sachkenntnis sammeln.

Ich kann beurteilen, wo gut unterrichtet wird, und wo man schnell wieder das Weite suchen sollte. Das ist aber für einen Hundeanfänger schwierig.
Du und ich möchten einen entspannten Hund haben, der überall gerne gesehen ist. Dieses Buch und weitere gute Lehrmeister werden dir helfen.

Grundvoraussetzungen für ein Leben mit einem Familienhund

Es gibt verschiedene Menschen und ihre Einstellungen und daher auch verschiedenste Hundehaltertypen. Wir beide jetzt, sind in etwa so: Wir möchten in gewissen Dingen ein Vorbild sein. Manches aber fällt mal hinten runter. Wir möchten jedoch in „Sachen Hund" nirgendwo anecken. Gerne lässig mit ihm und anderen Tieren umgehen können. Der Hund soll ein Familienmitglied sein - aber mit Einschränkungen, die sind wichtig. Wir sind bestrebt, die Gesellschaft und unsere Umwelt weitestgehend nicht zu schädigen oder unangenehm aufzufallen. Wir sind in gewissen Dingen sehr verantwortungsbewusst und man kann auf uns zählen.

Wir sind offen und naturverbunden, aber keine Weltretter. Wir informieren uns vor einem neu angedachten Projekt, ob das wirklich richtig ist und es klappen kann. Wir trauen uns, unsere Meinung zu vertreten, auch wenn alle am Tisch es anders sehen. Wir sehen Erziehung, Lenken und Leiten als unsere Pflicht an, damit das „Erzogene" später ein selbstbewusstes, entspanntes, aufstrebendes Wesen wird. Und weitergeben kann an die „Nachwelt", dass eine gute Erziehung von enormem Vorteil sein kann. Manchmal ist unser „Ausbrechen" aus einem Gefüge durchaus gewollt, dies schadet aber keinem.

Wir möchten aus gemachten Fehlern lernen, können aber einige Macken nicht verhindern. Die gehören zu unserer Persönlichkeit, aus welchem Grund auch immer. Wir sind auch nicht ständig zufrieden, versuchen das aber im Großen und Ganzen vorzuleben. Ähneln wir uns? Wenn nicht, könnten die nächsten paar hundert Seiten das vielleicht noch ändern.

Kommunikation ohne Worte

Was verstehen wir zwei denn nun unter einem Familienhund

Du kannst ihn auch Begleithund nennen. Oder Teampartner. Oder Familienmitglied. Oder Kumpel, bester Freund.

Dieser Hund sollte, nach ungefähr einem Jahr (kann, je nach Hundeart und Größe bis zu drei Jahre dauern), in dem wir Menschen schon ein wenig was tun müssen, „einfach" nur mit der ganzen Familie leben. Ob junge Familie mit kleinen Kindern, ob ein rüstiges Pensionärspärchen oder jemand Alleinstehendes, der den Hund mit in die Arbeit nehmen kann. Der Familienhund sollte den normalen Alltag seiner Familie mitmachen - und dabei wenig laut sein und andere Hunde unterwegs weitestgehend dulden. Zuhause die Gäste nicht nerven, die Kinder nicht umschubsen und auch zu Besuch kommende Hunde nicht gleich in Stücke reißen.

Bellen nur, wenn man es möchte - also bei manchen ist das, wenn es klingelt. Oder wenn ein Fremder den Garten betritt. Aber nur dann.

Am Wochenende oder im Urlaub wird der Hund schon größtenteils mit in die Freizeitbeschäftigungen einbezogen. Einige Stunden sollte er mal alleine bleiben können, ohne die Wohnung völlig anders einzurichten. Anpassungsfähigkeit ist gewünscht und muss klappen. Er lebt sich in einem anderen Haushalt schnell ein, sollte dies mal aus Gründen notwendig werden. Ein wenig Hundesport im gesunden Maß wäre toll, er sollte aber auch ohne diese Tätigkeit im Leben klarkommen.

Der Traum eines Therapie-, oder Schul- oder gar Assistenzhundes schlummert in so manchem menschlichen Gedanken. Der Hund soll möglichst in der Öffentlichkeit wenig auffallen, wenn, dann nur gut. Er geht mit in Geschäfte, in Gaststätten, erträgt Enge, laute Geräusche, fährt Bus und Bahn, auch Gondeln werden beim Wanderershund gerne genutzt. Er geht anständig an der Leine und kommt auf Zuruf und so weiter, und so weiter.

Das geht nie im Leben? Doch, das ist machbar. Je nach Hunde- und Menschentyp kann es etwas anstrengender für beide Seiten werden - aber das schweißt auch zusammen.

Ein Hund wird also nicht als Familienhund geboren und erfüllt all das, ohne, dass der Mensch einwirkt. Die Welpen-Aufzucht und die angezüchteten Wesenseigenschaften können aber die Arbeit bis zum Titel „freundlicher Familienhund" bereits gewaltig erleichtern.

Wenn du deinen Hund schon hast, und er ist ein Angstbeißer: Das kann bereits in den Genen liegen, oder er wurde viel zu früh von der Mutter getrennt. In vielen Fällen wurde er entweder von einem oder mehreren anderen Hunden im ersten Lebensjahr mehrfach bedroht, unterdrückt oder gar gebissen.

Oder, der Mensch hat bei einer Begebenheit unbewusst fehlentschieden. Dann hat der Hund gemerkt, dass Angriff die beste Verteidigung ist. Und er schnappt im Rückwärtsgang in die Luft - Richtung jeglicher Art von Feindbild - ohne überhaupt auf den Gedanken zu kommen, dass das Geschöpf sich ja auch in friedlicher Absicht nähern könnte.

Das kann man nicht immer völlig „resetten", ist jedoch oft möglich, zu verbessern.

Entspannte Hunde machen Spaß

Ich hatte kürzlich so eine Angstbeißerin mit ihrem Kumpel von einer Bekannten in Pflege. Beide Tiere stammten aus dem Tierschutz. Es war hier so toll zu beobachten, wie meine Hunde die Ängstliche jeden Tag ein wenig mehr dazu gebracht haben, nicht mehr aufs Geratewohl zu keifen.

Sie zeigten ihr, dass man vor einer Gruppe Hunde nicht immer Panik haben muss und sie sich nach einiger Zeit traute, einfach mitten durch diese Gruppe zu laufen. Das war am ersten Tag nicht vorstellbar. Souverän und ruhig haben meine Hunde diese Attacken aber sowas von ignoriert.

Somit wären viele solcher oder ähnlicher „Macken" ziemlich leicht für einen Hundekenner und guten weiteren hündischen Mitarbeitern, wieder geradezubiegen.

Kommen wir zwei da nun in den meisten Punkten zusammen? Super. Dann kann es ja hier weitergehen.

Was möchte ein Familienhund von heute von seinem Leben

Eine beschwingte Kindheit, gute Startmöglichkeiten in seiner Familie, Wasser, Fressen, viel schlafen, ein wenig Abenteuer. Vertrauen aufbauen können. Sich lenken und leiten lassen, dies um Gottes Willen nicht selbst entscheiden müssen. Den Tag seiner Familie begleiten - mal mehr, mal weniger. Sicherheit, Schutz und Liebe.

Unser Familienhund sollte gut behütet aufwachsen, am besten in einer Art Rudel - eben einer Hundegruppe mit Tanten und Onkels - am allerbesten wäre natürlich, wenn auch der Vater mit eingebunden werden kann.

Das ist jedoch, gerade in der Zucht, oft schlecht möglich: Da der hauseigene Rüde nicht immer decken darf, da ja zum einen nicht jede Läufigkeit belegt werden kann und auch oftmals andere Rüden zum Einsatz kommen sollen, damit das Blut möglichst gesund verteilt wird, haben die wenigsten Züchter den Vater vor Ort. Wenn jemand da vergisst, während der Läufigkeit die

Tür zu schließen, kann es zu Unfall-Welpen kommen, dies sollte vermieden werden. Er darf in eine Ordnung hineinwachsen. Mit Spiel und Spaß, aber auch nötigem Ernst lernen. Eigene Fähigkeiten entwickeln, die dann der Mensch bereits nutzen kann, um den Familienhund weiter zu formen. Er hat die Möglichkeit, Sozialgefüge anzuerkennen und kann entweder mitmachen oder dies auch mal meiden. Er soll als Welpe und Junghund nicht gehungert haben müssen, was zu frühzeitigen körperlichen Beeinträchtigungen führen kann. (Letzteres heißt nicht, dass nur einzelne Mahlzeiten ausgefallen sind.)

Ein wenig Abwechslung möchte er schon, aber nicht täglich etwas anderes. Seinem Menschen Vertrauen entgegenbringen können. Dafür muss dieser aber auch etwas leisten. Die Arbeit des Muttertieres nicht wieder zunichte machen. Ein Hund möchte nicht die Führung übernehmen - glaubt das aber zu müssen, wenn seine Familie ihm nicht zutraut, Regeln befolgen zu können - so sieht das der Hund. Und wir kommen zu dem wichtigen Frust-aushalten-lernen. Auch ein Hund muss lernen, mit Enttäuschungen zurechtzukommen. Ausprobieren können, was Abhilfe schafft. Nein, kein bellen, jaulen, zerstören oder gar schnappen nach seinem Menschen darf ihm Erfolg bringen.

Als Welpe bekommt er ne Rüge von der Mutter, wenn er zu frech wird. Die Mutter hilft ihm nicht, die auf einer Palette bereitgestellte Futterschüssel auf Händen getragen zu erreichen, wenn er unten schreiend einfach nur herumsteht. Er muss selbst den Weg dahin finden und mit den eigenen vier Pfötchen hochklettern. Als Junghund und erwachsener Hund ist er gewillt, ruhiges Aushalten, bis seine Menschen wiederkommen, zu lernen. Und auch gewillt, nicht bei jedem Pieps alles hinterher getragen zu bekommen.

Wenn er ein erwachsener Hund wird, möchte er sein Futter nicht unbedingt erlegen, aber finden - wir geben es ihm aber einfach in den Napf. Schlörp - und schon ist es weg. Was machen wir denn nun mit all der übrig gebliebenen Zeit? Ein Hund ist schon ein schlingendes Tier, das sollte man nicht vergessen. Trotzdem beschäftigt er sich gerne mit Futter - gerade, wenn er alleine lebt (also ohne weitere Hunde). Einen rohen Kalbsknochen zu zerkleinern, ist für ihn eine sehr zufriedenstellende Aufgabe. Gut, für einen Yorkie ist das ein Lebenswerk - somit da dann herausfinden, welche Knöchelchen denn da in Frage kämen.

Eigentlich würde er sich noch gerne vermehren. Das soll bei allen Lebewesen so sein und ist nun mal verankert. Beim Hund dürfen das aber die wenigsten. Also muss man ihm klar machen, dass ihm das leider nicht zusteht. Sexualhormone hin oder her. Ein schwieriges Thema.

Stattdessen wird aber jedes kleine Naserümpfen sofort von uns bemerkt und gleich etwas anderes angeboten. Das verknüpft ein Hund sehr schnell. Ich lass was stehen und bekomme was „Besseres". Mal schauen, wie weit ich meinen Menschen kriege in puncto Essen. Wie weit lässt er sich herab, mir meine Wünsche immer mehr zu erfüllen? Bald fällt mir schon nix mehr ein, was ich noch so alles nicht mögen wollen könnte. Damit ist jetzt kein Hund gemeint, der sein Leben lang Magen- oder Darmprobleme hat, weil er zum Beispiel in der Welpenphase zu lange hungern musste, bzw. nicht richtig ernährt wurde. Hier ist schon klar, dass man gewisse Einschränkungen in Kauf nehmen muss. Dafür machen wir aber mit ihm Spaziergänge, die - mal mehr oder mal weniger spannungsreich - einen Teil - keinen großen, sondern einen Teil - seines Tages ausfüllen.

Je nach Rasse, Wesen, Art des Menschen, kann da natürlich noch eine Aufgabe dazu kommen. Da gibt es Vieles - wie immer ist aber auch hier abzuwägen, was ist zu viel und was schadet nicht, sondern bringt Erfüllung. Wer seinen Hund kennt, der sieht, wann Schluss ist. Egal, ob es ein Hundesport ist oder eine Therapie- oder Assistenzaufgabe. Da man mit diesen Aufgaben erst mit ungefähr einem Jahr beginnt, ist alles Weitere hier erst einmal hinführend.

Sehen wir das in etwa gleich? Gut. Wenn nicht, wird es ab hier blöd. Oder du liest weiter, weil du doch wissen möchtest, ob deine ausgedachte Schiene wenigstens ein bisschen an den Familienhund rankommt. Nicht nur dein Handeln, sondern auch die genetische Vielfalt ist ein Grund, warum jemand einen einfacheren oder steinigeren Weg zum Familienhund hat. Manchmal sind die rassetypisch vorgegebenen Arbeitsaufgaben, die er in seinem Blut hat, nicht auszumerzen, aber man kann sie in „gesellschaftlich anerkannte Bahnen" lenken. Oder, wenn er von verschiedenen Rassen - da nicht durchgezüchtet - alle möglichen Eigenheiten vererbt bekommen hat. Er MUSS gewisse Dinge tun, teilweise falsch, da die eigentliche Aufgabe nicht mehr erkannt wird. Angeborene „Schwachstellen", wie Ängstlichkeit, sind meist schwieriger, in eine andere Richtung zu lenken, als erworbenes „Fehlverhalten".

Eine entspannte Mutter mit ihren Welpen

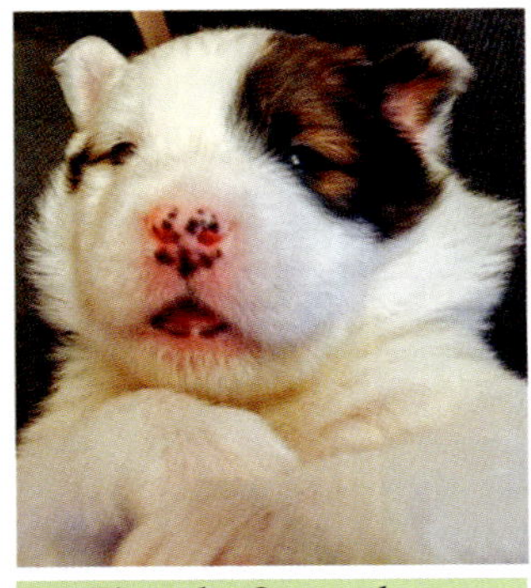
Einer der Saugwelpen

Die Vorbereitung aufs Leben beginnt beim Züchter

Kurz vor der Abgabe

Als Junghund in seinem neuen Leben

Aus Beobachtung lernen

Das für mich mit Bedeutendste, um ein harmonisches Miteinander zu schaffen, ist die Beobachtung der Lebewesen und daraus die richtigen Schlüsse zu ziehen. Sowohl aus der Ferne, als auch im Umgang mit ihnen. Jedes einzelne Tier, das in unsere Familie kommt, wird von mir entdeckt und ausgekundschaftet. Egal, ob Maus, Wachtel, Hund, Schwein oder Pferd. Wie verhält sich das Tier ohne Mensch und wie bei bestimmten Handlungsweisen des Menschen. Dann kann man auch recht schnell die Führung angehen. Herausfinden, auf welche Streicheleinheiten, Fell kratzen oder weiteren Belohnungen sie besonders anspringen. Wie benehmen sie sich einzeln, wie zusammen mit Artgenossen oder später auch mit weiteren Tieren. Oder gegenüber Kindern. Ja, die Reihenfolge hier im „Klick" ist für dich wahrscheinlich noch befremdlich. Wird sich aber bald ändern - bestimmt. Wann sollte man eingreifen oder wann kann man es einfach laufen lassen.

Auch die Ponys haben ausprobiert, wie weit sie gehen können. Mal nen Huf nicht hergeben zum Auskratzen. Gehen, wenn man es halftern will. In der Stalltür stehen bleiben, obwohl Mensch durch möchte. Auch wenn die Ponys klein sind, haben sie eine enorme Kraft. Also dranbleiben am Vorhaben. Hin gehen, halftern, nochmal anfangen. Ein kleiner Schubser, und Pony geht aus der Tür und ich durch. Sie wissen nicht, wieviel Kraft sie haben - das ist gut so. Und so soll es auch bleiben. Daher: Durchsetzen ist wichtig. Der Mensch bekommt dann den Erfolg zu spüren: Die Tiere weichen freiwillig aus, der Huf bleibt still in der Hand, ein Hund kommt schneller auf Ruf und ein „NEIN" wird nicht mehr ständig hinterfragt. Ein Schweinchen mault trotzdem nach, fügt sich aber doch. Ähnlich ist es auch bei einem Menschenkind.

Neiiin, ich habe es nicht mit einem Schwein verglichen, dass kam jetzt völlig falsch rüber.

Wer Grenzen kennt, kann Freiheit genießen

Grundsätzliches von Anfang bis Ende

In keinster Weise ist es nötig und darf auch gar nicht gemacht werden, auch nur irgendein Tier zu schädigen, indem man es schlägt oder ihm anderweitig irgendwelche Schmerzen zufügt oder eine Vernachlässigung vorliegt! Auch wenn das für mich klar ist, muss ich es hier einmal erwähnen. Ein Schubser mit dem Oberschenkel bei nem Pony oder ein Stupser mit dem Finger bei einem Hund oder seine Hand dem Kind auf den Arm legen, kann jedoch schon hilfreich sein. Wenn man merkt, dass dies für ein sensibles Lebewesen bereits zu viel ist - gehe ich davon aus, dass dies sofort eingestellt wird und die Art der Erziehung überdacht wird, um den richtigen Ansatz zu finden.

Auch müsste ich vor jeden Satz „in der Regel" schreiben - das erspare ich uns, weil der Klick im Kopf dann echt nochmal sehr viele Seiten mehr bekäme - und eben klar ist, dass Ausnahmen nun mal die Regel bestätigen. Wenn ich das Wort „Hundeschule" schreibe, meine ich Trainer, Vereine und deren weitere Wortverwandte. Wenn ich hier verschiedene Rassen oder Mischlinge erwähne, dann dient das nur als Beispiel, weil diese Rassen meist jeder kennt. Es ist nicht abwertend gemeint.

Wenn ich „Welpe" schreibe, dann ergänze bitte selbstständig im Kopf „Junghund, erwachsener Hund". An manchen Stellen ist wirklich nur der Welpe gemeint - das kriegt man aber, glaube ich, auf die Reihe.

Je nach Rasse, Endgröße (je größer, desto weniger Lebenserwartung bei vielen Rassen und Mischlingen) und weiteren Umständen ist meine Auffassung der Lebensabschnittsbeschreibung beim Hund. Dies bitte in Gedanken selbstständig ergänzen, je nachdem, welches Alter dein Hund hat. Ein Hund kann ein Welpe bis zur achtzehnten Lebenswoche sein. Ein Hund kann ein Junghund ab der zwölften Lebenswoche, bis hin zum vierten Lebensjahr sein. Ein Hund kann ein erwachsener Hund ab dem zwölften Lebensmonat sein. Ein Hund kann ein Senior ab dem siebten Lebensjahr sein. Es gibt eine Ausnahme: Frühkastrierte Hunde sind die, die vor der Geschlechtsreife kastriert werden - und da kann es sein, dass sie niemals die Chance haben, erwachsen werden zu dürfen.

Dies ist kein Buch, in dem alle meine Aussagen wissenschaftlich bewiesen sind. Wenn doch, ist es eher zufällig.

Wer gut hört, hat mehr vom Leben

Vom Wolf zum Hund und wieder zurück

Der Hund ist seit zichtausend Jahren kein Wolf mehr. Wann genau die Artentrennung begann, wieviel Zichs das sind, weiß man nicht so genau. Liegt ja auch nur ne Spanne von so ungefähr achtzigtausend Jahren dazwischen. Die Zähmung begann vor so grob zwanzigtausend Jahren. Aber, wir wollen uns ja hier nicht mit Kleinigkeiten aufhalten und unser Ziel, einen entspannten Familienhund an seiner Seite zu haben, nicht aus den Augen verlieren. Die ersten Rassezuchtvereine in Deutschland gab es erst Mitte des neunzehnten Jahrhunderts.

Auch wenn DNA-technisch gesehen noch viel Übereinstimmung sein mag - vom Wesen und auch organisch haben der freilebende Wolf und der jetzige Hund nicht mehr so viel gemeinsam, wie lange angenommen wurde. Eher ist es so, dass der heutige Wolf und der Hund wohl gemeinsame Vorfahren haben. Auch können sie miteinander verpaart werden und das kann auch gezielt betrieben werden. Einige Hunderassen sind bewusst mit Wölfen verpaart worden, man findet sie auch auf Hundeausstellungen.

An Wolfshybrid-Welpen hingegen (also ein Wolf wurde oder hat sich mit irgendeinem Hund verpaart) scheiden sich die Geister. Die Welpen daraus mögen in der „Unterwelt" neue Besitzer finden. Ich persönlich finde es gefährlich, da diese Welpen wie Hunde aussehen können, jedoch Wolfsgene in sich tragen. Noch gibt es da in Deutschland kaum (bekannte) Fälle, jedoch ist die weitere Entwicklung hier noch nicht wirklich absehbar. Je weniger Scheu die Wölfe vor dem Menschen bekommen, desto näher sind sie auch an unseren Hunden. Theoretisch ziehen sie einen anderen Wolf zur Verpaarung vor - jedoch macht Liebe bekanntlich auch blind.

Völlig anders geworden ist das Verhältnis des Hundes zum Menschen, im Gegensatz zu seinem scheuen Verwandten in freier Natur. Auch können viele Hunde der Jetztzeit, die in der deutschsprachigen Welt geboren wurden, zwar Wild verfolgen, aber nicht mehr gezielt töten.

So manch ein Hund, der ein Schaf gehetzt hat und dieses an einem Infarkt stirbt, steht dann davor und hat keine Ahnung mehr, was er jetzt machen müsste. Je nach Hund ist es aber möglich, dass er im Hetzrausch ein Reh überall verletzt, dann aber entweder nichts von ihm frisst oder es nicht schafft, den Bauch des toten Tieres zu öffnen.

Kann klappen - muss aber nicht

Aufzucht von Lebewesen unter guten Bedingungen

In freier Wildbahn werden die Elterntiere vieles versuchen, um ihren Nachwuchs bestmöglich aufzuziehen. Allerdings, wenn es kein Futter mehr gibt oder das Wasser versiegt, oder ein Fressfeind nicht mehr aufzuhalten ist

– was müssen die Eltern dann tun? Ja – den Nachwuchs hinten anstellen, weil sie – höchstwahrscheinlich – in den Genen verankert haben, dass sie instinktiv ihre Art erhalten müssen. Das können die Jungtiere nicht. Ihr früher Tod könnte ihre Art einfach auslöschen, da sie weder fortpflanzungsfähig sind, noch über genügend Lebenserfahrung verfügen. Es kann auch zu Kindstötungen aus anderen Gründen kommen – selbst bei unseren heutigen Hunden ist das durchaus noch vorhanden!

Was Tiereltern aber unter guten Bedingungen für ihre Kinder leisten, ist besonders reizend zu beobachten und man erfährt sehr, sehr viel über deren Verhaltensweisen miteinander. Körperlich sein zu dürfen, ist für alle Lebewesen wichtig. Das geht vom Anschmiegen, Ablecken, Spielen, Rempeln, bis hin zum Schmerz empfinden.

Nur alleine die Beobachtung unserer beiden Farbmäuse-Mütter mit ihren Würfen vor ein paar Jahren, ist vom Sozialverhalten so toll zu sehen. Selbst mein Mann saß lange verklärt vor dem Käfig, um zu sehen, wie die Tanten-Maus, nachdem die Mütter gesäugt hatten, die Kleinen geputzt und diese wirklich! mit einem Papiertuch zugedeckt hat. Es waren zwei Würfe, die liebevoll aufgezogen wurden, handzahm waren und wir die meisten der kleinen Racker an Mäusefans – in jedem Alter – abgegeben haben. Auch das war so spannend. Das Aussuchen der Mäuschen zog sich über Stunden hin – da gab es keinen Unterschied zu einer Hunde-Welpen-Abgabe.

Die Menschenmütter und ihre Kinder standen mit ganz vielen Herzchen in den Augen vor den Mäusekäfigen und es fiel ihnen schwer zu entscheiden, welche Mäusleins denn nun mit dürfen. Die älteste der Mäuse wurde fast drei Jahre alt. Und von einigen kamen immer wieder Fotos, wie sich die Kinder mit ihnen beschäftigt und tolle Spielgeräte entwickelt hatten. Sehr viel wurde und wird noch an Labormäusen erforscht. Die Erkenntnisse werden auf die weitere Tierwelt und auch auf den Menschen übertragen.

Wir stellen uns zwar nicht wirklich mit der Maus auf die gleiche Stufe – trotz fast identischer DNA – die für unser gemeinsames Grundgerüst zuständig ist.

Satt und zufrieden

Ein paar popelige Gene und deren Verbindung machen aus uns das, was wir jetzt sind. Ob Mensch, Maus, Wolf oder Hund.

Dann, finde ich, kann man auch ein wenig über den Tellerrand spitzeln und Vergleiche zwischen einem Hund und einem Pferd zulassen. Auch das kommt noch der Ganzheitlichkeit in gewissen Erziehungs- und Verhaltensweisen zugute.

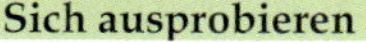

Sich ausprobieren

Getrunken wird an jedem Ort

Was macht der „Klick" mit dir

Aber deine und meine Gemeinsamkeit ist in erster Linie der Hund. Das erste Jahr (bei manchen Rassen länger) im Leben eines Hundes ist sehr wichtig, da Erlerntes und Umweltbeschaffenheiten einen Hund sozialisieren. Dafür hat man genügend Zeit, bitte nicht jegliche Situation versuchen, bis zur sechzehnten Lebenswoche „abzuarbeiten". Lieber alles etwas langsamer angehen, dafür auch mal nach einiger Zeit eine Wiederholung einbauen.

Am allerwichtigsten sind jedoch die ersten Lebenswochen - und die Eigenschaften der Mutter (der Vater ist ja leider meist nicht vor Ort) und der weiteren Hundegruppe, wenn anwesend. Hier in diesem frühen Stadium findet auch die sensible Phase statt. Ich sortiere hier jetzt mal die genetische Veranlagung, die Gesundheit oder den Stress der Mutter, sowohl in der Trächtigkeit, als auch danach, ein. Dann gibt es weitere Reize, die - wohl dosiert - einen Welpen für sein späteres Leben beeinflussen. Sehr frühes Berühren und Stimulieren vom Züchter und dann von den neuen Familien, Kinder, verschiedene Geräusche, Frust erleben, Motorik entwickeln können und so weiter, sind entscheidend für das weitere Leben des Tieres und den dazugehörigen Menschen - die durchaus auch „auswechselbar" sind .

Die Welpen lernen also im besten Fall, einfach Hund zu werden und Menschen zu mögen.

Kenner können Erziehung einfach nebenbei in den Tag einfließen lassen. Neulinge oder auch „Nichtbauchmenschen" benötigen Unterstützung. Mal etwas mehr, mal etwas weniger. Die gibt es ja jetzt hier. Einige Welpen und Junghunde sind bei uns in all den Jahren groß geworden und wurden mal mehr, mal etwas weniger erzogen. Überall dort, wo ein Hund dabei sein darf, kann man einen gut erzogenen und sozialisierten Familienhund ganz gechillt mitnehmen. Rücksichtnahme von allen Hundebesitzern gegenüber der Gesellschaft setze ich voraus.

Ich verstehe mich als „Zwischenwirt". Von dem Hunde-Interessenten zum Hundehalter, zur Hundeschule und, da viele diese Schule ungefähr nach einem Jahr wieder verlassen, darüber hinaus. Ich lerne die Familien meist viel früher kennen, als ein Hundetrainer. Ich weiß oft mehr von den Ängsten und Nöten, da wir uns oft sehen in der Welpenphase und uns Zeit zum Reden nehmen. Auch kenne ich unterschiedliche Krankheitsbilder innerhalb der Familie - und weiß oft, warum was nicht so umgesetzt werden kann - das wird oftmals in der Hundeschule gar nicht erzählt. Da ist dann einfach ein „freches Kind" oder ein „merkwürdiger Besitzer" mit seinem Hund da. Hintergründe können oder sind jedoch - wahrscheinlich für beide Seiten - nicht wichtig, glauben sie. Vieles wird in der Hundeschule gar nicht behandelt - kann auch nicht, da der Trainer ja nur die Ist-Zeit von seinen Schülern und seinem Hund sieht. Und auf manche Dinge überhaupt nicht kommt, warum, was, wie, gerade in diesem Fall eine Rolle spielt.

Ich habe schon sehr früh eine „eigene Art" der Erziehung gehabt. Damals hieß es - das war wohlgemerkt in einer Zeit, in der es noch kaum Hundeschulen gab - „so macht man das nicht." Ich entgegnete jedes Mal: „Warum nicht? Es funktioniert doch?" Ich erntete Schulterzucken und ein „weil man es eben so nicht macht."

Ein paar Jahre später war mein damaliges Verhalten und die Wortwahl und Betonung auch anderswo zu finden. Da sich die Menschheit auch in diesem Thema einfach weiterentwickelt. Und es tolle Dozenten gibt, die viel Wissen und Erfahrung haben und beides gut verständlich an angehende Hundetrainer oder auch Privathalter oder an Züchter vermitteln können. Weil der Hund nun mal einen ganz anderen Stellenwert in der heutigen Gesellschaft hat.

Wenn die Zeit es erlaubt, lade ich Familien schon zu uns ein, bevor eine Hündin überhaupt trächtig ist. Ab der vierten Lebenswoche kommt die gesamte Familie mehrmals zu Besuch. Da lernt man sich schon kennen. Und bei jedem Wurf nehme auch ich wieder etwas mit. Mit sehr vielen der Familien bleiben wir jahrelang in Verbindung. Einige haben schon ihren zweiten Hund von uns, worüber wir uns sehr freuen.

Ich höre und sehe, wie es „nach der Hundeschule" weitergeht. Manch einer hat den „Klick" und das Bauchgefühl entwickelt, so dass es vielleicht sogar für mehrere Hundeleben reicht. Andere fallen in einen „Trott“ und merken erst sehr spät, dass der Hund immer dreister wird und sich dieses und jenes eingeschlichen hat. Ich berufe mich wieder auf meine langjährige Erfahrung, die ich bei einigen Tierarten wie ein Schwamm aufsauge, da ich alles so beeindruckend finde. Somit könnte dieses Buch auch für Trainer oder Dozenten spannend sein, wenn man mal zurückrudern möchte. Da nehme ich mich mal wieder nicht aus, weil man im Laufe der Jahre ein wenig betriebsblind wird. Und oftmals zu viel voraussetzt und die Einfachheit nicht mehr sieht. Die meisten machen gerade ihre erste Erfahrung mit einem Hund - auch bei „uns“ lagen am Anfang zwischen Theorie und Praxis Welten. Das ist „uns“ nur oft nicht mehr bewusst. Egal, ob wir Züchter, erfahrene Hundehalter, Hundetrainer oder weiteres in die Richtung sind.

Ganz entschieden zur Entstehung des „Klicks“ beigetragen hat meine „Lieblings-Hundeschule“, die ich viele Jahre regelmäßig besuchte. Mit meinen eigenen Welpen, mit Welpen, die ich etwas länger behielt, mit Urlaubshunden und schließlich mit meinen erwachsenen Hunden. Nach vielen Jahren „gemeinsamen Hunde-Erziehens“ mit meinen Vorwort-Schreibern, bleiben spannende Gespräche mit den Ausbildern über die verschiedensten Sichtweisen nicht aus. Trotzdem gehen wir gemeinsam schon lange einen ziemlich geraden Weg mit kleinen Abzweigungen - immer neugierig auf hinzugekommene Erfahrungen und neue Ansätze.

Meine Hunde und ich gingen in die dort angebotenen verschiedenen Gruppenstunden, an den unterschiedlichsten Orten - vom Hundeplatz über Waldgebiete bis hin zum Stadtgang. Erst in den Kindergarten, dann in die Schule. Weiter in die Ausbildung und dann in die verschiedenen Berufsbereiche - um es mal so auszudrücken. Wir waren mit viel Spaß und ein bisschen Ehrgeiz dabei - es war jetzt mit meiner Familienhunderasse auch nicht sooo schwierig.

Und trotzdem fehlt mir hier jetzt oftmals „das bisschen Druck“. Sicher, man kann als Landei sagen „mein Hund muss nicht in die Stadt“. Oder als Städter „mein Hund hat hier eine große Hundewiese, er muss nicht wissen, wie man keinen Hasen jagt. Und die paar Mal, die er an den Wochenenden im Wald den Rehen hinterherrennt - soll er doch ein wenig seinen Spaß haben, er will doch nur spielen“.

Schon hier haben wir den ersten Ansatz zur Fehlentscheidung, wenn wir einen Familienhund möchten, der uns im Alltag und noch weiter entspannt und gerne begleiten soll: Nämlich, dass es nicht nur darum geht, einen Hund stadt- oder landtauglich zu machen. Sondern es geht um verschiedene Eindrücke, Selbstbewusstsein, Sicherheit, Bindung, Spaß, Regeln, Gehorsam, Unterscheidungen, Eigenständigkeit, Weitblick, Grenzen, Frieden, Unterschiedlichkeit, Entgegenkommen, Auseinandersetzungen, oder - ganz wichtig: Frust aushalten können. Letzteres können die Welpen eigentlich schon - leider wird dies oft direkt nach der Abgabe wieder verlernt. Weil der Mensch unwissentlich durch ein paar kleine Fehlerchen diese wichtige Lernerfahrung wieder zunichtemacht. Es ist nicht einfach, die richtige Einteilung zwischen aufmunterndem Anspornen, dann wieder dem Bremsen des Hundes, zwischen notwendiger Ernsthaftigkeit und dem auch so wichtigen Freiraum zu finden.

Ich möchte, dass der „Hund an sich" verstanden wird, die Feinheiten werden dann - wenn es die in deiner Nähe gibt - zusammen mit der Hundeschule deiner Wahl „erarbeitet". Wenn man zu viel Unterschiedliches liest, oder falsche Aussagen immer wieder überliefert werden, ist das schon ein Durcheinander. Aber du erfährst ja jetzt, was wirklich wichtig ist, im alltäglichen Zusammenleben von Mensch und Hund. Du wirst nach kurzer Zeit spüren, wenn etwas falsch weitergetragen wird oder man sich im Fehldenken verrennt.

Meine Deutungen sind nicht immer ganz stimmig, jedoch benötige ich diese, um bei dir den „Klick" im Kopf einzuschalten und dein gesundes Bauchgefühl wieder zu wecken.

Manch einer versteht gleich, worauf es ankommt - manch andere werden vielleicht kurz erschrecken, wie verflochten die Erziehung ist. Mit ein wenig Übung ist es aber nur noch halb so schwer. Ich möchte hier aufzeigen, wann man wirklich sein Durchsetzungsvermögen braucht, wann es wichtig ist, ernst zu sein und wann man mal ein oder auch zwei Augen zudrücken kann. Wann gebe ich dem Hund eine längere Leine, damit er selbst Erfahrungen machen darf. Das Leben birgt nun mal auch Gefahren - es ist nicht immer einfach, zum richtigen Zeitpunkt loszulassen. Wir wollen hier die gesunde Mischung lernen - damit du einen langen, entspannten, glücklichen gemeinsamen Lebensweg mit deinem Seelenfreund haben kannst.

Ja, und ich weiß, es gibt bereits viele Bücher über Hundeerziehung. Schwer lesbare, sehr fachliche, nett und einfach geschriebene, über „schwierige" Hunde, und, und, und. Jeder hat irgendwie Recht. Es gibt auch viele Kochbücher. Und Bastelbücher. Und Gartenbücher. Aus all diesen Büchern kannst du dir nützliche Dinge ziehen, die dir geeignet erscheinen und umgesetzt werden möchten. So eben auch aus diesem Buch. Es gibt kaum was mehr auf dieser Welt, als unterschiedliche Meinungen. Die aber sind dazu da, um sich seinen eigenen Standpunkt bilden zu können.

Nur du bist für das, was du tust, verantwortlich. Mache nicht das, was gerade alle machen, nur um nicht anzuecken. Nicht immer hat die anwesende Mehrheit Recht! Vertrete deinen Entschluss. Entweder laut, oder auch leise - nur für dich. Lass dir keine Ängste einreden, die nicht haltbar sind. Überlege, wäge ab. Frage nach. Es ist alleine deine Entscheidung, wie du mit all den vielen Gebrauchsanleitungen fürs Leben, die du aus verschiedenen Ursprüngen gesammelt hast, machst. Und wie du mit misslichen Lagen umgehst. Was nicht heißt, dass man auch mal wieder umdenken darf. Wenn was nicht klappt, ändere den Weg dorthin. Wenn du es nicht änderst, wird sich an der gerade entstandenen Schwierigkeit nichts ändern. Nur zu. Für dich und deinen Hund. Wer Grenzen richtig stecken kann, kann sich auch durchsetzen, da er klar und unmissverständlich ist. Der „Klick" kann nicht nur Ersthundehaltern helfen, sondern auch Menschen, die den x-ten Hund haben und der auch wieder nicht so umgänglich ist, wie der vom Nachbarn - wo verflixt liegt denn da bitte die Kunst?

Auch macht der „neue Klick im Kopf" Sinn, wenn du von irgendwoher einen älteren Hund aufgenommen hast. Selbstverständlich ist eine „Gewohnheitsveränderung" auch bei einem älteren Hund möglich, gar keine Frage. Denn auch ein Hund lernt sein ganzes Leben. Es dauert nur etwas länger. Und mit so manch einer Macke kann man ja auch ganz gut zusammenleben. Und ohne irgendeine Macke wäre es auch kein Leben. Deines und meines eingeschlossen.

So verstehe ich den „Klick" hier als nützliche Vorbereitung auf den Wegen zum Familienhund. Als begleitende Unterstützung im Junghundealter - oooder, wenn es vor Ort keine ideale Ausbildungsmöglichkeit gibt. Damit die Menschen mit ihren angehenden Familienhunden nicht vom Regen in die Traufe kommen. Wenn du dir dieses Buch nach längerer Zeit wieder mal durchliest, erkennst du auch, was du in all den vergangenen Monaten hast schleifen lassen - oder manches ganz in den Hintergrund gerückt ist. Oder schon wieder vergessen hast, wie mans eigentlich macht. Letzteres wäre auch wieder typisch für mich.

Ehrlich jetzt, ich habe mir selbst das Buch erst jetzt bei der Überarbeitung mal wieder bewusst reingezogen. Ja, auch mir sind einige Dinge aufgefallen, die ich schon lange nicht mehr eingefordert habe - und das schleunigst nachholen möchte. Wenn ich hiermit fertig bin. Ab „Tag X".

Was will die ab „Tag X"? Och nööö...

Worum geht es da gerade?

Ich nix verstehen

Der sogenannte Problemhund

Diese Spezies können wir hier nicht näher behandeln. Diese Hunde gehören ernsthaft in erfahrene Hände. Auch da gibt es unterschiedliche Auffassungen. Zu Schaden darf niemand kommen - weder Mensch noch Tier. Wissentlich jedenfalls. Ein jagender Hund ist nicht wirklich ein Problemhund. Sondern ist nur immer und unbedingt in Gebieten mit Wild an der Leine zu führen! Und kann eben nur an Stellen frei laufen, wo Hase und Reh sich weder einen guten Morgen, noch eine gute Nacht sagen. Man kann dann entweder ein Anti-Jagdtraining in Erwägung ziehen, oder ihn an der Leine zum Beispiel am Anfang, in der Mitte und am Schluss des Waldspaziergangs, mit ein paar Übungen oder Spielchen bei Laune halten.

Ein Hund, der schon einen Menschen bewusst gebissen hat, egal aus welchem Grund, ist für mich sehr wohl ein Problemhund. Ohne Wenn und Aber, egal, welche Größe der Hund hat. Merke: Spielerisch die Hand des Menschen ins Maul zu nehmen, gerade mit Welpenzähnchen, ist KEIN Beißen!!! Dabei sollte jedoch niemals absichtlich Blut fließen - außer, der kleine Kerl hat einen Milchzahn in deinem Daumen verloren. Natürlich kann es junge Hunde geben, die - wieder mal je nach Wesenseigenschaften - schneller aufdrehen und ihren Menschen als ebenbürtig oder niedriger sehen und ausprobieren, was der denn so alles erträgt.

Somit läuft spätestens, wenn man sich Handschuhe zum Spielen anzieht, irgendetwas grundlegend falsch.

Hunde, die an der Leine stänkern oder ihren Menschen durch die Gegend ziehen, sind keine Problemhunde. Da würden verändertes Verhalten des Besitzers und Regeln für den Hund meist ausreichen, um das wieder friedlicher gestalten zu können. Es ist nur furchtbar nervig für den Besitzer und ziemlicher Stress für seinen Hund. Und entweder, der Besitzer packt die Sachlage jetzt an, oder nimmt den Hund immer weniger mit - der ist ja nicht erziehbar und kann keine anderen Hunde leiden. Armer Hund - und wie er könnte, wenn Halter wollte. Erkundige dich nach einer Fachfrau oder auch

Fachmann, die/der dir unterstützend zur Seite steht, sollte auch dein Hund solche Anwandlungen haben.

Damit meine ich jetzt aber keine verhaltensbiologisch untypische Hunde, sondern rede von einem gut aufgezogenen, angehenden Familienhund.

Denkst du gerade: „Wie zum Teufel bekomme ich die Erziehung hin, wenn der Hund doch gar kein Deutsch, ich aber kein Hündisch spreche?" Du brauchst dich auch um Himmels Willen nicht verhalten, wie ein Hund - nur solltest du wissen, wie er eben tickt. Was er wirklich im Leben braucht, um ein entspannter Hund zu werden. Und welche doch so menschlichen Fehler das ganz schnell kippen können - dabei wäre es so einfach gewesen, dies zu vermeiden. Wenn man es denn gewusst hätte. Das wird aber jetzt, ganz bestimmt.

Was du mit diesem „Klick" lernen kannst: Das Wort KONSEQUENZ wird bis zum Ende des Buches - bitte beharrlich, unbeirrt, ja, eigentlich stur auch bis zum Schluss lesen - seine Bedrohlichkeit verlieren. Du wirst das Gefühl dafür entwickeln, welche Begebenheiten du als Mensch unverdrossen über „eine Zeit lang" (geht beim Hund wesentlich schneller vorbei als beim Kind) begleiten solltest, und wie du den Hund tatsächlich auch von Anfang an „freigeben" und einiges lockerer handhaben kannst, als du bis jetzt dachtest.

Es soll sogar Menschen geben, die ohne Hilfsmittel auskommen. Diese Gabe suche ich bis heute bei mir. Diese Menschen „führen", sie brauchen für die ersten Lernschritte kein Leckerli. Es ist nur ihre Ausstrahlung, ihre Art, die richtige Haltung, ihre Stimmlage und das richtige Tun zur richtigen Zeit. Wenn du dazu gehörst, darfst du jetzt schon glücklich sein, dieses Buch weglegen und jemandem schenken, der es wirklich braucht.

Oder du liest es trotzdem zu Ende, um zu verstehen, warum diese Hilfsmittel in der Jetztzeit für alle anderen so wichtig sind. Du kannst auf jeden Fall deinen Hund zu dir aufs Sofa holen - falls er da nicht eh schon liegt. Keine Angst, wir arbeiten später mit Hilfsmitteln.

Es soll Menschen geben, die grundsätzlich viel über Erziehung wissen, aber die „innere Eingebung" nicht besitzen, dieses Wissen im wirklichen Leben umzusetzen. Chancenlos bis jetzt. Da haben auch einige Menschenkinder-Eltern so ihre Probleme mit.

Deshalb gibt es ja jetzt den „Klick" im Kopf zum Kinder - äh Hundeglück - der auch das in jedem schlummernde Bauchgefühl wieder weckt. Ich erzähle hier auch nix Neues - nur anders „verpackt". Eben wirklich durchführbar für Familienhunde-Menschen.

Du brauchst ihn dann „nur" noch ausführen: Deinen „Klick". Und schon findest du die Wege zum Familienhund.

Werden wir Freunde?

Check für Erstlingshalter

Sinnvoll ist es, sich vorher schon kundig zu machen: Wie hoch ist die Hundesteuer im jeweiligen Wohnort? Und was kostet eine gute Hundehaftpflichtversicherung? Hier wäre es von Vorteil, wenn dieser Satz dabeisteht: „Auch der unangeleinte Hund ist versichert". Leiste ich mir eine OP-Versicherung, was ist darin enthalten oder lege ich ein Sparbuch an? Ist bei einer Mietwohnung ein Hund nur bis zu einer gewissen Schulterhöhe erlaubt?

Wo liegen noch Gefahrenquellen im Haus? Kabel sollten hundesicher angebracht werden, der wertvolle Teakholztisch eventuell erstmal anderswo eingesetzt werden, Porzellan außer Reichweite stellen, auch viele Dekoartikel findet ein Hund oft schön. Zu schön. Aber anders schön, als wir. Auch die teure Ledercouch würde ich sicherheitshalber mal nur freigeben, wenn ein Mensch anwesend ist. Wenn Kids da sind, kleine Spielfigürchen aufräumen und auch den Schulranzen nicht unbeaufsichtigt am Boden stehen lassen.

Offene Mülleimer hingegen kann man stehen lassen, da haben die Hunde einen Heidenspaß dran und zählen gerne die einzelnen Bananenschalen oder Zeitungspapier oder Kaffeefilter. Auch Bücher werden gerne von Hunden gelesen - allerdings sind danach die Buchstaben weg. Sicherheitshalber im ersten Jahr nur Werke in Reichweite des Vierbeiners stellen, die wirklich auch weg könnten. Bei aller Lustigkeit hier, wenn man gerade nicht betroffen ist - ein Darmverschluss kann lebensgefährlich werden. Kleine scharfkantige oder größere, im Ganzen verschluckbare Gegenstände vorsorglich entfernen. Bei uns kamen unversehrt bereits Wachsmalkreiden mit dem Kacka wieder raus. Also bei einem unserer Hunde! Die Hündin unserer Nachbarin spielte Gott sei Dank mit einer unserer Hündinnen. Dann würgte die Nachbarshündin. Zum Vorschein kam ein riesiges Stück Ochsenziemer und eine - bis dahin noch nicht vermisste - Feinstrumpfhose!!! des Frauchens. Im Ganzen. Kann jetzt aber nicht mehr sagen, ob die nochmal in die Wäsche kam…

Wo ist die erste Pinkelwiese, wenn du mit dem Hund am Anfang zigmal rausgehst?

Diese sollte natürlich nicht der uneingezäunte Vorgarten des Nachbarn sein. Nein, auch dann nicht, wenn du ihn nicht leiden kannst.

Wer glaubt, seine Fußbodenheizung rausreißen zu müssen, oder gar ein Haustauschkonzept erschrocken in Erwägung zieht, da Hunde ja schlecht schwitzen können: Auch in deinem Haus gibt es kühlere Ecken, an die wird sich dein Hund selbstständig zurückziehen. Fast alle Hunde fühlen sich wohler, wenn es kühl ist. Starkes Hecheln kühlt seinen Körper. Schwitzen selbst kann ein Hund nur an den Pfoten. Aktivitäten im Hochsommer tagsüber nur im Wald oder Wasser anbieten - und das nur in Maßen. Größere Spaziergänge vertagen oder in die Abendstunden legen. Einen Hitzschlag kann es schnell geben - gerade bei Rassen und deren Mischlingen, die zu Arbeitseifer und Ausdauer gezüchtet wurden. Sie hören nicht von selbst auf, wenn man ständig im Hochsommer einen Ball ins Wasser wirft.

Hast du giftige Pflanzen im Garten? Was alles ist für einen Hund überhaupt giftig? Auch zum Beispiel im Haus? In der Küche? Im Vorratsschrank?

Hast du jemanden, der den Hund, wenn Not am Mann ist, kurzfristig nehmen kann? Dies setzt voraus, dass der Hund weiß, was eine Grunderziehung ist. Niemand nimmt einen Hund in Pflege, wenn die Ohren nur auf Durchzug stehen. Oder er wie ein Irrer kläfft. Oder alles in Reichweite seiner Zähne nicht sicher ist. Wer nimmt meinen Hund, wenn ich doch mal in den Urlaub fliegen möchte? Sehr kleine Hunde dürfen oftmals mit in den Passagierraum, dies muss man jedoch frühzeitig anmelden. Hier würde ich lieber jemanden mit Hundeerfahrung suchen und vorher schon mal ausprobieren, ob das über ein paar Wochen beim Nachbarn oder anderen Urlaubsplätzen klappen könnte.

Es ist nicht verkehrt, wenn du dir das Tierschutzgesetz (TierSchG) und die Tierschutz-Hundeverordnung (TierSchHuV) mal zu Gemüte führst. Landesregionen können weitere Einzelheiten festlegen, die durchaus unterschiedlich gehandhabt werden. Darf mein Hund in meinem Bundesland frei laufen oder ist eine gewisse Mindestgröße entscheidend?

Wer hat hier ein Problem? Wir jedenfalls nicht!

Was genau ist ein Rassehund

Ein Rassehund ist für mich ein Hundetyp, der seit vielen Jahren nachweislich unter bestimmten Kriterien in einem Verein gezüchtet wird. In einem Zuchtbuch wird alles dokumentiert und die vorherigen Generationen sind nachvollziehbar. Es gibt eine nachlesbare Zuchtordnung, eine Satzung, in der alles festgeschrieben steht und sich die Züchtermitglieder an die Bestimmungen halten müssen. Da ist auch genau geregelt, welche gesundheitlichen Untersuchungen nötig sind, damit aus den Tieren Deckrüden oder Zuchthündinnen werden können. Auch ist genau beschrieben, ab welchem Alter eine Zuchthündin das erste Mal Welpen bekommen darf (zum Beispiel ab dem fünfzehnten Lebensmonat), wie oft sie im Jahr Welpen bekommen darf (zum Beispiel drei Würfe innerhalb von zwei Jahren) und mit welchem Alter sie aus der Zucht ausscheidet (zum Beispiel mit dem achten Lebensjahr). Bei manchen Rassen ist die äußere Bewertung (Standard) sehr wichtig. In anderen Zuchten wird mehr Wert auf die vererbten Verhaltensweisen gelegt und auch zum Beispiel Farben, die Erbschäden hervorbringen können, ausgesiebt.

Mindestens einhundert verschiedene Züchter in diesem Verein fördern mit ihren Zuchtzielen diese Art. Es wurde selektiert und erwünschte Eigenschaften hervorgehoben, wie zum Beispiel eine gute Nase bei Jagdhunden. Tiere, die unerwünschte Eigenschaften, wie zum Beispiel Schussangst beim Jagdhund hatten, fielen aus der Zucht. Verschiedenste Felltypen, Körperbauten und Größen für den unterschiedlichen „Gebrauch" wurden gezielt mit meist lückenloser Dokumentation bis hin zu den Ureltern aufgezeichnet.

Die Zuchttiere sollten auf jeden Fall gesundheitlich untersucht worden sein, hier spielen die Hüfte, die Kniescheibe und gewisse Augenuntersuchungen oder auch eine Herzuntersuchung eine übergeordnete Rolle. Die Ergebnisse sind für den Käufer einsehbar.

Die Elterntiere sollten bestens kontrolliert vom Züchter, noch besser, mit vorheriger Genehmigung der Zuchtleitung verpaart werden. Damit verschiedene Aspekte, wie der IK (Inzuchtkoeffizient) oder der AVK (Ahnenverlustkoeffizient) und weitere genetische Komponenten überprüft wurden. Alle Welpen aus diesem Wurf werden protokolliert und erhalten entsprechend ihre Ahnentafel. Meine Rasse macht unter anderem einen Wesenstest bei den Zuchttieren, in dem verschiedene Verhaltensweisen getestet werden. Dadurch hat der Verein erreicht, robuste, von Natur aus entspannte, gesellige und leichtführige Hunde zu erhalten. Einzelne Vereine können unter verschiedenen Dachverbänden zusammengefasst werden.

Wenn ein „Züchter" keine Vereinszugehörigkeit nachweisen kann, ist keine Kontrolle möglich. Sowohl über die Gesundheit und das Wohlergehen der Elterntiere, als auch über das Wesen und weitere Entwicklung der Welpen.

Der „Rassehund ohne Papiere“ oder der „falsche Mischling“

Dieser sieht dem Rassehund mit Papieren verdammt ähnlich. Aber der „Inhalt“ dieser Hunde kann ein ganz anderer sein. Man kann sich heutzutage wirklich gut informieren und viele Fragen an den „Züchter“ stellen. Wenn du mehr Ahnung über Zucht, Erbgesundheit, Welpenentwicklung, Vereinsstatuten oder ähnlichem hast, dann weißt du hoffentlich, was zu tun ist. Als Beispiel nehme ich mal eine Hunderasse, die jeder kennt und die seit vielen Jahren als sehr gute Familienhunderasse bekannt ist.

Eine Familie hat vor einiger Zeit eine Welpen-Hündin ohne Ahnentafel gekauft, die aussieht, wie ein Golden Retriever. Der Nachbar der Familie hat auch so einen Hund, auch ohne Papiere irgendwo gekauft. Da die Nachfrage sehr groß ist nach solchen Hunden, und beide aussehen, wie Golden Retriever, lassen sie aus einem Stelldichein acht zuckersüße Welpen entstehen. Oder eine Hündin der Rasse X wird mit einem Rüden derselben Rasse verpaart. Beide Tiere haben Ahnentafeln, aber die Welpen werden – ohne Ahnentafeln – „netter Weise günstiger verkauft“.

Heißt, entweder haben die Tiere ihre Zuchtzulassung verloren, oder sind vom Alter her ausgeschieden, oder sie hatten nie eine Zuchtzulassung. Daher kann man keine Erbfolge erkennen, man weiß nichts über eventuelle vererbbare Krankheiten der Elterntiere. Auch nicht, ob das Wesen der eigentlichen Rasse überhaupt entspricht. Der „Rassehund ohne Papiere“ birgt also die meiste Gefahr in sich, was Krankheiten und auch nicht wesenstypische Hunde der eigentlichen Rasse angeht. Auch wäre es möglich, Mutterhündinnen „auszubeuten“. Da keine Kontrolle da ist, könnte bei jeder Läufigkeit belegt werden, dies auch noch im hohen Alter. Es kann sein, dass weder die Elterntiere, noch die Welpen entwurmt oder geimpft werden oder sie auch keinen Chip erhalten, um die Herkunft nicht ermitteln zu können.

„Die haben ja alle „nur“ keine Papiere und sind dann billiger“, so denken die meisten. Und, wir wissen ja bereits, dass das „Papier“, die sogenannte Ahnentafel, vor so einigem Schindluder schützen kann und ein Hund nur damit auch ein Rassehund ist. Wenn man als Privatperson eine Hündin ohne vorherige Untersuchungen mit irgendeinem Rüden gleicher Rasse verpaart, kann man Glück haben.

Möglich ist aber auch, dass diese Welpen nicht gerade die gesündesten oder robustesten Tiere werden. Je nachdem, wie erbgesund oder wesensfest oder wohlgenährt beide Elterntiere sind.

Ja, Ahnentafeln können gefälscht werden – und sind nicht mal das Papier wert, auf dem sie gedruckt wurden. Eine echte Ahnentafel ist ein Dokument und wird mit einem kurzen Anruf bei der jeweiligen Zuchtleitung bestätigt.

Die Vererbungslehre

Sie ist nicht einfach zu verstehen. Für uns hier jetzt reicht es erstmal zu wissen: Was soll denn aus Krank x Krank bitte werden? Jo – die Mehrzahl der Welpen kann auch erkranken. Bei zehn Welpen könnten das acht Stück sein. Wenn wenigstens ein Elternteil gesund ist, verringert sich möglicherweise der Anteil an erkrankten Welpen. Ja, und selbst bei gesunden Eltern kann in einem Zehnerwurf immerhin noch ein Welpe etwas von einem Vorfahren abbekommen haben.

Wenn zwei sehr ängstliche Tiere verpaart werden – werden diese Welpen dann alle robust und lebensfroh? Oder die Welpen zweier aggressiver Eltern kleine Engelchen? Man kann nicht nachvollziehen, ob da jetzt vielleicht ein Inzuchtwelpe gekauft wurde. Das kann auf seine Gesundheit und Lebenserwartung erhebliche Auswirkungen haben. Da nichts über die Ahnen bekannt ist, kann man auch bestimmte Krankheiten nicht gezielt eindämmen. Wenn eine Hündin zum Beispiel Epilepsie-Träger ist und der Rüde auch – dann ist die Wahrscheinlichkeit, dass dies auch bei dem ein oder anderen Welpen ausbricht, sehr wahrscheinlich. Ist hingegen durch einen Test bekannt, dass ein Elternteil kein Träger ist, kann die Krankheit bei den entstehenden Welpen nicht ausbrechen. Im Laufe der nächsten Generationen kann das Gen so ausgemerzt werden, da ein Elternteil so ausgesucht werden kann, dass es ein Nicht-Träger ist.

Auch in der seriösen Zucht tauchen mal Probleme auf. Ganz klar. Es ist so vieles noch gar nicht erforscht oder gerade in den Ansätzen herauszubekommen, ob es bei einigen Krankheiten gewisse Erbgänge gibt.

Warum die Ahnentafel wichtig ist

Eine Verpaarung wird – in dem Verein, dem ich angehöre – mit Genehmigung der jeweiligen Zuchtleitung vorgenommen. Nur dann bekommen die Welpen eine Ahnentafel. Diese Ahnentafel des jeweiligen Vereines bezeugt, dass kein Muttertier ausgebeutet wird, die Haltungsbedingungen gut sind und auch die Elterntiere nach gewissen Kriterien ausgesucht wurden, um möglichst gesunde, wesensfeste Welpen zu bekommen. Dies kann entweder im VDH, aber auch in einem gewissenhaft geführten eigenständigen Verein, geschehen. Lass dich nicht drauf ein, wenn ein „Züchter" sagt, die Ahnentafel sei noch nicht fertig, wenn du den Hund abholst. Und frage bei irgendwelchen Zweifeln beim jeweils angegebenen Verein nach, ob diese Zuchtstätte mit diesem Inhaber auch wirklich dort geführt wird. Und wenn der „Züchter" sagt: „Ohne Papiere ist er billiger", dann würde ich da keinen Welpen kaufen.

Auch wenn noch keine Welpen da sind, laden einige Züchter immer wieder ernsthafte Interessenten-Familien zu sich ein. Damit die Familien sich einen Eindruck von der jeweiligen Rasse machen können. Aber bitte nicht enttäuscht sein, wenn das mal bei dem ausgesuchten Züchter nicht klappt – manchmal braucht man diese Zeit auch, um andere Arbeiten erledigen zu können, sich mal ne Pause zu gönnen, wenn gerade erst Welpenabgabe war oder ähnliches. Auch wenn Saugwelpen da sind und unter drei Wochen alt sind, wird ein verantwortungsbewusster Züchter keine Fremden einladen, die Welpen anzuschauen. Die Familien, die dann für einen der Welpen in Frage kommen, bleiben meist eine durchgängige Wach- und Schlafphase der jungen Hunde vor Ort. Das kann ungefähr ab der vierten Lebenswoche der Fall sein, Fragen werden von beiden Seiten gestellt und hoffentlich richtig und offen beantwortet.

Das bedeutet aber nicht, dass jeder Zuchtwelpe sein Leben lang gesund bleibt. Manches kann Generationen überspringen. Allergien gibt es immer mehr. Ob Mischling oder Rassehund. Krebs kann auch leider, leider in frühen Jahren auftreten. Es gibt Augenerkrankungen oder auch Schilddrüsen-Fälle. Genau, wie bei uns Menschen. Einige Krankheiten kommen etwas gehäufter vor, manchmal nur in einer Zuchtlinie, manchmal ist fast eine ganze Rasse betroffen. Es gibt Krankheiten, die eine erbliche Häufigkeit haben können, aber auch erworbene Krankheiten durch falsche Ernährung, Fehlbelastung oder durch Umweltschäden. Es gibt Großrassen, die oftmals das neunte Lebensjahr nicht mehr erreichen. Es gibt Kleinrassen, die so zerbrechlich sind, dass ein Sturz von einem Stuhl bereits tödlich enden kann. Hier spielen verschiedene Gründe eine Rolle.

Aber ich kann dich auch wieder beruhigen: Viele Hunde brauchen den Tierarzt nur selten. Erforderliche Impfungen, mal ne Wurmkur oder nötige Hilfsmaßnahmen bei Verletzungen betreffen schon die Überzahl aller Hunde in unseren Breiten. Ich gehe davon aus, dass man sich bei extrem kurzköpfigen Rassen, die dadurch auch eine kurze, platte Schnauze haben, über die furchtbare Atemwegsbehinderung und ihre Folgen schlau macht.

Wir gehen mit dir, wohin du willst

Der „echte" Mischling

Jeder Mischling heutzutage ist aus den unterschiedlichsten Rassen entstanden. Das ist jetzt genau andersrum, wie du das bis jetzt immer gehört hast, hm? Stimmt, jeder Rassehund ist früher irgendwann mal ein Mischling gewesen. Das Wort Mischling ist jetzt auch in keinster Weise abwertend. Aber, ich möchte den Unterschied verdeutlichen, da viele dies gar nicht wissen:

Der „echte Mischling" ist ein anderer: Die Mischlingshündin X hat auf der Wiese einen One-Day-Stand mit einem Mischlingsrüden. Daraus entstehen „echte Mischlinge". Gemeinsam haben sie mit dem „Rassehund ohne Papiere", dass es wahrscheinlich keine Gesundheitsuntersuchungen der Elterntiere gibt. Gemeinsam haben sie, dass das Wesen erst einmal nicht einschätzbar ist und man erst im Laufe der Zeit weiß, ob man sich ein Primelchen, eine Rose, eine Sonnenblume oder eine fleischfressende Pflanze nach Hause geholt hat. Auch über Krankheiten weiß man nichts - so kann das Primelchen Läuse haben, die Rose Mehltau, die Sonnenblume von Schnecken zerfressen werden und die fleischfressende Pflanze möchte ab jetzt vegan leben und verhungert.

Eine Hündin kann in der Hitze von mehreren Rüden gedeckt werden. Und die Welpen daraus können dann die Gene der Mutter, und die des jeweiligen Vaters in sich tragen. Jedoch wird das bei unseren deutschsprachigen Hunden, die nicht den ganzen Tag alleine durch die Gegend stromern, eher selten „einfach so" passieren.

Ein „echter Mischling" ist ein absolutes Unikat. In der Regel weiß man nicht, auf was man sich da einlässt. Das er eben von verschiedensten Charakteren und angezüchteten Wesenseigenschaften einen Cocktail in sich tragen kann. Oftmals werden sie jedoch sehr alt, da die Wahrscheinlichkeit etwas höher ist, dass sich krankmachende Gene nicht treffen.

Somit ist auch der „echte Mischling" eine echte Option.

Hybridzucht - oder ich doodel mir einen

Wenn zwei rassereine - also mit Ahnentafel !!! - und gesunde !!! und wesenstypische !!! Hunde verschiedener Rassen verpaart werden, sind meist die Welpen gute Gesellen. Von beiden Rassen werden die unterschiedlichen Erbanlagen einmalig vermischt und dadurch werden die „guten" Anlagen doppelt vererbt.

Wenn diese Art „Zucht" gewissenhaft !!! verrichtet wird, ist das in meinen Augen eine gute Art und Weise, gezielt gesunde, wesensfeste Hunde zu erhalten. Leider gibt es da (noch) keine wirkliche Kontrolle, um Vermehrer auszuschließen und die Spreu vom Weizen zu trennen.

Hier also auch wieder genau erkundigen. Wenn also einfach irgendein Boxer, der gesundheitlich nicht untersucht wurde und seine Belastbarkeit sehr gering ist, mit irgendeinem Schäferhund, der vom Wesen her eher aggressiv ist, gepaart wird, dann ist das keine Hybridzucht und es werden in diesem Wurf wenig wundervolle Welpen geboren werden.

Wir nehmen da mal nen Beagle und ne englische Bulldogge. Aussehenstechnisch gesehen, kann schon mal ein Hund entstehen, der einen fürchterlichen Vorbiss hat. Und man meint, wenn der sein Maul aufmacht, dass er aber ganz viele Zähne hat. Und diese total zusammengewürfelt querbeet stehen.

Wenn es nur Optik ist und ihn nicht beeinträchtigt, ist das ja noch soweit okay. Eben, je nach dem Aussehen und Veranlagung der beiden verschiedenen Reinrassen der Ausgangstiere.

Würde man aber jetzt den netten vielzahnigen, nicht mehr röchelnden Kindsgesellen wieder mit einer der beiden Ursprungsrassen - oder einer weiteren Rasse oder nem Mischling - verpaaren, ist der Erbgang ein ganz anderer und diese Nachkommen können sich genau gegenteilig vom Wesen, wie auch gesundheitlich, entwickeln.

Diese Art der „Zucht" gibt es schon einige Zeit unter dem im Moment dafür üblichen Ausdruck „Designerhund". Eigentlich war das gut gedacht, so war ja auch der Anfang des ganzen „Gedoodels", welches ursprünglich aus Amerika kommt. Der Urvater des Labradoodles hat allerdings schon einige Zeit mit dieser Art Zucht aufgehört. Er merkte, was da für eine Lawine losgetreten wurde. Er hatte die gute Absicht, eine nicht haarende, vom Wesen her sehr freundliche, gelehrige und gesunde Hundeart zu züchten. Das geht auch, wenn die Elterntiere untersucht sind und jeder der beiden mit einer Ahnentafel nachweislich reinrassig ist.

Nicht fachmännische Trittbrettfahrer könnten willkürlich Tiere verpaaren, die keinerlei gesundheitliche Untersuchungen haben und auch nur annähernd wie ein Pudel und ein Retriever aussehen.

Somit hat man dann wieder Mischlinge, die ziemlich teuer verkauft werden. Aber dann doch haaren, die gewünschten Eigenschaften nicht haben und man den Hund aber hoffentlich trotzdem weiter behält - wenn denn kein Allergiker in der Familie ist.

Wenn Doodle dabei steht, sollte ein Elternteil ein Pudel sein. Den gibt es ja in verschiedenen Größen und er ist - auch wieder, wenn er aus einer guten Zucht stammt - eine noch sehr gesunde, anpassungsfähige Rasse.

Das andere Elternteil war am Anfang eine Retrieverart, danach folgte wildes Gedoodel mit allen möglichen Rassen.

Reinrassige Königspudel. Mit Ahnentafel. Sie entsprechen ihrer Rassebeschreibung

Aber ich will doch nur einen Hund kaufen

Ja, kann man machen. Oder auch das hier vorher lesen. Und dann das Richtige für sich und die Hunde tun. Hier zeige ich mal ein paar der üblichen Wege. Und bitte beim Lesen nicht verzweifeln, es ist jetzt nun mal geballte Info mit allen Fürs und Widers. Und kann - wenn Hund noch nicht da - auch schon beim Aussuchen eines Hundes das Bauchgefühl wecken, damit es später ein Hunde- und Menschenglück auf beiden Seiten wird.

Nicht glauben: „Oh je, oh je, das schaffe ich ja nie." Doch, geh mit offenen Augen durch die Welt und schau, wie viele Menschen und Hunde zusammen ein wundervolles Leben haben. Ein wenig Mühe zahlt sich da schon aus.

Wenn dein Hund schon da ist, trotzdem mal nen Blick hier drüber werfen, vielleicht ist doch noch was Brauchbares für dich dabei. Bitte nicht all das Geschriebene von Privatpersonen in irgendwelchen Foren glauben - manchmal stecken in dem Miesmachen nur verärgerte Frustmeldungen von so manch einem, der im normalen Leben nicht viel zu sagen hat. Auch Neid und persönliches Wettbewerbsdenken können die Tatsächlichkeit völlig verschieben. Und manche haben schlicht und einfach keine Ahnung.

So wird es in der Jetztzeit meistens sein: Die Suche und Erstinformation erfolgt über das Internet. Ausnahmen gibt es auch hier, einen Hund direkt auf einer Raststätte in die Hand gedrückt zu bekommen (sehr schlecht) oder der Nachbar hat einen Wurf. Oder man nimmt sich einen aus dem Urlaub mit.

Die meisten Hundehabenwoller sind verantwortungsbewusst und googeln erst einmal, was persönliche Fragerei in seinem Umfeld ja nicht ausschließt. Man kommt von links nach schräg, hat massenweise Infos, von denen man nicht weiß, ist es richtig oder falsch. Und immer gucken, wo stand der Artikel, wer hat ihn geschrieben. Dann kann man Tests machen, welcher Hund zu einem passt. Hm, bei mir kam der Husky raus. Neiiin, so einen Hund, so toll er auch ist, wollte ich persönlich nie. Mein Begehren ist keineswegs, im Sommer nachts mit dem Fahrrad zwanzig Kilometer zu fahren, um den Hund gefahrlos auszulasten. Ich habe aber nichts dagegen, dass andere dies tun. Nach meist ausführlicher Recherche und Besprechung mit seinem Umfeld kommt man zu der Erkenntnis: Jawoll, ein Hund passt so für die nächsten zwölf bis sechzehn Jahre in unser Leben. Jetzt findet man, wenn man einen Welpen, Junghund oder erwachsenen Hund haben möchte, im Netz diverse Anzeigen, Webseiten, Artikel.

Auch kann man verschiedene Hundemessen besuchen. Hier sind viele unterschiedliche Rassen zu sehen, man kann Züchter befragen und jede Menge Gedöns rund um den Hund kaufen. Auf manchen Messen dürfen nur Rassen, die dem VDH (Verband für das deutsche Hundewesen) angehören, ausgestellt werden. Besucherhunde sind erlaubt, wenn der gültige Impfausweis vorgelegt wird. Jedoch gibt es mittlerweile auch Ausstellungen, die anderweitige Rassen zulassen. Auch kann man Veranstaltungen eines Rassevereines besuchen. Bei meinen Elo® gibt es zum Beispiel zwei große Treffen im Jahr, an denen Besucher sehr herzlich willkommen sind.

Ein, zwei, oder auch drei gute Bücher zusätzlich können sehr hilfreich sein, die bestellt man sich meist auch über das Internet. Da gibt es übrigens auch meines zu kaufen. Dies hier sind die Hauptanbietergruppen für einen Hund:

Der Hund vom „seriösen" Züchter

Hier muss ich etwas ausholen, da es eben Züchter gibt und solche, die sich als Züchter sehen, aber keine sind - und dadurch eben Züchter nicht gleich Züchter ist. Und auch die Worte Klein-Züchter oder auch Hobby-Züchter nicht wirklich aussagen, ob jemand seine Aufgabe ernst nimmt, oder schnelles Geld verdienen will. Und das Wort Zucht bedeutet viel mehr, als wahllos Hunde zu vermehren. Ob eine Zuchtstätte als Gewerbe angemeldet werden muss, hängt unter anderem von der Anzahl der „fortpflanzungsfähigen Tiere" und weiteren Auflagen des Bundeslandes und Wohnortes ab. Die unterschiedlichen Bereiche haben oftmals nichts miteinander zu tun.

Der Ursprung des Hundes hat eine große Bedeutung - wofür wurden die verschiedenen Rassen - teilweise vor vielen hundert Jahren - gezüchtet?

Stammt dein Welpe aus einer Arbeitszucht, dann ist er gewissermaßen ein „Kämpfer". Oder ist er aus einer „Schönheitszucht", da wurde auf eine Arbeitseigenschaft keinen Wert gelegt. Heißt, das Ziel ist verkümmert, was es aber nicht unbedingt einfacher macht. Hier wurde vielleicht nicht drauf geachtet, ob nun zwei eher ängstliche oder zwei streitbare Hunde miteinander verpaart wurden. Das kann ungünstige Folgen nach sich ziehen, da nur das Aussehen im Vordergrund stand.

Auf die Gesundheit wird jedoch in vielen Vereinen schon seit Längerem mehr Wert gelegt - Gott sei Dank findet da ein Umdenken statt. Auch auf das Wesen wird in guten Zuchten mehr und mehr geachtet. Vererbung spielt eine wesentlich größere Rolle, als so manch ein Mensch glauben mag. Auch das Nachahmen der Mutter - in unserem Fall der Hundemutter - ist für einen Welpen äußerst beeinflussend. Nicht zu vergessen seine - ich nenne es mal „frühwelpische, gesunde Förderung", wirkt sich nachhaltig auf das ganze Hundeleben aus.

Nachhaltig - eines meiner Hassworte der heutigen Zeit - neben bio und vegan. Nicht, dass ich gegen die wirkliche Bedeutung und den Sinn dieser Worte bin - im Gegenteil! Aber, in Zeiten, in denen Zahnpasta nachhaltig ist (ja, sie schützt die Zähne bis zum nächsten Essen - das kann man ein paar Wochen rauszögern), Kunststoff-Geschirr bio ist (logo, nach Benutzung in den Garten damit, nach dem nächsten Regen wird eine Blumenwiese für die Artenvielfalt draus) und es veganen Strom gibt (den können auch Vegetarier essen), fokussiere ich mich darauf, oh mein Gott, keines dieser Worte nochmals hier im Buch zu verwenden. Also, alles gut.

Auch meine Hunde haben ein Hasswort. Nein, es ist nicht „NEIN". Auch nicht „PFUI", „LASSS DASSS" oder „EHEH".

Es ist das Wort „GLEICH". Das sage ich oft mehrmals am Tag. Da fällt ihnen alles aus dem Gesicht. Die Ohren hängen, der Schwanz hängt, das Fell hängt, alles hängt. Denn sie wissen, „GLEICH" heißt bei mir immer „... Stunden später..." Übrigens hat das Wort auch bei den Alpakas, Ponys, der Katze, dem Schweinchen und so weiter, mittlerweile die gleiche Wirkung. Hmmm - bei meinem Mann auch???

Somit also betreiben rechtschaffende Züchter, die unter einem Verband oder Verein, mit guter Überwachungsarbeit von Oben, keinen Unsinn. Sie legen Wert auf Verpaarungen, deren Elterntiere ein rassetypisches Wesen haben.

Die Zuchttiere haben je nach der jeweiligen Vereinssatzung alle gesundheitlichen Untersuchungen erfolgreich durchlaufen. Die Eltern eines Wurfes passen genetisch gut zusammen und sind von Inzucht weit entfernt. Und haben rein gar nichts mit den vielen, vielen Pokalen zu tun, die aus Zuchtschauen wegen des äußeren Erscheinungsbildes gewonnen werden und ein ganzes Zimmer brauchen.

Du solltest drauf achten, wie sich das Muttertier verhält. Ist sie hektisch, nervös, ruhelos, laut - oder vermittelt sie eine innere Ruhe entsprechend ihrer Rasse. Wenn noch weitere erwachsene Hunde da sind, sind die entspannt oder eher wuselig, wie verhalten diese sich untereinander und auch zu dir und Kindern und auch gegenüber dem Züchter.

Meiner Meinung nach sollte ein Anfänger, eine junge Familie oder auch Senioren, die sich den ersten Hund zulegen, alle vorhandenen erwachsenen Hunde streicheln können. Die Hunde sind insgesamt meist friedlich, kurze Meinungsverschiedenheiten werden untereinander abgehandelt oder kann der Züchter schnell abbrechen. Die Hunde kläffen nicht ständig oder hören überhaupt nicht, wenn der Züchter etwas von ihnen will.

Sind weitere Zuchthündinnen da, darf das Gesäuge einer Hündin, deren Welpen angeblich schon ein halbes Jahr weg sind, nicht mehr wabbelig herunterhängen. Das Gesäuge bildet sich - wenn die Hündin nur einmal im Jahr belegt wird - wieder vollständig zurück. Nur die Zitzen selbst bleiben größer. Je nach Haltung bei dem Züchter dürfen die Welpen mal ins Haus, dies ist aber für die weitere Entwicklung nicht zwingend nötig.

Wichtiger ist, dass sie sich draußen in einem abgesicherten Freigehege bewegen dürfen, welches mit verschiedensten Spielgeräten die Entfaltung der kleinen Racker fördert. Bis auf wenige Ausnahmen dürfen auch alle Welpen im Winter nach draußen, wenn sie sich selbstständig wieder in die Wärme begeben können zum Ausruhen.

Es gibt einen detaillierten Kaufvertrag, den man vorab bereits lesen darf. Alle gestellten Fragen werden gerne beantwortet, der Züchter ist an weiterem Kontakt über die Lebenszeit des Hundes interessiert. Manchmal kann das nur schriftlich und mit Fotos geschehen, da es eben schon einige Würfe gibt und man sonst nicht „rumkommt". Ein Welpe vom seriösen Züchter hat bereits seine ersten Impfungen erhalten, besitzt den EU-Heimtierpass und ist mehrere Male mit unterschiedlichen Entwurmungsmitteln entwurmt. Er hat auch bereits einen Chip und wurde vom Züchter in einem deutschen Haustierregister eingetragen, damit man ihn im Vermisstenfall zuordnen kann.

Der Kaufpreis für einen gut sich entwickeln könnenden Welpen ist schon etwas höher. Das alles erfordert Zeit, Mühe, Wissen, Geld und nochmals Zeit. Der Aufwand ist größer, wird aber vom Züchter für jeden seiner Welpen gerne gemacht. Die Kosten für die Untersuchungen, Fortbildungen, Fahrt zum Deckrüden und Decktaxe, das Einhalten aller Vereins-Kriterien mit den dazugehörigen Gebühren für den Züchter darf man nicht vergessen.

Trotzdem kann er auch mal sagen, dass die Rasselbande „heute nur genervt hat". Das wird auch mal aus dem Munde eines frischgebackenen Hundebesitzers kommen (dürfen).

Es gibt bei einem seriösen Züchter keinen einzelnen Welpen aus einem Wurf ohne Ahnentafel!!! Die paar Euro, die eine Ahnentafel dem rechtschaffenen Züchter in seinem Verein kostet, kann keine paar hundert Euro „Rabatt“ ausmachen! Es kann jedoch sogenannte „Fehlverpaarungen“ geben, hier bitte bei der zuständigen Zuchtleitung erkundigen, ob der Wurf gemeldet wurde.

Wir freuen uns auf das, was kommt

Der Hund von einem Großzüchter

Zu den verantwortungsbewussten Züchtern zählen auch die sogenannten Großzüchter, die es heutzutage nicht mehr so häufig gibt. Der Großzüchter ist NICHT zu verwechseln mit einem Massenvermehrer!!!

Die einzelnen Hundegruppen haben neben ihren Freilaufgehegen mit verschiedenen Podesten zum Klettern oder Tunneln oder anderen Beschäftigungsmöglichkeiten einen Rückzugsort in einer gewissen Größe.
Ja, diese Hunde kennen keinen Staubsauger oder das Geräusch des Mixers in der Küche (meine Hunde kennen letzteres auch nicht, da ich nicht backe).
Ja, unsere Welpen kennen unseren Staubsauger und das Geräusch dazu – aber der neue Besitzer hat höchstwahrscheinlich nicht den gleichen. Somit muss der Welpe auch diesen wieder neu in seine Welt einordnen.

Ich habe bisher zwei Welpen und eine Junghündin von einem Großzüchter übernommen – das hat problemlos geklappt. Gut, die Junghündin stand einmal auf unserem Esstisch – kannte sie doch erhöhte Podeste zum Ausruhen. Sie hat dies nur einmal gemacht und sofort verstanden, dass das bei uns im Haus nicht geht.

Ein Großzüchter hat immer ein Gewerbe angemeldet und bezahlt Steuern. Je größer diese Zucht ist, desto mehr „Personal“ muss vorhanden sein. Alle Auflagen sind in der TierSchHuV nachzulesen. Auch Großzüchter sind einem Verein angeschlossen, haben auf keinen Fall mehr als zwei Rassen, die sie züchten und bieten KEINE!!! Mixe als Designerhunde aus diesen beiden Rassen an!!! Die Hunde leben in verschiedenen Rudeln, werden umsorgt, sind alle menschenbezogen und freundlich. Wenn Welpen da sind, dann ist auch die Mutterhündin anwesend und kann sich, meist auf einem erhöhten, für die Welpen nicht erreichbaren Platz, zurückziehen. Wie beim seriösen Klein-Züchter auch, sind hier die Welpen vor der Abgabe mehrfach entwurmt und haben ihre ersten Impfungen erhalten, besitzen einen Erkennungschip und den EU-Heimtierausweis.

Ein Welpe, der eine Mutter hat, darf in Deutschland nicht vor der vollendeten achten Lebenswoche abgegeben werden. Wichtig auch hier: Immer vorab einen Termin ausmachen. Die richtige Hundezucht ist viel Arbeit, wenn kein Besuch kommt, ist es manchmal schon ein wenig chaotisch im Resthaushalt. So hat der Züchter Gelegenheit, sich etwas vorzubereiten.

Ein Kaufvertrag gehört auf jeden Fall dazu, auch wenn du von privat kaufst. So manch ein gewissenhafter Züchter wird einige Dinge mehr im Kaufvertrag stehen haben, als eine Privatperson, die einen Hund abgibt. Unter anderem können bei einem Züchter ein Rückkaufsrecht und gewisse weitere Klauseln im Vertrag stehen. Weiter kann eine Vertragsstrafe auf gewisse Punkte auferlegt werden. Auch immer gucken, wie aussagekräftig eine Webseite ist. Auch ein Impressum und eine Vereinszugehörigkeit sollten aufgeführt sein, sowie eine komplette Adresse vorhanden sein.

Sowohl beim „seriösen" Klein-Züchter, als auch bei einem Großzüchter, können längere Wartezeiten entstehen - da es nun mal keine Fließbandproduktionen sind.

Der Hund vom Vermehrer

Nicht alles hier muss zutreffen, aber bei einigem sollte man doch hellhörig werden. Das hat wirklich nichts mit Zucht zu tun und wird leider immer wieder verwechselt.

Wenn dort mehr als zwei verschiedene Rassen gezüchtet werden oder der Satz fällt: „Ich kann Ihnen auch eine andere Rasse besorgen"... Beine in die Hand und sofort gehen.

Es gibt keine Papiere oder diese sind selbst gemacht. Die Ahnentafeln würden nachgeschickt werden, ist auch so eine Masche. Es gibt keine Vereinsangehörigkeit. Dies bitte unbedingt erfragen und nachschauen oder dort anfragen, ob es den Züchter gibt. Wirklich Zeit für den Käufer wird sich nicht genommen. Geantwortet wird, wenn überhaupt, kurz und schroff. Dann wird erwähnt, dass man noch zig weitere Abnehmer für den Hund hat. Oder sonstige Märchen erzählt, die einen Interessenten zur sofortigen Mitnahme des Welpen oder zumindest zu einer hohen Anzahlung drängen sollen.

Auch möglich ist: Es werden zwei Rassen gezüchtet. Die beiden Rassen haben eventuell sogar eine Vereinszugehörigkeit. Dann dürfte ja jede Hündin, wie wir wissen, nur ungefähr einmal im Jahr einen Wurf aufziehen. Aber, es könnte die zweite Läufigkeit in dem gleichen Jahr, mit der jeweils anderen Rasse - eben außerhalb der Vereinsangehörigkeit - verpaart werden und diese Mischlinge dann als „Designerhunde" für etwas weniger Geld verkauft werden. Somit hätte die Hundemutter keine Erholungsphase. Und, man kann mit denen, die vom Verein her aus Altersgründen aus der Zucht genommen sind, weiterhin Mischlinge „herstellen" und sie dann „günstiger, da keine Papiere und aus Versehen passiert", noch zusätzlich verkaufen. In den meisten Vereinen werden die Zuchtstätten bei jedem Wurf von einem Zuchtwart oder Tierarzt kontrolliert, darüber gäbe es dann auch eine Bescheinigung (Wurfabnahmeprotokoll).

Kein Tier hat seine nachweislichen gesundheitlichen Untersuchungen. Niemand also kennt deren Erbgut. Die Mutter ist nicht da oder wird nicht zu ihren angeblichen Welpen gelassen. Alles ist für das menschliche Auge „sauber", aber die Welpen haben weder Spielzeug noch anderweitige Entfaltungsmöglichkeiten. Denn, das ist richtig Arbeit, in einem Beschäftigungsgehege alles sauber zu halten und auch die Tiere zu beaufsichtigen, damit sich keiner irgendwo einklemmt oder ähnliches.
Aber nur dann sind sie gut vorbereitet auf das Leben.

Auch wenn alles sehr verdreckt ist, ist Vorsicht geboten. Damit meine ich nicht die gerade frischen Kacka-Häufchen oder ein wenig Unordnung im Haus. Wenn man als Welpen-Interessent sagt, man möchte eine Wach- und eine Schlafperiode von den Welpen beobachten (was ungefähr zwei Stunden sind) und der „Züchter" ungehalten wird und plötzlich keine Zeit mehr hat, kann das ein Zeichen sein.

Der erwachsene Hund aus Privathand

Da gibt es mit Sicherheit viele, die wirklich toll sind. Oder nur kleine Minimacken haben, die entweder geduldet werden können, oder durch Training verändert werden können. Sei trotzdem etwas vorsichtig, wenn du mit dem Gedanken spielst, dir einen erwachsenen Hund zu holen. So manch einer ist kein erzogener, entspannter, netter Hund, der da so angeboten wird. Forsche nach. Vergewissere dich, dass das Hundeleben bis jetzt harmonisch verlief. Ohne fundierten Kaufvertrag bitte nie einen erwachsenen Hund kaufen, von dem du nichts über seine Vergangenheit weißt. Es kann nach ungefähr vierzehn Tagen, wenn der Hund sein neues Umfeld für sich genauestens erkundet hat und sich bis dahin gut benommen hat, möglicherweise umschlagen.

Er fühlt sich nun sicher und testet aus, wie sein Lebensplan mit der neuen Familie wohl aussehen kann. Das kann bis zu Beißattacken in der Familie ausarten - eben je nachdem, was in seinem früheren Leben auf ihn eingewirkt hat. Und ein Hund, der schon öfter seine Zähne eingesetzt hat, um sich zu wehren oder gelernt hat, damit gewissen Dingen aus dem Wege gehen zu können, ist wirklich gefährlich und hat keinesfalls die Eignung für einen Anfängerhund und hat nichts in einem Kleinkinderhaushalt zu suchen. Irgendeine Macke hat jeder Hund - auch wenn es nur starkes Ziehen an der Leine ist. Oder er kriegt die Krise bei intakten - also nicht kastrierten - Rüden. Oder er hasst aus Gründen Kinder unter drei Jahren. Die ersten beiden Dinge sind zu händeln - die letzte Macke gehört nur in erfahrene Hände. Natürlich gibt es auch die anderen - die, deren Besitzer den Mut haben, ihren Hund abzugeben, weil sie durch eine neue Lebenssituation die Grundbedürfnisse des geliebten Hundes nicht mehr erfüllen können. Diese Leute würden sich auch dazu entschließen, den Hund vier Wochen lang wieder zurück zu nehmen, sollte es dann doch nicht klappen. Dies sollte aber vertraglich festgeschrieben werden. Also hier ein wenig abwägen, beobachten, einen Spaziergang machen mit diversen Ablenkungen - dein Bauchgefühl sagt dir dann, welcher der angeguckten Hunde der richtige für dich ist. Ich gönne jedem einen sogenannten Scheidungswaisen: Gut erzogen, entspannt und friedlich.

Was ist eine Qualzucht

Ist für mich ungeheuerlich. Da gibt es so einige Rassen, oder „Mischlinge“ - also die, ohne seriöse Papiere. Langsam werden sie endlich verboten oder hoffentlich wieder rückgezüchtet, damit dies hier nicht eintrifft: Die Hunde können ohne OP-Eingriff nicht richtig atmen, sie können ihre Welpen selbstständig nicht entbinden oder die Nabelschnur nicht durchbeißen. Ebenso ist es häufig, dass ein Kaiserschnitt von vorneherein gemacht werden muss, weil der große Welpenkopf gar nicht durch das Becken passt. Oder, dass sich die Schädeldecke nicht schließt, und der Hund beim kleinsten Stoß versterben kann. Oder einen zu langen Rücken mit zu kurzen Beinen hat oder Falten nicht mehr verschwinden und über die Augen hängen und so weiter, und so weiter. Da sind auch leider viele sogenannte Modehunde von betroffen. Welche Hunde und auch weitere Tierarten von der Qualzucht betroffen sind, weiß unter anderem der deutsche Tierschutzbund.

Darum soll man keine Schmuggelwelpen kaufen

Keinen Kofferraumwelpen kaufen, oder sich mit einem Händler an irgendeiner Raststätte treffen. Die Hundemütter dieser Welpen haben ganz fürchterliches Leid zu ertragen, da sie zwangsvermehrt werden in kleinen Käfigen. Sie hungern und haben nie Auslauf. Für jeden gekauften kleinen Hund kommen dutzende Welpen nach. In ganz vielen Fällen sterben diese Welpen, nachdem man hunderte von Euros bereits beim Tierarzt gelassen hat, an Krankheiten, die den deutschen, gut aufgezogenen Welpen tödlich gefährlich werden können. Die Schmuggelwelpen aus dem Osten haben eine sehr hohe Wahrscheinlichkeit, bereits mit Giardien infiziert zu sein. Das sind ganz nette Ur-Bakterien, die den Dünndarm besiedeln und gerade bei Welpen schwerwiegende Schädigungen bewirken, wenn das nicht schnell behandelt wird. Solltest du von weitem so ein Auto sehen - merke dir im Weglaufen die Nummer und rufe die Polizei. Solltest du einen Transporter mit schreienden Welpen auf einem Rastplatz oder neben dir in der Stadt an einer Ampel bemerken - merke dir die Nummer und rufe die Polizei. Es gäbe hierzu noch viele grausame Ergänzungen - wir „lieben Menschen" kommen gar nicht auf die Idee, was da für Grausamkeiten getrieben werden.

Wenn du jemals in solche Hundeaugen guckst, bist du verloren. Das aber ist ganz klar! Da du jetzt gefühlsmäßig denkst und auch handelst. Nach nüchternem, sachlichen Verstand vorzugehen, ist nicht mehr möglich. Genau das aber wollen diese fiesen Händler - es ist echt widerlich. Diese Hundewelpen kommen oft aus Osteuropa. Sie sind meist nicht geimpft und können leider unsere Hunde schwer schädigen oder gar töten: Saugwelpen, die noch zu jung zum Impfen sind oder der Impfschutz noch nicht aufgebaut ist, zum Beispiel mit der hochgradig gefährlichen Staupe - meist durch Tröpfcheninfektion - anstecken. Diese Schmuggelwelpen können die Staupe bereits im Mutterleib übertragen bekommen haben. Für junge Hunde ist Staupe oft tödlich.

Auch können diese Tiere beispielsweise die gefürchtete Parvovirose einschleppen. Ein äußerst widerstandsfähiges Virus. Ein Hund kann Träger sein, die Krankheit muss bei ihm selbst jedoch nicht ausbrechen. Die Hundemutter schnüffelt an infiziertem Kot und beim Belecken vom Welpenfell wird das Virus übertragen und endet nicht selten tödlich. Der Impfschutz muss sich aufbauen und die Grundimmunisierung ist erst mit dem fünfzehnten Lebensmonat abgeschlossen. Sowohl erwachsene Hunde können Träger sein, als auch der Mensch kann das Virusmaterial überall durch Kleidung und Schuhe mit hinschleppen. Das Virus ist über viele Monate im Boden überlebensfähig.

Weitere hochansteckende Krankheiten sind nachzulesen - und wieder ist für mich das ein Grund, um wenigstens bis zur Grundimmunisierung seinen Hund impfen zu lassen.

Aufgrund von Polizeikontrollen werden unzählige Welpen den Schleusern abgenommen - ich möchte gar nicht dran denken, was mit all denen passiert, die durch das Netz fallen. Wenn so ein Welpe in engere Wahl kommt, dann bitte nur, wenn er bereits in einem deutschen Tierheim oder einer ähnlichen Pflegestelle gelandet ist. Dort werden keine Kosten und Mühen gescheut, diese kleinen Würmchen unter tierärztlicher Behandlung hochzupäppeln. Oft genug geht das durch die Presse und Spenden werden gerne angenommen, um wenigstens einen Teil der hohen Kosten zu decken. Erst, wenn die jungen Hunde zu einem gewissen Zeitpunkt als gesund eingestuft wurden, werden sie weitervermittelt.

Wie sich diese Hunde in ein paar Jahren entwickeln, ist nicht vorhersehbar. Eine Mangelernährung im Welpenalter kann zu sehr früher Arthrose oder anderen Gelenkserkrankungen oder einem lebenslangen Magen-Darm-Problem führen. Und da können sich die Tierarztkosten mal ganz schnell in die Höhe schrauben. Dies kann einem auch bei einem Rassewelpen passieren, ja. Wenn man allerdings bereits das Aufwachsen mitbekommen hat und der Welpe eine gute Aufzucht bekommen hat, ist die Wahrscheinlichkeit höher, dass diese Krankheiten erst im hohen Alter auftreten.

Auch gibt es „getarnte Händler", also Wiederverkäufer. Sie haben viele verschiedene „Rassen ohne Papiere" - also „falsche Mischlinge". Geordnet schön in verschiedenen Boxen. Sie haben die Welpen „billig" von Vermehrern gekauft und verkaufen sie etwas „aufgehübscht", eventuell auch „fitgespritzt" und wesentlich teurer, weiter. Das ist auf der ganzen Linie krank. Du kaufst ein wahrscheinlich fast todkrankes Tier, das - wenn es überlebt - viele, viele Euros Tierarztkosten benötigen wird. Von Sorgen und Trauer begleitet. Selbstverständlich ist man bereit, das auf sich zu nehmen. Des Öfteren hilft jegliches Mühen nicht mehr. Auch den Elterntieren geht es ganz, ganz schlecht - das mag man sich nicht vorstellen. In kleinen Käfigen werden sie zur Massenproduktion gehalten, bis sie nicht mehr können.

Je weniger bei solchen skrupellosen Menschen angefragt und günstig gekauft wird, desto weniger werden solche Welpen vermehrt. Also bitte, klärt alle auf, die einen Hund zu sich holen möchten.

Der Auslandshund für die Familie

Schau dir an, wie die Interessensgruppe, die vermittelt, arbeitet. Aus welchem Land kommen die Hunde? Wo und wie waren die Hunde vorher untergebracht? Und es wird noch undurchsichtiger: Manche Tierretter sind meiner Ansicht nach nur getarnte Händler! Impfpässe werden gefälscht. In dem blauen EU-Heimtierausweis, den jeder Welpe haben muss, wenn er aus dem Ausland kommt - muss ein erster Besitzer stehen. Entweder ein Züchter bei einem Rassehund, oder ein Vorbesitzer bei einem Mischling und dieser ist mit voller Adresse hinterlegt. Vorhandene Impfungen sind eingetragen, abgestempelt und der Name des Tierarztes auch leserlich zu erkennen. Im Internet kann man überprüfen, ob es den Züchter, Vorbesitzer, Tierarzt gibt und im Zweifelsfall einfach mal dort anrufen. In Deutschland würde nur der gelbe Impfausweis ausreichen. Aber sobald man mit dem Hund ins benachbarte Ausland möchte, geht das nur mit dem EU-Heimtierausweis.

Ein wenig Einblick habe ich in die Tierhilfe-Arbeit auf Mallorca. Bitte erkundige dich aber jeweils über den neuesten Stand, da es vielleicht in der Zwischenzeit Änderungen gegeben hat.

Es gibt Tierhilfs-Gemeinschaften oder -Organisationen, die wirklich viel richtig machen. Wegen der besseren Verständigung und auch der bestmöglichen Sicherheit einer artgerechten und tierarztbetreuten Versorgung würde ich eine Organisation suchen, die eine deutschsprachige Leitung hat. Sowohl erwachsene Hunde, als auch Welpen und Katzen, werden mit Herz und Verstand hochgepäppelt und gesund gepflegt. Diese Hunde oder Katzen werden an Müllplätzen oder am Straßenrand neben der totgefahrenen Mutter gefunden. Meist waren bereits die Elterntiere menschenbezogen. Sie haben nicht bereits jahrelang auf der Straße gelebt. Sie wurden jedoch von ihren Besitzern ausgesetzt, das ist in manchen Ländern eben so. Das Spielzeug der Kinder wird erwachsen und man entledigt sich diesem. Spielt plötzlich zu grob. Hört nicht. Läuft auf dem Tisch rum. Macht Dinge kaputt. Weil die Tierarztkosten zu teuer sind und sie einen erwachsenen oder alten Hund nicht mehr gebrauchen können. Der Nachbar hat gerade wieder Welpen – da nehmen wir doch nen neuen für das Kind. Ist ja frisch und unverbraucht – da hat es eine Zeit lang mit Spaß.

Die Denkweise über das Leben als Tier wird bei manchen Völkern anders überliefert. Manchen dieser Tiere ging es aber im Grunde nicht unbedingt schlecht und sie sehen den Menschen nicht als Feind. Sie gewöhnen sich recht schnell ein, sind nicht bewegungsunfähig vor Angst und Neuem gegenüber recht aufgeschlossen. Sie haben gelernt abzuwägen, welche Menschen gut für sie sind.

Mit diesen Tieren wollte jetzt niemand Geld verdienen – die sind einfach da. Sie waren nur jahrelang an der Kette und warteten Tag und Nacht, dass ihr Besitzer, der in der Stadt lebt, einmal am Sonntag am Wochenendhaus vorbeischaut und den Eimer Wasser auffüllt und einen offenen Sack Futter daneben stellt. Werden all diese Hunde nicht schnell in gute Pflegestellen vor Ort gebracht, werden sie von Fängern aufgegriffen und enden in den sogenannten Tötungsstationen. Sie heißen in Spanien Perrera (übersetzt Zwinger), die es in jeder Gemeinde gibt. Hunde mit Chip haben eine gewisse Chance, von ihrem Besitzer wieder abgeholt zu werden. Aber, wenn diese Einrichtung überfüllt ist, werden sie getötet. Und eine medizinische Versorgung ist laut Hörensagen kaum vorhanden.

Manche dieser Vierbeiner haben großes Glück, wenn ein guter Geist sie vorher abfängt oder von dort befreit und sie in einer ansässigen Pflegestelle unterkommen. Dort werden sie aufopferungsvoll – und oft aus eigener Tasche bezahlt – hochgepäppelt und medizinisch versorgt, damit sie mit viel Einsatz und Liebe heranwachsen können.

So manch spätere Krankheiten, die bei Mangelernährung verfrüht auftreten können, werden hoffentlich so weniger. Blutuntersuchungen zeigen, ob sie bereits an Mittelmeerkrankheiten leiden und ob diese behandelt wurden bzw. mit welchen Medikamenten sie ein gutes Leben führen können.

Zuerst wird von den Helfern versucht, die Tiere im jeweiligen Land gut unterzubringen. Sie leben hier nicht vorher in einer Pflegestelle, sondern verbleiben in dem Land, bis ein neuer Besitzer gefunden wurde. Auch waren diese Hunde nicht schon seit Jahren auf der Straße. Je nach Vorschrift der entsprechenden Länder und Kontakt zum baldigen Besitzer - können sie gezielt durch sogenannte Flugpaten - nach Deutschland gebracht werden.

In der Regel kosten die Tiere selbst nichts, es wird eine Art Gebühr verlangt. Die beinhaltet die bereits erhaltenen Impfungen, den Chip, den Pass, und den Flug. Im Vorfeld wird ein Schutzvertrag erstellt, der je nach Orga variieren kann. Die Tollwutimpfung kann erst in der zwölften Woche gemacht werden. Dann darf der Hund einundzwanzig Tage später aus-, bzw. eingeflogen werden. Bedenken sollte man auch, dass sehr häufig diese Hunde Mischlinge aus den im jeweiligen Land lebenden Jagdhundearten sind. Dies liegt den Tieren in den Genen, nur so war ihr Überleben gesichert. So ist es möglich, dass diese Hunde in Deutschland niemals frei laufen können, wo sich Wildspuren befinden.

Und, auch hier haben wir wieder die Gefahr der tödlichen Krankheitsübertragung für ungeimpfte Saugwelpen, die in Deutschland unter sehr guten Bedingungen aufwachsen, aber das Muttertier durch irgendeinen Kontakt zum Träger werden kann.

Mallorca-Findling - ein recht bekannter Hund auf der Insel

Der Straßenhund möchte lieber einer bleiben

So hart es jetzt auch klingen mag: Hunden, die seit Jahren auf der Straße leben, tut man keinen Gefallen, wenn man sie einfängt und versucht, zu vermitteln. Sie kennen den Menschen nicht als Freund, kommen mit Enge, Anleinen, ohne weitere Hunde nicht klar und sind panisch, gestresst, teilweise bewegungslos, wenn sie in menschliche Obhut kommen. Das kann auch schon in den Genen der Jungtiere verankert sein. Sehr viele Hunde in Deutschland, die ihren Besitzern ausbüchsen, sei es aus Freiheitsliebe oder durch eine panische Situation, sind Auslandshunde, die entweder selbst jahrelang auf der Straße übrigens in einem sehr gut strukturierten, sozialen Verband gelebt haben. Oder eben deren Welpen, die ihre Scheu schon weitervererbt bekommen haben. Manche Straßenhundegruppen werden auch von den Besitzern von Ladengeschäften gelegentlich gefüttert, damit die Hunde in der Nähe bleiben und somit auch einen gewissen Schutz bieten. Schussangst, Angst vor Gewitter, Silvester etc. machen meist den neuen Besitzern jedes Jahr wieder das Leben zur Hölle. Sei es, weil die Hunde vor lauter Panik davonrennen, oder tagelang zitternd in der Wohnung liegen.

Das können vererbte Wesensschwächen oder Traumata sein, kann aber auch vom Menschen ausgelöst oder auch verstärkt werden. Und sei es nur durch das eigene ungute Gefühl oder Schreck oder Angst in bestimmten Situationen. Ja, das kann auch bei einem gut aufgezogenen Hund passieren, nur die Wahrscheinlichkeit ist geringer.

Es ist gerade auch „in", die Silvester-Kracherei nicht zu mögen. Auch hier im Ort wird geschossen. Es stört weder die Ponys, noch die Alpakas, erst recht nicht unsere Hunde. Es kann sein, dass sie mal kurz bellen. Wir hatten die Hunde auch schon in der Stadt bei unserer Tochter dabei. Von deren Dachterrasse aus kann man wunderbar das Feuerwerk verfolgen. Wir waren mit allen Gästen auf der Terrasse. Die Hunde waren im Wohnzimmer – und haben geschlafen. Einfach geschlafen.

Der Hund aus einem deutschen Tierheim

Tierheime in Deutschland sind wirklich gute Auffangeinrichtungen. Es geht dort keinem Tier schlecht! Das sind mindestens Dreisternehotels. Sie haben genügend Futter, werden gut medizinisch versorgt, bekommen Streicheleinheiten, Hunde werden Gassi geführt oder haben Freigang und so manchen haben die Tierheim-Mithelfer selbst so liebgewonnen, dass dieser einfach bleibt. Teilweise gibt es Gruppenhaltung, wenn die Tiere sich aneinander gewöhnt haben. Andere möchten lieber ein Einzelzimmer und Frühstück im Bett. Dies alles und noch viel mehr ist festgeschrieben in der Tierheim-Ordnung des deutschen Tierschutzbundes e.V., dem mehrere hundert Tierheime in Deutschland angeschlossen sind.

Man hört immer wieder den Satz: „Die deutschen Tierheime sind voll, es braucht keinen Hund aus dem Ausland (die auch natürlich dort landen können) und nen Rassehund sowieso nicht." Ja, voll sind die meisten. Wobei wir ja schon wissen, dass Rassehund mit und „ohne Papiere" ein Unterschied ist. Mit gültigen Vereinspapieren sind die wenigsten Hunde im

Tierheim. Warum? Weil die Züchter, die ihre Rasse fördern möchten, genau gucken, wer sich jetzt da für seine Welpen interessiert. Oder der Verein eine Nothilfe aufgebaut hat und selbst für die weitere Unterbringung und Versorgung eines „gestrandeten Tieres aus dem Verband" sorgt. Klar kann das auch mal schief gehen. Jedoch kümmern sich diese Züchter, wenn es denn noch in ihrer Macht steht - dass der Hund entweder zu ihnen zurückkommt, oder schalten sich - oder deren Verein - in die Weitervermittlung ein, wenn sie davon erfahren.

Man kann schon richtig Glück haben, auf einen gesunden, einigermaßen wesensfesten Hund zu stoßen. Es gibt natürlich auch sehr viele Mischlinge, die ein neues Zuhause suchen. Wenn jemand vorher gut zu seinem Hund war, aber es irgendwelche weltlichen Gründe gab, warum der Kerle jetzt doch im Tierheim sitzt. Oder es wurde mal wieder ein Welpentransport gestoppt und man kann sich für einen der hoffentlich überlebenden, medizinisch versorgten Welpen, anmelden.

Einige der Tierheimhunde stammen aus schlechten Verhältnissen, kaum ein Anfänger kommt damit klar. Manchmal geht es die ersten vierzehn Tage ganz gut. Dann aber fühlen sie sich sicher, haben die Lage mal gepeilt und testen aus, wie weit sie denn gehen können. Auch kann es ein Zeichen von Stress sein, wenn denn bei dir dann viele unterschiedliche Einflüsse auf ihn einströmen - sollte er vorher beispielsweise eher ein Einsiedlerleben gehabt haben und jetzt in eine gesellig aktive Familie kommen. Einige dieser Tiere sind weder Anfänger-, noch Senioren-, noch Familien-geeignet - wenn man nicht viel, viel Geduld, viel, viel Zeit hat und selbst sehr schnell viel, viel lernt über den Hund an sich.

Wenn beide Elternteile vom Wesen her schnell erregbar und unbeherrscht waren, der Besitzer sich nicht durchgesetzt und die Hunde schon durch verschiedene Umwelterfahrung gelernt haben, dass Angriff die beste Verteidigung ist - glaubst du, dass die Welpen kleine, brave Lämmchen werden? Mähäää - Nähäää! So ein Hund kann in Anfängerhänden oft gefährlich bleiben - meist nur für Artgenossen (schon schlimm genug) und muss entsprechend gehalten werden. Wenn der Hund zudem noch eine niedrige Reizschwelle hat, heißt, sich von einem Gegenüber schnell aufstacheln lässt, dann können seine Zähne einen Angriff sehr ernst meinen.

Es kommt natürlich noch auf die jeweilige Größe und Beißkraft des Hundes an - das sollte aber immer im Verhältnis gesehen werden, je nach Opfer.

Wenn man nicht spätestens dann einen erfahrenen, zu sich und dem Hund passenden Hundetrainer zu Hilfe nimmt, wird das wahrscheinlich nix Gescheites mehr - für beide Seiten. Und solche armen Kerlchen werden dem Tierheim dann immer wieder zurückgebracht - da es eben wenige Menschen gibt, die so etwas händeln können.

Sowas kann nur ein guter Hundekenner, möglichst noch mit Hilfe eines guten Trainers, einigermaßen in die richtigen Bahnen lenken. Wenn jemand die richtige Bahn schnell findet, können jedoch auch hier durchaus tolle Dream-Teams entstehen. Somit kann man auch in den verschiedenen Tierheimen durchaus fündig werden. Unbedingt Zeit lassen, abwägen, informieren, das Tier kennenlernen. Ich gehe davon aus, dass kein Tierheim jemandem einen Hund „aufschwatzen" wird. Sondern nach bestem Wissen und Gewissen handelt. Sie werden auch bereitwillig Auskunft über den jeweiligen Hund geben. Sie haben nichts davon, etwas zu verschweigen, denn dann ist der Hund ganz schnell wieder da. Das ist nicht im Sinne eines gut geführten Tierheims. Auch bei einem Züchter musst du unter Umständen etwas länger auf den ersehnten Hund warten, somit ist eine längere Suche nach deinem Hund durchaus eine Überlegung wert.

Augen auf beim Hundekauf - wenn er den Erwartungen gerecht werden soll

Über eine (Online)-Anzeige zum Hund

Auch bei hier angebotenen Mischlingen oder Rassehunden erst einmal ein wenig die Fühler ausstrecken und weitere Erkundigungen einholen: Tauchte die Anzeige der angeblichen „Mischlings-Zufallsverpaarung" bereits vor einem Jahr auf? Früher konnte man das besser erkennen, wenn für verschiedene angebotene Rassen immer die gleiche Telefonnummer stand. Gibt es eine Webseite und wie aussagekräftig ist sie?

Auch hier wird viel Geld gemacht auf Kosten der Tiere: Getarnt als „Aus-Versehen-Verpaarungen". Äußerst beliebte Hunderassen werden miteinander verpaart - gezielt und eben als „Unfall" verkauft.

Da kein Verein dahinter steht, könnten diese Menschen Inzucht betreiben, kranke Hunde verpaaren, bei jeder Läufigkeit die Tiere belegen und so weiter.

Oder es heißt: „Ja, da ist ein Goldie mit drin" - den man erwachsen aber weder am Wesen, noch am Aussehen erkennt. Und der hinzugeholte Trainer dann etwas von „Herdenschutzhund" faselt. Sind die Welpen bei deinem Besuch dort fit? Darfst du den Welpen zwischendurch besuchen? Sind Spielmöglichkeiten vorhanden und wenn geht, auch ein Freigehege draußen? Wichtig ist, dass man IMMER die Mutterhündin dazu sieht und ihr Verhalten beobachtet. Sie sollte auch in deinem Beisein mal zu den Welpen gehen. Sie darf die Welpen maßregeln, trotzdem sollte man eine Beziehung zueinander erkennen. Egal, um welche Rasse oder Mischling es sich handelt. Natürlich gibt es auch ehrliche Leute, die einfach nur das Beste für ihren Hund wollen und zum Beispiel einem Scheidungswaisen, wenn beide Besitzer wieder in Vollzeit arbeiten müssen, ein neues Zuhause gönnen. Vorsicht, wenn Sprüche kommen „sonst lasse ich ihn einschläfern" - das ist vom Gesetz her in Deutschland nur nach Indikation erlaubt.

Die Macht der Eigenschaften

Wenn man gerne einen Hund aufziehen möchte, der später ein Schul-, Therapie- oder gar Assistenzhund werden soll, wäre es schon gut, wenn man sich bewusst macht, welche Eigenschaften einer Rasse angezüchtet wurden. Auch ältere Menschen und Familien mit noch kleinen Kindern sollten sich vorab unbedingt schlau machen. Die Wahrscheinlichkeit ist dann höher - wenn nicht allzu viel schiefläuft - dass diese Ziele auch erreicht werden können. Oder man ohne hunderte von Einzel-Trainerstunden sich einen alltagstauglichen Familienhund formen kann.

Sicherlich ist auch aus diesem Buch nicht alles eins zu eins auf alle anderen Hunde und Menschen dieser Welt übertragbar. Soll heißen: Nicht verzagen, manche Hunde haben aufgrund ihrer vererbten Eigenschaften mehr Dickkopf. Andere „blödeln" sehr lange, werden erst dreijährig langsam erwachsen und haben nur Quatsch im Kopf. Oder lassen sich sehr schnell ärgern. Manche haben unbändige Energie. Und bitte nicht die Jugendzeit unterschätzen - da bleibt oft nicht alles heile.

Bei manchen Hunden ist es noch nicht sooo lange her, dass sie noch auf Herden ohne den Menschen monatelang aufpassen mussten - oder dies heute noch tun. Welche Art Hund ist das? Welche Rassen haben diese Veranlagung und passt diese in dein jetziges Leben? Was muss ich und kann ich so einem Hund beibringen, damit alle Beteiligten in der heutigen Gesellschaft ihren Platz finden ohne ständig den Druck zu haben, dass der kleine Terrier im Freilauf in so manch eine fremde Wade zwickt? Oder es gibt sehr viele Arten, die dem Schäfer halfen und dies auch heute noch tun. Was zeichnet sie aus? Wie wird so ein Hund gehalten, wenn er gerade nicht mit den Schafen über die Wiesen zieht? Oder welche zähen, kleinen Hunde zur Rattenbekämpfung eingesetzt wurden, wo sie nicht locker lassen durften, auch wenn sie selbst ordentlich von den Nagern gebissen wurden. Oder in Dachsbauten geschickt wurden und werden. Oder melden sollen, wenn jemand Fremdes auf den Hof kommt und zur Not, wenn die Schwelle zu weit überschritten wurde, auch mal in die Wadeln zwicken. Oder sie haben weite Strecken neben dem Pferd zurückgelegt. Oder halfen bei der Löwenjagd den Männern, den Löwen in Schach zu halten. Manche Rassen entstanden bereits vor einigen Jahrhunderten, andere wiederum - wie meine Hunde - sind erst im zwanzigsten Jahrhundert gezielt gezüchtet worden.

Manche Rassen gab es irgendwann nicht mehr und sie wurden aus verschiedenen Kreuzungen mehrerer Rassen und vielen Jahren Selektion gezielt zurückgezüchtet, wie zum Beispiel der Hovawart. Seit Mitte der sechziger Jahre ist er eine im VDH eingetragene Rasse.

In besonderer Weise sollte die Einstellung eines jeden Familienmitgliedes und das Wesen des in Frage kommenden Hundes berücksichtigt werden. Und schau bitte vorab nach, welche Auflagen es in deinem Bundesland aktuell für die sogenannten Listenhunde gibt. Welche Rassen und deren Mischlinge sind das in deinem Bundesland? Welche Zusatzkosten kämen auf dich zu?

Bin ich bereit, Anfeindungen zu ertragen, da manche Art von Hunden - angsteinflößend sein kann? Bin ich in der Lage, diesen Hund als Vorbild zu erziehen und möglichen derben Sprüchen souverän und ruhig zu entgegnen?

Bitte bedenke, dass ein Welpe die Anlagen beider Elterntiere in sich trägt und zusätzlich von Erfahrungen - ob schlechten oder guten - lernt.
Auch die Erziehung kann zu einem Fehlverhalten führen, da falsche Eindrücke vermittelt werden.

Genauso, wie es sehr weiche oder sehr eigenständige Hunde gibt, gibt es auch solche Familien. Wenn nun eine - sagen wir mal Weichei-Familie - auch noch einen Weichei-Hund hat und nicht über den „Klick" verfügt... schade für alle Beteiligten. Der Hund wird immer weniger Dinge gut finden, da sein Besitzer ihm keine Sicherheit vermitteln kann. So kommt man langsam aber sicher zu einem entweder zickigen oder ängstlichen, bis hin zu einem bissigen Hund. Und dabei ist genau dieser etwas zögerliche Hund das Beste, was einem als Familienhunde-Freund passieren kann. Grob gesagt: Wenn man diese Hunde von Anfang an „sicher durchs Leben führt". Sie mitlaufen lässt und sich selbst um nix, worum der Hund sich gerade Sorgen macht, schert. Heißt, dies nicht unterstützt, sondern ihm vermittelt: „Mit mir gehst du da einfach dran vorbei (oder durch) bis du auch entspannst", dann werden das die wunderbarsten Familienhunde, die man sich vorstellen kann.

Ein drahtiger Jagdhund in Privathand verlangt andere Beschäftigungsmöglichkeiten als ein kurzbeiniger Klops (nein, ich spreche hier keine besondere Hunderasse an!!!), der sich vielleicht auch über etwas mehr Unternehmungsgeist seiner Besitzer freuen würde. Je nach ausgeguckter Rasse und ihren angezüchteten Eigenschaften, und nach den bereits vorhandenen „Eignungen“ der Familie, kann das Glück mit dem „Klick“ auch erst etwas später kommen. Aber, es ist der richtige Weg.

Und es gibt viele tolle Dugados - aber auch welche, die ein wenig mehr Aufmerksamkeit benötigen. Klingt nach einer Rasse, ne? Du kennst den Dugado nicht? Vielleicht hast du so einen oder möchtest so einen auf jeden Fall haben. Oh, die sind so unterschiedlich: Die gibt es in groß und klein, in schlank und bullig, in allen möglichen Farbschlägen und Felltypen. In laut und in leise. Mit den unterschiedlichsten Wesensarten, das ist wirklich einzigartig. Das ist die Faszination an einem Dugado. Überlege ruhig noch ein wenig, ob der Dugado genau deine Art Hund ist. Wenn du lieber gleich die Auflösung möchtest:

Dugado heißt: Durchs ganze Dorf

Du hast schon einen Hund und kannst auf das Wesen durch die angezüchteten Eigenschaften nicht mehr achten? Tja - dann gehen wir da jetzt durch. Wir schaffen das.

Friedlich im Umgang mit Kindern, anderen Tieren und Artgenossen

Flexibilität öffnet neue Wege

Manchmal ziehen Leckerlis auch nicht. Jetzt nicht denken „och, da hilft mir dann das Buch ja auch nich weiter“. Ne, dann wird nachgedacht und andere Möglichkeiten gesucht, um zum Ziel zu kommen. Das ist dann der erste Schritt zum „Klick“. Unsere Hovawart-Hündin nahm keine Belohnungs-Leckerlis. Nicht mal Käse oder Wienerle. Ganz doof, wenn man da aufgibt. Wir hatten dann Lernen, Grenzen setzen und Belohnen auf einen Ball umgeleitet, hat auch hervorragend geklappt. Und deswegen wird auch nicht jeder Hund gleich ein Ballsüchtiger - das liegt auch in deiner Macht. Sicherheitshalber kann man den Hund vor dem Ball holen dürfen erst absitzen lassen. Ja, dann wäre der Ball die Belohnung fürs „SITZ“...denke mal, das ist dem Hund wurscht und er freut sich einfach, dass er holen darf.

Man kann auch einen wuseligen Hund mit einem Dummy oder einem Stofftier oder Zerrseil belohnen. Oder es wird eben ein Belohnungsspiel, oder genau das, was du zusammen mit deinem Hund ausprobierst.

Vielleicht hilft es auch, einige Abschnitte mehrmals zu lesen. Beim Hund weiß ich, dass Wiederholungen Hirnwindungen erweitern. Oder man ist einfach zu schlau für diese Welt. Denkt zu mühevoll verzwickt. Glaubt, wenn man einen Fehler macht, ist alles dahin. Ist es nicht. Nach dem „Klick" ist dein neues Hunde-Wissen immer und überall einsetzbar.

Hast du dir vor der Hunde-Anschaffung schon Gedanken gemacht, wie das Leben mit Hund eigentlich aussehen soll? Hätte man gerne einen „anständigen" Hund gehabt, der einen sowohl problemlos im Leben begleitet, aber auch mal still warten kann? Es liegt nicht nur daran, dass dein Mix ein bellfreudiger Dickkopf mit enormer Fähigkeit zur Einfältigkeit, gepaart mit stundenlanger Spielfreudigkeit, ist. Manch einer macht oder möchte es sich auch schwer machen. Na dann gucken wir mal, ob auch denen - nicht dir - geholfen werden kann. Ein Wandersmann ist sehr schlecht beraten, sich einen Hund zu holen, der schon leider angezüchtet oder auch mixbedingt durch seine kurze Schnauze kaum atmen kann oder durch seinen langen Rücken und kurze Beine schon nach ein paar Jahren nicht mehr mithalten kann.

Wenn du eine „Sofakartoffel" bist, ist es möglich, dass ein Malinois nicht gerade der idealste Hund für dich ist. Das ist auch eine Hunderasse, die nicht glücklich ist, wenn sie als „normaler" Familienhund gehalten werden soll - und die Familie und Nachbarn sind es bald auch nicht mehr. Hier ist vom Besitzer schon eine gewisse Art von begeistertem Beschäftigungsbedürfnis und Erfahrung nötig. Und ein Basset ist wohl meist untauglich für den Hundesport - außer, er darf seine Ohren einsetzen. Auch Erziehungsfanatiker werden mit ihm keine Freude haben. Eine gute Portion Selbstständigkeit bringt er mit - manch einer möchte dazu stur - sagen. Ist er aber nicht - er findet nur manches total unnötig.

Wenn man darüber nachdenkt, dass diese Rasse einst zur Jagd mit hoher Ausdauer im Schweiß (Blut des Wildes) suchen verwendet wurde, kann man sich das bei seiner heutigen Gestalt überhaupt nicht mehr vorstellen.

Alles tolle Familienhunde

Pflege von Fell und so gehört auch dazu

Die Gewöhnung erfolgt so früh wie möglich. Und wenn man nur mit den Fingerspitzen durchs Fell fährt. Überall, auch am Bauch, den Beinen und der Rute. Auch hier ist am Anfang der richtige Zeitpunkt wichtig. Wenn er gerade erst erwacht ist und spielen möchte, kann man durch den Bürstenzwang bereits den ersten Grundstein legen, dass es weder für dich, noch für den Hund, in den nächsten fünfzehn Jahren spaßig wird. Der beste Zeitpunkt ist, wenn er anfängt, müde zu werden. Bitte halte ihn kurz fest, oder streichle ihn mit der anderen Hand gleichzeitig - weggehen darf er jetzt in den paar ersten Sekunden nicht. Ihn nicht mit Kamm, oder Bürste spielen lassen. Je nach Felltyp ist dies mal ein wenig mehr, mal ein wenig weniger wichtig.

Wenn möglich, den Kleinen ein paar Tage später dabei auf einen Tisch stellen und natürlich festhalten, ne!?! Ruhig jeden zweiten Tag üben, immer nur ein paar Sekunden, der Welpe hat für länger noch keine Geduld. Ganz arg aufpassen, dass es den Hund nicht ziept (bitte nicht kleinere Kinder kämmen lassen), damit er immer freudig kommt, wenn er den Kamm sieht. Zeige ich natürlich auch am „lebenden Beispiel“. Niemals mit dem Kämmen aufhören, wenn der Hund es will! Das merkt er sich ganz schnell, er wird dann bei der Fellpflege schwierig sein. Er sollte da noch ein paar Sekunden ruhig halten, noch ein paar Mal darüber striegeln, dann mit Lob entlassen. Denk dran, fünfzehn Jahre einen Hund kämmen, der sich ständig dagegen wehrt, ist sehr lästig und sehr anstrengend für beide Seiten! Bitte Kinder - je nach Alter und Zutrauen - nur im Beisein kämmen lassen. Wenn jetzt was schief geht und man dem Kleinen aus Versehen weh tut, kann das Kämmen für später schwierig werden.

Es gibt unterschiedliche Felltypen beim Hund. Wer neben einem guten Wesen und gesundheitlichen Aspekten auch noch optisch seine Vorlieben hat, sollte dann auch mit der jeweiligen Haarpflege einverstanden sein und dies auch zeitlebens des Hundes nie vernachlässigen. Ich kämme zum Beispiel sehr gerne - jedoch soll es kein Wettrennen mit der Uhr werden, da wir erstens mehrere Hunde, und zweitens noch weitere Tiere mit Fell haben.

Mittlerweile lassen sich sogar die Alpis kämmen - die Ponys finden das schon immer toll.

So wäre es praktisch, wenn man den Züchter gleich mal fragt, welche Fellart die ausgesuchte Rasse hat und wie man diese pflegen sollte. Bei Mischlingen, deren Zusammenwürfelung nicht ganz klar ist, entscheidet das dann irgendwann der Hund.

Langhaar mit Unterwolle
Manche langhaarigen Rassen, die eine gewisse Fellbeschaffenheit haben, muss man sehr häufig kämmen, da das Fell schnell verfilzt. Wenn man keine Ausstellungen besuchen will oder als Züchter manchmal muss, kann man diese Art Fell ja auch einfach etwas kürzer halten. Zweimal im Jahr werfen sie ihre Unterwolle wieder weg und sind sehr froh, wenn der Mensch da unterstützend mithilft. Und die Hausfrau muss nicht täglich Berge einsaugen. Als Beispiel nenne ich hier mal den Bobtail und den Shih Tzu oder auch den Golden Retriever und Langhaar-Dackel.

Bis auf die Haut durchkämmen, sonst butzelt das Fell nahe an der Haut zusammen und bildet eine Art Teppich. Das müffelt dann auch.

Bei meiner Rasse (auch Langhaar mit Unterwolle) als Beispiel, reicht einmal in der Woche zwanzig Minuten kämmen im Sommer völlig aus. Die Unterwolle kämme ich zweimal im Jahr gründlich aus. Ich habe auch nur einen Kamm und zwei günstige Unterwolle-Harken. Und ne Schere für die Augen (also die Haare davor), unter den Pfoten, beim rauhaarigen Hund für den Bart und Ohrbehang und wenn ich möchte, dann schneide ich auch mal ein wenig Bauchfell oder Beinhaar etwas in Form. Es neigt nicht zum Verfilzen und wenn man doch mal was übersehen hat - ab damit, es fällt nicht auf. Und das, obwohl sie so langes Fell haben. Ansonsten hat meine Rasse kaum Eigengeruch. Wenn Wechsel der Unterwolle ansteht, sieht man das im Haus. Man kann diese feinen Gespinste einfach mit den Fingern vom Boden aufsammeln, sie sticheln sich nicht ein.

Immer drauf achten, dass man den Hund nicht schneidet. Klingt logisch, ja - aber oftmals zieht man die Haut wesentlich weiter vom Körper weg, wenn man Filz ausschneiden möchte. Da sagen nur sehr robuste Hunde zu dir „ach, kein Problem - mach einfach weiter".

Hunde mit Unterwolle bitte NICHT scheren. Das weiß jeder gute Hundefrisör. Es verändert die Fellstruktur, die weiche Unterwolle wird immer mehr, das schützende Deckhaar immer weniger. Wenn nur geschoren wird, ist ja die Unterwolle noch vorhanden. Nach kürzester Zeit wächst diese zu einem filzenden, müffelnden Teppich heran - es kommt keine Luft mehr an die Haut und da drunter können sich munter Hautpilze und Ekzeme bilden. Auch kann das Fell immer weicher werden oder krisseliger und filzt immer schneller. Nur in der höchsten Not einmal scheren (völlig verfilzten Hund übernommen oder kämmen im hohen Alter aufgrund von Schmerzen nicht mehr möglich).

Dann aber dranbleiben, auch wenn es noch so kurz ist - die Unterwolle wächst wieder und bildet einen Filzteppich, wenn man nicht kämmt.

Langhaar ohne Unterwolle
Hier ist der Vorteil, dass die Hunde wirklich so gut wie keine Haare verlieren. Aber, dadurch werfen sie auch kein totes Fell ab - und ohne „menschliche Einwirkung" würde es sehr schnell verfilzen. Daher muss man das Fell regelmäßig scheren lassen oder erlernt es selbst. Hier kennt man meist den Yorkshire-Terrier und den Pudel in allen Größen.

Kurzhaar mit Unterwolle
Die Unterwolle ist beim Fellwechsel auch extra auszukämmen. Blöd nur, wenn man einen schwarzen Hund, aber weiße Bodenfliesen hat - ohne Saugroboter oder Gelassenheit könnte das so manchen Unmut geben. Wenn einen weitere kurze Härchen am Boden nicht stören, ansonsten pflegeleicht. Ich hätte es echt nicht geglaubt, wenn ich nicht einige dieser Rassen schon bei uns zu Gast gehabt hätte. Hier seien mal der Labrador oder der Mops erwähnt.

Kurzhaar ohne Unterwolle
Das ist enganliegend und viel. Die werden aber fast sekündlich auch abgeworfen. Ich hatte echt keine Ahnung, bis ich so einen vier Wochen bei mir hatte. Der wurde vorher noch nie gekämmt und alles war mitten im Sommer weiß. Der Boden, unsere Klamotten, sogar die Teller im Küchenschrank. Ha, aber es gibt da einen speziellen Striegel. Mit dem habe ich den Hund zweimal täglich bearbeitet. Und siehe da – nach zwei Wochen wurde es echt besser. Dann musste ich nur noch jeden Tag einmal kurz mit dem Ding über den Hund fahren, und wir waren die Haare ziemlich los. Hierzu zählt der Dalmatiner oder auch ein Kurzhaar-Dackel.

Auch kurzhaarige Rassen haaren - und das eigentlich ganzjährig. Und wie viele Haare die haben – man glaubt das so nicht. Und, die sticheln sich in Sofas, Decken, Autositze, Klamotten.

Trimmen
Das borstige, harsche Deckhaar kennt man meist von Terrier-Arten. Neben dem gewöhnlichen Kämmen, trimmt man hier das Fell alle paar Monate. Das ist eine spezielle Zupftechnik, die das Fell etwas ausdünnt, sozusagen. Was man nach ein paar Mal Hundefrisör-Zugucken auch selbst machen kann. Wird halt dann nicht ganz so schön. Ist dem Hund aber egal.

Kastrierte Hunde bauen oft mehr Fell auf, es wird weicher und kann dadurch schneller filzen.

Und dann gibt es ungefähr Milliardonen Kämme, Striegel, Handschuhe, Tücher, Krallen und was weiß ich nicht alles, um die Haare des Hundes zu bearbeiten. Manche Rassen oder Mischlinge brauchen schon besonderes Werkzeug. Aber, nicht das Teuerste ist nötig, auch die Gebrauchsweise sollte vorher studiert werden. Sonst ist ganz schnell mal das Deckhaar weg oder die Unterwolle wird falsch angegangen. Ich habe da Zupfbürsten. Die heißen so, weil man in kurzen, mehrmaligen Wiederholungen über ein und dieselbe Stelle des Hundefells geht. Dadurch löst sich die feine Unterwolle ganz toll ab.

Bei länger behaarten Hunden auch zwischendurch mal die Pfoten von unten anschauen. Das Fell zwischen den Ballen gegebenenfalls kürzen, der Hund kann auf glatten Böden oder auch im Winter verstärkt rutschen. Gleichzeitig mit den Fingern zwischen die Ballen und auch Zehen gehen und fühlen, ob sich kleine Steinchen, getrocknete Erde, Dornen oder auch mal ein Kaugummi festgebissen haben. Wenn dein Hund plötzlich humpelt, erst einmal - gaaanz ruhig - untersuchen, ob irgendwelche wehtuende Kleinigkeiten daran schuld sind.

Ja, und je länger die Haare an Beinen und Körper des Hundes, desto mehr lustige Dinge bringt er mit ins Haus. Blätter, Kletten, Zweige, Käfer, Feinstaub. Und wenn es matscht, kann das auch mal etwas mehr sein.

Manche Rassen haben „selbstreinigendes" Fell. Dazu gehört unter anderem der Elo®, mit beiden Fellarten. Nach dem Spaziergang ablegen lassen, und wenn er ausgeschlafen hat und aufsteht, ist - je nach Hundegröße - ein Hügelchen Erde oder eine ganze Dünenlandschaft auf der Decke. Die Beine sind - wenn denn dein Hund weiße Beine hätte - wieder sauber. Jetzt musst du deinem Hund nur noch beibringen, die getrockneten Körnchens selbst wegzukehren - dann wäre das echt einmalig.

Der Hund im Alltag jedoch soll gut sehen können und auch sein Ausdruck gut einschätzbar sein. Sowohl für Menschen, als auch für andere Hunde. Auch die Ohrstellung sollte gut erkennbar sein für Menschen und andere Hunde - so ist es für beide möglich, das Mienenspiel zu sehen und das Verhalten zusammen mit der Körperhaltung besser einordnen zu können. Es kommt weniger zu lautstarken Missverständnissen.

Bei wuscheligen Hunden Haare vor Augen und an Ohren entfernen. Ist leider Züchtern mancher Rassen für die Ausstellungen nicht erlaubt. Da machen dann Haargummis wirklich Sinn.

Freudige Begrüßung von Mutter und Sohn

Kleiner Disput zwischen Halbschwestern

Baden finden die meisten Hunde „unter ihrer Würde". Auch dann, wenn sie gerne draußen schwimmen gehen. Also mach das nur, wenn es unbedingt sein muss – nach Wälzen in einem toten Fisch geht es nicht anders. Das wirst du sonst ewig riechen. Und dann mit einem Hundeshampoo, wegen dem pH-Wert und damit es nicht in den Augen brennt. Lieber Schwimmen in Seen oder kleinen Bächen – auf Ansage – beibringen, reinigt auch das Fell und macht dem Hund wesentlich mehr Spaß. Auch wenn es kühler ist, selbst im Winter, darf er schwimmen, sollte aber danach unbedingt in Bewegung bleiben. Am Auto auf jeden Fall den Unterbauch abrubbeln.

Ja, stimmt, er könnte sich beim Baden in einem Teich auch mal ne Erkrankung holen – nicht alles im Leben ist ohne Gefahr. Wir hatten in all den vielen Hundejahren noch kein einziges Mal ein Problem. Bei Blaualgenbildung den Hund keinesfalls ins Wasser lassen, manche Arten sind hochgiftig. Leider sehen alle gleich aus, massenhafte Vermehrung sieht man meist, wenn es längere Zeit sehr warm war. Es soll Hunde geben, die das merken und da nicht trinken oder ins Wasser gehen – darauf verlassen würde ich mich allerdings nicht.

Zur Winterszeit beim erwachsenen Hund ein Tipp: Wenn der Schnee Klumpen an den Beinen und am Bauch bildet, vor dem Spaziergang satt mit einer Körperlotion einreiben – hält je nach Felllänge fünfundvierzig bis sechzig Minuten die Klumpen fern und das Fell ist nach dieser Zeit wieder fettfrei. Das ginge auch mit Butter – jedoch wird der Hund dann nicht mehr laufen, sondern sich genüsslich überall abschlecken.

Fast alle Hunde lieben den Schnee

Lebensfreude pur

Hier ist allerdings Hopfen und Malz...

Die Tischübung mit Gesundheitscheck

Man sollte seinen Hund immer und überall abtasten können. Das bereits mit einem Welpen üben. Diese Gewöhnung ist sehr wichtig. Der Hund kann dabei auf einem erhöhten Standplatz (Tisch oder Bank) stehen (okay, ist bei nem Irischen Wolfshund nicht wirklich nötig). Gut festhalten, dann ab und an mal den Körper abtasten. Auch nen kleinen „Zwicker" mal geben oder am Fell zupfen. Zeitgleich ruhig mit einer Hand nach unten „ausstreichen", als sei nichts gewesen.

Auch mal zwischen die Zehen fühlen, damit er sich dran gewöhnt. Es können sich da mal kleine Erdbrocken eintreten, die einen Hund lange nicht stören. Das entstehende Ekzem durch die Reibung bemerkt man dann oft erst sehr spät. Auch in die Ohren schauen und auch mal mit einem Tüchlein reiben. Bei unserem Fohlen habe ich das ein wenig versäumt - sie ist jetzt am Bauch kitzelig, was das Striegeln schon erschwert. Aber, das alte Winterfell, das da schon Filz gebildet hat, muss nun mal raus. Sie versucht dann, auszuschlagen - ich muss dann jedes Mal lachen, jedoch muss ich auch dranbleiben, damit sie das demnächst entspannt über sich ergehen lassen kann.

Nicht nur der Tierarztbesuch wird dadurch erleichtert, auch Zecken, Kletten, kleine eingebissene Holzstückchen oder ähnliches, können später ganz locker entfernt werden, ohne dass der Hund schreiend an der Wohnzimmerdecke klebt. Dabei auch das Maul öffnen, sanft an den Zähnen drücken. Dabei kann man gleich schauen, wann die zweiten Zähnchen kommen und ob die neuen Fangzähne so wachsen, dass sie nicht ins Zahnfleisch einwachsen. Zahnbelag möglichst früh entfernen, er entsteht bei den bleibenden Zähnen zuerst hinten an den Backenzähnen. Funktioniert manchmal mit Knochen, manchmal muss man es abknibbeln oder Enzyme geben, die das regulieren. Das sind wichtige Übungen und sollten beim Welpen ab und an in die wöchentlichen Streichel- und Knuddelgepflogenheiten mit eingebaut werden, später dann alle paar Wochen mal den Hund abtasten.

Den Tisch kann man dann auch zum Kämmen benutzen, damit man nicht Rücken bekommt. Der Wohnzimmer- oder Esszimmertisch eignet sich nur bedingt, da er diese dann mit einem Liegeplatz verwechseln könnte.

Nein, kämmen mag ich nicht

Wie, ich bin zwei Hunde?

Passen meine Haltungsbedingungen für einen Familienhund

Mein Job und ein Hund

Wenn jemand seinen Hund nicht mit in die Arbeit nehmen kann, oder kein Geld oder keinen guten Hundehüter hat, sollte er seinen Hund nicht länger als fünf Stunden alleine lassen müssen. Gerade ein Familienhund ist sehr sozial, er liebt es, einfach dabei zu sein. Halbtags die Zeit zu verschlafen, ist nach einer gewissen Eingewöhnungszeit - je nach Alter des Hundes und seiner Vorerfahrung - völlig in Ordnung. Das Üben des Alleinebleibens kann jedoch teilweise eine richtige Aufgabe für jemanden werden. Je nach menschlichem Verständnis und der Auffassungsgabe des Hundes.

Ganztags arbeiten und der Hund ist immer nur alleine zuhause - kommt für mich nicht in Frage. Da man außerdem ja auch noch einkaufen muss, mal zum Arzt geht, Einladungen wahrnimmt, Stadtbummeln möchte, das Schwimmbad und die Turnhalle öfter sehen möchte und so weiter. Hier wäre aber eine Alternative, einen guten Hundesitter zu finden. Entweder bleibt der Hund im Haus und der Sitter überbrückt nur eine gewisse Zeitspanne. Oder man findet sowas wie eine Kita - nur eben als Huta. Diese

Kosten also bitte mit in das Budget einplanen. Gott sei Dank gibt es aber auch immer mehr Arbeitgeber, die einen Hund - wenn gut erzogen - als weiteren Mitarbeiter gerne sehen.

Ich beobachte meine Hunde nun schon Jahrzehnte. Ab und an mal eine kurze Unterbrechung im Tag, mal mitwackeln zur Mülltonne, von der Terrasse ins Wohnzimmer wandern und umgekehrt, eine kurze Streicheleinheit oder ein kleines Spiel unterbrechen den Tag. Meine Hunde genießen es. Wer gerade richtig pennt, bleibt einfach liegen, zwei der anderen Hunde begleiten mich aber zum Alpaka-Gehege und schauen zu, was ich da so mache. Sie beobachten die Ponys, wenn diese auch im Garten und nicht auf der Weide sind. Unser jüngstes Pony spielt sogar mit einer Hündin fangen. Wenn ich wegfahren möchte und die Wauzis das anhand der Vorbereitungen feststellen, kommt die freudig-erregte Erwartungshaltung: Wer darf mit oder darf überhaupt einer mit?

Keine Reizüberflutung, aber für den ein oder anderen ist eine lohnende Abwechslung dabei. Dann wieder dösen, aber zusammen und nicht alleine…das ist ein gutes Hundeleben. Selbstverständlich hält ein Hund auch stundenlanges Alleinebleiben aus - er kann aber richtiggehend depressiv werden und erduldet sein langweiliges Leben eben so. Oder powert dann wie ein Besessener, wenn man endlich kommt und der Spaziergang ansteht. Ich hätte da immer ein schlechtes Gewissen.

Gemeinsam Zeit verbringen

Wohnungshaltung
Dies ist absolut kein Hinderungsgrund für einen eigenen Hund. Nur ein wenig nachdenken, dass ein großer Hund nach einer OP oder im Alter nicht mehr alleine in den dritten Stock ohne Aufzug laufen kann - wer trägt dann den Fünfzig-Kilo-Koloss? Oder man müsste ihn im Alter einschläfern lassen, nur weil er die Treppen nicht mehr runter kommt - aber sonst noch eine sehr gute, altersentsprechende Lebenslust hat. Auch an die Nachbarn denken, was steht im Mietvertrag und so weiter.

Zwei Welpen gleichzeitig
Nein, es ist kontraproduktiv, zwei Welpen zu nehmen, wenn man noch nicht genügend Erfahrung hat. Erst sollte ein Hund richtig erzogen sein, dann ist an einen zweiten zu denken. Man kann auch keine dreijährigen Kinder in der Wohnung alleine lassen, ohne Aufsicht und immer wiederkehrender, erzieherischer Arbeit. Sonst gibt es unwillkürlich ein fürchterliches Gewirr aus Ungehorsam, Unordnung, Bellerei, Balgerei. Gut, die Bellerei ist nur beim Hund auffällig. Dafür aber könnten die Kinder mit Streichhölzern spielen wollen.

Wer das nicht will und zwei gleichalte Junghunde erziehen möchte, nimmt sich so einiges vor:

Die Tiere sollten ab und an getrennt werden. Es ist von Wichtigkeit, mit jedem mehrmals die Woche einzeln spazieren zu gehen und Erziehungsübungen - vorher im Haus, dann außerhalb, wie wir ja gelernt haben - erfolgreich einflechten. Jeder der beiden Hunde sollte für sich selber denken lernen - und sich nicht nur auf den anderen verlassen, oder auch mit dem im Hinterhalt sich wie Graf Rotz von der Backe benehmen. Da kann Hund echt schnell zu ner Kackbratze werden. Und da muss man wirklich lange suchen, wenn man zwei von dieser Sorte abgeben möchte - und diese natüüürlich nur zusammen. Damit sie ja sich haben. Die Armen. So denkt ein Hund nicht. Es würde in diesem Fall Zeit werden, dass jeder von beiden endlich die Möglichkeit bekäme - einzeln von einer neuen, echten Führungsperson - vermittelt zu bekommen, was wirklich in einem

Hundeleben wichtig und erstrebenswert ist. Gott sei Dank haben wir uns diesen Fall ja jetzt nur aus den Fingern gesogen.

Im Leben nicht würden wir irgendetwas anstellen

Wer den zerlegt hat? Öh, keine Ahnung, wir haben ihn gerade so gefunden…ich schwörs!!!

Der arme Bär. Das waren bestimmt die Meerschweinchen. Oder ne Wachtel.

Oder Annika – neee, ich habs: Das war bestimmt Herrchen. Ganz bestimmt.

So ein Theater wegen diesem ollen Bären hier.

Und noch gaaanz wichtig, wenn der Hund schon da ist: Erst, wenn du das Buch zu Ende gelesen hast, fängst du an, was zu ändern. Nicht jetzt einen Absatz lesen und gleich ausprobieren - nein, das geht wahrscheinlich daneben. Erst das ganze Buch lesen, dann Schritt für Schritt ändern - nicht alles auf einmal umkrempeln. Du und dein Hund wären damit überfordert. Also, noch kurz gedulden, bis Buch fertig, auch wenn du gerade voll Tatendrang steckst. Danke. Wuff.

Es ist nicht möglich, ein Buch zu lesen, wenn man einen jungen Hund hat? Doooch!!! Der war doch gerade spazieren, hat gespielt und Futter gibt es erst in eineinhalb Stunden - so ungefähr. Er legt sich doch gerade entspannt hin, oder darf in der Box Ruhe üben. Entfallen hingegen müssen Tätigkeiten wie Staubsaugen, Essen kochen, Auto putzen, Rasen mulchen - einer kümmert sich um die Kinder, wenn nötig - und du liest. Oder dein Lebenspartner liest und du kümmerst dich. Oder deine Kinder lesen den „Klick" und alles Weitere bleibt wieder an dir hängen.

Wir befolgen gerne Regeln - wenn der Mensch klare Anweisungen gibt

Damit dein Hund diese Auflagen zum Familienhund erfüllen kann, sind jetzt ein paar grundlegende Zeilen nötig. Diese immer ein wenig im Kopf haben, wenn du gerade über Begebenheiten mit deinem Hund nachdenkst und wie wohl was am Ehesten zu lösen ist:

Hunde können sich an gewisse Situationen und Verhaltensweisen erinnern und diese auch nach einiger Zeit wieder abrufen. Sie liegen aber mit großer Wahrscheinlichkeit nicht abends auf der Veranda und denken über ihr letztes Spielekumpel-Treffen nach, ob sie sich da vielleicht im Ton vergriffen haben.

Auch blicken sie sicherlich nicht in die Zukunft und überlegen, ob sie sich im Alter lieber Tee als Wasser wünschen oder ob sie in der jetzigen Familie immer bleiben werden. Sie leben einfach im Hier und Jetzt.

Sie wollen ihre Menschen nicht ärgern, auch haben sie kein Schuldbewusstsein - sondern wissen anhand von vorher Erlebtem, wie der Mensch sich verhalten hatte: Wie war der Tonfall, welche Körperhaltung hatte er, mit welcher Erwartungshaltung kommt der Mensch nach Hause - Hund weiß, dass es jetzt Stress gibt. Aber nicht, warum.

Also: Ein Hund lernt aus der Vergangenheit, lebt im Hier und Jetzt und denkt nicht an die Zukunft.

Sie handeln für ihr Überleben unbewusst, das ist angeboren. So wird es wohl bei den meisten Tieren sein. Bei uns geht das über Eindrücke, Ahnung, den sechsten Sinn, Erleuchtung, oder wie immer man es nennen will - und kommt auch in unserem Bauchgefühl wieder zum Vorschein. Es wird wieder erweckt…durch den „Klick" im Kopf des Menschen.

Der Hund im Hier und Jetzt ist wohl zufrieden, solange es Nahrung gibt, und keine Feinde da sind. Er ist wohl sehr zufrieden, wenn ihm eine klare Richtlinie vorgegeben wird, er gelernt hat, Enttäuschungen zu verkraften, und Zuwendung von seinen Menschen bekommt. Und er ist wohl höchst zufrieden, wenn er zusätzlich gelegentlich andere Artgenossen treffen kann, moderate Auslastung im Sinne seiner angeborenen oder erlernten Fähigkeiten ausleben darf oder weitere Abwechslung hin und wieder genießen kann. Weitere Grundbedürfnisse, wie entspannt sein Selbstwertgefühl zu genießen, sich gut im Leben zurechtzufinden und so manch einer Situation gelassen entgegen treten zu können, sind auch uns nicht fremd. Er möchte auch mal selbst etwas entscheiden dürfen. Übertriebene Kontrolle ist sehr unlustig, ihn aber immer im Regen stehen zu lassen, auch nicht schön. Kurzum würde ich sagen, dass könnte ein glücklicher Hund sein.

Ein Hund möchte nicht die allererste Geige spielen und jeden - vom Menschen geglaubten - Wunsch erfüllt bekommen. Das x-te Futter schmeckt nicht, dann gibt es ein anderes. Er steht an der Tür, es wird spazieren gegangen - auch zwanzig Mal am Tag. Er mag keine anderen Menschen in der Wohnung, also wird niemand mehr eingeladen.

Er trinkt bei Freunden nicht sofort. Mensch glaubt, er sähe den Wassernapf nicht. Und klopft auf den Rand: „Hier ist das Wasser. Komm, tu trinken." Jessas: Hunde können Krebs und Diabetes riechen. Leichen in zehn Meter Wassertiefe. Wittern Wild auf viele hundert Meter. Sie riechen Angst, Stress und unsere DNA - so finden sie Mordopfer oder geflohene Personen. Und dann soll ein Hund einen Wassernapf nicht finden? Du hast schon öfter gesehen, dass ein Hund auf Findung und Bemerkbarmachung vom Herrchen oder Frauchen dann auch getrunken hat? Ja logo - weil Hund weiß, dass nur in diesem Punkt sein Mensch NICHT aufgibt, das im Zweifelsfalle durchaus mehrfach wiederholt…wie peinlich. Also trinkt er, und hat für ne halbe Stunde seine Ruhe.

Ein Hund möchte nicht ständig gegängelt werden. Ewiges „Nein, Pfui, Hör auf, Geh auf deinen Platz, Sitz, Such, Lauf, Komm her, Bleib da..." Das ist selbstverständlich zwischendurch nötig, aber nicht dauernd erforderlich. Sonst entsteht schnell „in ein Ohr rein, aus dem anderen Ohr raus."

Ein Familienhund entspannt sich überall nach kurzer Zeit, legt sich einfach hin und döst. Er kann sich auch mal mit sich selbst beschäftigen und lernt - wenn der neue Eigentümer Glück hat - schon beim Züchter, dass es mal nicht so läuft, wie gewünscht und fällt dann nicht gleich in Selbstmitleid zusammen oder bellt sich nen Wolf. Jedoch ist dieses „Frust aushalten" sehr schnell nach dem Einzug im neuen Heim wieder verlernt - ein unbewusster, aber grober Fehler, auf den ich noch öfter zu sprechen kommen werde. Und da gibt es noch so einige Annahmen mehr: Immer mehr Menschen glauben, dass ein Hund „einen nicht mehr mag", wenn man ihm etwas verbietet und dies auch durchsetzt. Diese etwas eigenartige Denkweise kann auch - sich stetig vermehrend - in der Kindererziehung vorkommen - und manch Elternteil wundert sich, warum ausgerechnet sein Kind aufmüpfig, missmutig und gelangweilt ist.

Das mindeste, was klappen sollte: Ein „SITZ" auf Entfernung

Schon etwas höhere Schule: „PLATZ" auf Entfernung

KAPITEL 2
Wege zum Familienhund

Die Wahl der Hundeschule oder doch lieber ohne

Eine gute Hundeschule ist Gold wert

Die Suche der richtigen Hundeschule ist schon mal die erste Hürde. Nicht alle Hundeschulen arbeiten so, dass ungefähr ein Jahr später sich dein Hund von „ungezogenen" anderen Hunden gewaltig unterscheidet. Man muss bereits bei der Suche wissen, worauf es eigentlich ankommt. Genau für dich und deinen Familienhund-Azubi. Aber, genau das ist ja eben so schwierig, wenn man Hunde-Neuling ist.

Wie bringt man nun das eigentliche „SITZ", das „PLATZEN", bei „FUSS" gehen bei? Dass er brav auf einen wartet, er viele weitere Anordnungen in seinen Kopf bekommt, wie fasst man genau eine bestimmte Schwierigkeit an – die sich schon so verfestigt hat, dass man das Gefühl hat, alleine nicht mehr rauszukommen?

Früher hat ja auch alles ohne Hundeschule gefunzt!? Ja, das war aber auch eine andere „Hundezeit" – und eben früher. In der heutigen Zeit ist es wichtig, wenn man ihn denn – als unterstes Familienmitglied – mitnehmen möchte, am „anständigen Hund" dranzubleiben. Alles ist enger, jeder möchte sein Recht. Rücksicht und die Fähigkeit, den goldenen Mittelweg zu finden, sind unheimlich wichtig. Der Hund hat einen ganz anderen Stellenwert als früher. Dadurch aber neigen leider sehr viele, und es werden immer mehr, zur Vermenschlichung. Und das ist schlichtweg falsch.

Früher war der Hund ein Haus- und Hofwächter. Oder Jagdbegleiter. Oder Hütehund. Oder Helfer in anderen Bereichen. Oder Schoßhündchen der Königinnen, die sich einsam fühlten, wenn der König mal wieder außerhäuslich unterwegs war . Wesentlich weniger Menschen hatten Hunde – und vor allen Dingen, wurden diese nicht überall hin mitgenommen. Aber gerade das wollen wir – eben der „gemeine Hundehalter der Jetztzeit" – nicht mehr missen. Oder endlich erleben. Heute ist der „deutschsprachige Hund" ein Familienmitglied, sehr gerne ständiger Begleiter auf Spaziergängen, ins Restaurant, zu Freunden, in den Urlaub, in Vergnügungsparks und so weiter – ja, ich habe sogar zur Freude meiner

Osteopathin mindestens einen meiner Hunde bei meinem Termin mit. So sollten auch die Tage eines einzeln gehaltenen Familienhundes - mit den entsprechenden Auszeiten - beim erwachsenen Hund aussehen.

Trotz allem, oder gerade deswegen, ist es auch wichtig, dem Hund mal Eigenständigkeit zu geben - und ab und zu Dinge erlauben, die sonst verboten sind.

Ich denke da immer an eine Schokocreme-Marke, die es schon in meiner Kindheit gab. Ich wollte EINMAL mit einem Löffel in das Glas tauchen und die Creme OHNE Brot EINMAL nur „nackt" genießen. Durfte ich nicht. Ob es daher kommt, dass meine Restfamilie heute noch dieses Glas immer vor mir verstecken muss, weil ich, wenn ich es in die Finger bekomme - selbstverständlich nur mit dem Löffel - so viel esse, bis mir schlecht wird? Ohne Brot?

Auch haben Hunde früher nie so viele weitere fremde Hunde anderer Größen und jeglichen Alters und verschiedenster Wesenszüge getroffen und mussten „anständig" mit diesen umgehen. Sie kannten höchstens ihre Gruppe, wenn sie denn zu mehreren lebten. Eindringlinge wurden, wenn irgend ging, vertrieben.

Aber dein Einzelkindhund soll auch, ohne sich zu mucksen, ganz allein ausharren und Stunden auf dich warten können. Möglichst, ohne die ganze Nachbarschaft wissen zu lassen, dass der arme Kerl schon ganz sicher Jahrzehnte auf seine Leute wartet. Er schläft mit im Bett - ja, warum auch nicht? Wenn du das gut findest? Und der Hund ansonsten weiß, dass er Hund ist, ist das völlig in Ordnung.

Aber jeder kann selbst entscheiden, wie er Nähe fördern möchte. Bei uns gibt es nur „neben dem Bett". Und das nur in Ausnahmefällen, wie hochträchtige Hundemamis. Oder auch mal ein Junghund in der ersten Zeit. Oder auch mal ein Gasthund unserer Freunde. Es ist für den jeweiligen Hund das Höchste, mit im Schlafzimmer sein zu dürfen. Dabei fällt mir gerade ein, dass unsere erste Hündin Bonnie und auch die kleine Lolli je den ersten Welpen…wo bekommen haben??? Ich sags nicht.

Aus all diesen Gründen kann es heutzutage wichtig sein, in einer „gut geführten" Hundeschule zusammen mit dem vierbeinigen Gefährten und anderen Gleichgesinnten zu lernen.

Es hilft einem das kleine Fünkchen eigener Ehrgeiz, bis zum nächsten Hundeschulen-Besuch das eben Erlernte zuhause (genau, zuhause!) zu üben, damit man Erfolg vorweisen kann. Das bringt unheimlich viel für den „Klick". Und das größte Zauberwort - die Konsequenz - eben konsequent durchzuhalten. Das bedeutet Entschlossenheit, Beharrlichkeit, Ausdauer, Unbeirrbarkeit, Unermüdlichkeit, Bestimmtheit, Deutlichkeit,

Ausdrücklichkeit, Zuverlässigkeit, Zähigkeit, Durchhaltevermögen, Unnachgiebigkeit, Hartnäckigkeit, Nachdruck, Willensstärke...

Denke dran, all diese Eigenschaften wird sich der Hund ganz schnell aneignen - und seine Ziele durchsetzen. Knallhart. Wenn du es nicht tust! Das macht der Hund jetzt nicht, weil er das will...nein, er hat das Gefühl, er MUSS das tun, weil sein Mensch nicht dazu in der Lage ist. Mit dieser Rolle ist er völlig überfordert. Und das ist dann echt kein Vergnügen - auf beiden Seiten nicht.

Auch hier sehe ich wieder unsere „Menschenkinder" - es gibt kaum einen Unterschied. Auch sie werden „knallhart", wenn es denn die Eltern zulassen. Und trotzdem lieben wir sie. Und sie uns auch - eine sichere Führung wissen sie aber wohl zu schätzen.

Du brauchst den „Klick" dazu - um verinnerlichen zu können, wann ist dieser Nachdruck wichtig und wann kann ich die „Leine lockerlassen". Einmal ist es Sekt oder Selters oder doch einen Cocktail. Es kann aber auch „was Hänschen nicht lernt" passen...da gibt es ewig viele Weisheiten zu.

Übung macht den Meister

Wieder zurück zum Hund und der Hundeschule: Das alles erfordert eine vielseitige Erziehung, wenn du schneller sein möchtest, als dein Hund. Ja, du möchtest das. Sich da fachkundige Hilfe und Unterstützung zu holen, ist bestimmt nicht verkehrt. Nicht zu vergessen, dass man neue Freunde finden kann, weitere Familien, die auf einen gut erzogenen Hund Wert legen, mit denen man üben kann. Oder andere Besitzer mal zu beobachten und sich -

Tschuldigung - auch mal freut wie Bolle, wenn du siehst, dass du selbst doch schon weiter bist mit dem „Klick im Kopf", als manch anderer und du echt stolz auf dich und deinen Hund sein kannst. Und dies auch ruhig sein darfst!!

Mensch und Hund sollte das Lernen in der Hundeschule Spaß machen - aber auch den nötigen Ernst mitbringen. Nochmal: Wenn du mit verkrampftem Magen und dein Hund mit eingekniffenem Schwanz da hingehen, bleibt lieber zu Hause. Dann suchst du weiter nach der für dich und deinen Hund geeigneten Hundeschule. Auch wenn du ein Stück länger fahren musst. Das lohnt sich immer.

Wenn denn der (oder auch die) auserwählte(n) Trainer dich mit deinem Hund schon ein wenig kennen, sollten sie auch, wenn es aus Gründen notwendig ist, mit dir mal eigens für dich zugeschnittene Wege gehen. Du bist bereits in einer Hundeschule, dort funzt auch alles recht gut, aber kaum bist du „privat", geht nichts mehr? Tjaaa, dann beobachte dich mit deinem Hund mal ganz genau - noch besser, sich selbst mit Hund mal bei alltäglichen Dingen filmen. Du wirst überrascht sein, wie stark und wirklich wollend du in der Hundeschule gearbeitet hast, aber wie unaufmerksam und halbherzig du das mit deinem Hund im Alltag tust. Achte auf deinen Ton, auf deine Körperhaltung. Dein Hund hat ganz schnell raus, wann er dich ernst nehmen muss oder er dich manipulieren kann.

Gehe dann „in dich", beginne nach der letzten Seite dieses Buches neu - es wird sich sicher auszahlen.

Und sei den Trainern gegenüber offen. Wenn eine Hundeschule nicht weiß, welche Schwierigkeiten im eigenen Zuhause und ohne Anleitung im Alltag im Argen sind, können sie euch auch nicht umfassend helfen.
Siehe nachher Paul, Collin und Takeo am Anfang. In der Schule klappte es, da die Halter mehr Sicherheit haben und konzentriert bei der Sache sind. Die Trainer konnten aber nicht ahnen, dass es ohne sie leicht chaotisch für Hund und Familie war.

Solltest du allerdings bei jeder Hundeschule, in der du eine „Schnupperstunde" mitgemacht hast, immer am gleichen Umstand scheitern - könnte es dann vielleicht doch an dir liegen, dass du in dem Punkt nicht weiterkommst?

Alle Menschen, die sich schon lange Jahre mit Hunden beschäftigen, seien es Trainer, Psychologen, Therapeuten, oder langjährige Hundehalter - wir nennen sie hier mal „Fachmenschen" - wissen: Man muss „nur" klare Anweisungen geben und das, was man sagt (egal ob zu Hund oder auch als Menscheneltern zu Kind) auch meinen. Und sich beim Sagen schon sicher sein, dass es funzen wird. Und nicht bangen: „Oooh, was mach ich nur, wenn es nicht klappt? Hilfe, ich glaube, ich kann das nicht." Denn schon alleine diese Unsicherheit bemerkt ein Hund – und probiert aus, ob du denn überhaupt berechtigt bist, diese Führungsperson sein zu dürfen.

Also, wir suchen eine Hundeschule für einen alltagstauglichen Familienhund. Darauf kann man dann aufbauen und sehr nützliche Tätigkeiten, wie zum Beispiel den Job eines Schulhundes, oder Therapiehundes anstreben. Hierzu ist keine Ausbildung in weiterer Form zwingend nötig, aber man erfährt sicherlich noch Neues und kann etwas vorweisen, wenn eine Einrichtung (Schule, Pflegeheim etc.) eine Ausbildungsbescheinigung des Hundes sehen möchte.

Gerade die Welpengruppe ist die wichtigste Gruppe in einer Hundeschule. Da ist nicht bloß Heiteitei und lustiges Spielen angesagt. Hier werden die Weichen für das spätere Leben und das Verstehen der Hundesprache gelernt. Sachkundige Menschenkind-Eltern und erfahrenere Hundehalter können das ganz gut abschätzen, welche Art Erziehung für den jeweiligen Fall wohl die beste ist.

Genau DAS ist aber für Hunde-Anfänger, oder auch für „gluckenhafte Zeitgenossen“, die sich schon länger mit einem oder gar mehreren Hunden „rumärgern“ die Schwierigkeit.

Es bleibt also nix, du musst umher fragen, zum Beispiel jemanden aus deiner Gegend, der einen gut erzogenen, freudigen Hund hat. Googeln, wen gibt es alles im Umkreis. Wohlgemerkt, eine Autofahrt von fünfundvierzig Minuten ein Jahr lang auf sich nehmen, um wirklich gut betreut zu werden und sich das Ergebnis dann sehen lassen kann, würde ich immer in Kauf nehmen. Also den Umkreis nicht unbedingt in den nächsten zehn Kilometern sehen. Schnupperstunden anschauen (geht auch ohne Hund, aber bitte einen Termin vorher vereinbaren) – und gut beobachten und zuhören – und dann nach „Klick“ und Bauch für deinen Weg entscheiden.

Es ist nicht so wichtig, wie viele Welpen gerade in der Hundeschule sind. Bei mehr als acht Welpen/Junghunden sollten aber zwei Trainer anwesend sein. Und diese sollten sich nicht während des Freispiels von einzelnen Besitzern so ablenken lassen, dass sie die Spielentwicklung nicht mitkriegen. Manchmal müssen Welpen mal kurzfristig getrennt werden. Das beobachten die Trainer ganz genau und greifen sofort ein, wenn nicht ganz sicher ist, ob es sich noch um Spiel handelt, oder bereits einer der Welpen Stress hat. Dies sollte immer der Trainer machen – außer, er sagt etwas anderes. Wenn da zu viel schief geht, kann das der Beginn einer Problemhundelaufbahn werden.

Also, hier wirklich drauf gucken, was macht der Trainer. Greift er mal ins Geschehen ein, wenn dies nötig ist. Erklärt er, warum er das jetzt getan hat und so weiter. Wichtig ist auch, dass nicht die völlige Wattebauschschiene gewählt wird. Nur mit „gutem Zureden“ kommt man gerade mal die ersten Wochen mit einem Welpen über die Runden. Wenn überhaupt. Wenn eine

Hundeschule der Meinung ist, man darf den Namen des Hundes noch nicht mal streng aussprechen, spätestens dann sollte dein Bauchgefühl einsetzen. Das dies nun KEIN Freibrief für Schläge oder sonstige Züchtigungen ist, wird jedem Familienhundehalter klar sein. Aber, ein Hund ist körperlich – sie rempeln sich im Spiel teilweise ganz schön hart gegenseitig an. Und wenn man dann als Mensch seinen Hund in Zeitlupe von sich wegschiebt, wenn er in die Wade gebissen hat, ist ihm dann klar, dass er aufhören soll?

Das Wegschubsen eines jungen Hundes ist ungefähr gleichzusetzen mit einer Menschenkindsmutter, die sagt „Eugen, hör damit bitte sofort auf!" Oder man möchte kurz seine Aufmerksamkeit – da darf man ihn kurz mit dem Finger stupsen, wenn er gerade so tut, als wäre alles andere wichtiger. Auch hier wieder die Rasseunterschiede in Größe und Wesen beachten.

Wenn ein Trainer nur schreiend und missgelaunt seine Tipps weitergibt und ständige harte Maßregelungen für sinnvoll hält, ist das auch nix für unseren Familienhund. Natürlich darf er aber auch mal schimpfen, wenn die ganze Gruppe auf menschlicher Seite nur blödelt und nicht aufpasst. Sind mehrere Trainer von einer Hundeschule und diese wechseln ab und an mal die Gruppen, sollte unter den Trainern eine gewisse Einheit herrschen. Also alle ungefähr in Sachen Erziehung auf einer Wellenlänge liegen. Denn, wenn der eine Hü und der andere aber Hott als das Maß aller Dinge sieht, wirst du als Hundebesitzer wirr und mindestens zeitgleich auch dein Hund.

Werden zudem noch Junghundegruppen, Spaziergänge, Gruppen für erwachsene Hunde, Stadtgang, Auslastungsangebote und vielleicht noch Seminare abgehalten, dann ist das schon mal sehr löblich und man ist als frischgebackener Hundehalter ganzheitlich abgedeckt. Manchmal geben einem auch die Hunde der Trainer ein wenig Aufschluss. Und, die Trainer eben auch. Sind sie offen, freundlich, passt die Chemie zwischen euch? Auch Trainerhunde dürfen Macken haben. Und trotzdem können diese Trainer wichtige Lernziele super vermitteln und du diese dadurch sehr gut mit deinem Wauz umsetzen. Wenn ich hier mal einem Gasthund etwas beibringe, kann das sehr schnell gehen – und sein Besitzer ist verblüfft. Das geht unter anderem so schnell, weil der Hund mich noch nicht einschätzen kann und erstmal sicherheitshalber drauf eingeht.

Auch wäre es sehr von Vorteil, wenn einem neuen Schüler (also dir) vorab die Platzregeln erklärt werden. Entweder mündlich bei einer der ersten Stunden, oder anhand eines Workshops, damit alle Kunden dieser Schule auch auf dem gleichen Stand sind. Das hilft ungemein sowohl den Menschen, als auch den Hundeschülern. Da alle die gleichen Regeln und Grenzen befolgen, entsteht viel früher eine entspannte Stimmung. Dabei lernt es sich leichter. Das wirst du in den ersten Stunden merken, wenn du deine Hundeschule oder Verein oder Einzeltrainer gefunden hast. Viele meiner ehemaligen Welpen und weitere Rassen, die ich von Freunden mal hier im Urlaub hüte, besuchen oder besuchten erfolgreich meine

Lieblingshundeschule. Dort versteht man einfach, was Mensch und Hund fürs Leben als Gemeinschaft brauchen.

Leider gibt es Gegenden, die entweder gar keine Hundeschule beherbergen, oder es nur „nicht Geeignete" gibt. Also hier bitte kein „schlechtes Geschäft" eingehen, sondern beherzt einen Schlussstrich ziehen und sein Glück - und das des Hundes - in der Flucht suchen. Mit dem „Klick" im Kopf, deinem wieder erweckten Bauchgefühl, wirst du das auch so auf die Reihe kriegen.

Ein Ziel ist, die Aufmerksamkeit zu bekommen. Und sofort zu nutzen. Da nehmen wir doch in erster Linie mal das Futter. Da du ja nun einen Hund brauchst, der mit kleinen Futterbröckelchen „lenkbar" wird, werden wir - nachher, in Kapitel 4 - das „Ich MUSS fressen" in ein „Ich DARF fressen" umwandeln.

Und wie du den Hund richtig belohnst - jedoch auch fälschlicher Weise bestechen kannst und dich dann wunderst, warum plötzlich gar nichts mehr geht, erfährst du auch bald.

Beherrscht dann der Hund - dank dir und deinem neuen Erziehungseinsatz - die Regeln, kannst du ihm sogar mal was vom Tisch geben. Ja, und zwar dann, wenn er unbeteiligt irgendwo liegt. Du rufst ihn, er bekommt eine in Pesto getauchte Nudel - und wird verzückt darüber sein. Dann schick ihn wieder weg. Er wird gehen.

Auch kann es sein, dass du dich mal ganz kurz „für den Hund zum Affen" machen musst: Dein Hund hat sich ungefragt von dir entfernt und läuft auf einen Fremdhund zu. Das ist nicht schlimm, meinst du? Hm, es geht hier aber um das unerlaubte Entfernen. Du stellst dir vor, dein Liebling auf vier Pfoten läuft in Wahrheit gerade zu einer vor Angst schreienden Frau mit Kind an der Hand... oder auf einen Abgrund zu... oder auf die Autobahn... naaa? Jetzt wird es schon brenzliger, was? Einen Ruf von dir überhört er einfach, geht weiter. Nun musst du aber ganz fix sein. Sonst gibt es im besten Fall entweder eine Anzeige von der Frau, oder er stürzt in den Abgrund, oder es entsteht ein Massenunfall auf der Autobahn. Dein Hund weiß nicht, ob er gerade nur umkehren soll, weil du da gerade Bock drauf hast, oder es um gefährlichere Taten geht.

Es kommt also ein völlig unerwartetes, neues Geräusch aus deinem Mund. Dein Hund dreht sich ganz kurz um, weil er neugierig ist, wo das denn her kommt. Genau in diesem Augenblick gehst du in die Hocke, klatschst, quiekst, zappelst... so lange, bis der Hund wieder bei dir ist. Denn, sonst rennt er wieder zurück zu der Frau, dem Abgrund oder der Autobahn. Das stellst du dir vor, auch wenn er nur auf einen Spaziergänger zuläuft. Dann hast du mehr Nachdruck in der Stimme. Du gibst ihm was Feines, spielst kurz mit ihm und drehst möglichst in die andere Richtung mit ihm ab. Du kannst - je nach Sachlage - deinen Hund auch ganz kurz anleinen, sollte dein Gefühl dir sagen, dass er nochmals umdrehen könnte. Wenn das am Anfang der Erziehung schon richtig gemacht wird, wirst du den Erfolg schnell sehen.

Sei aber unbesorgt, in der Regel brauchst du das „Sich-zum-Affen-machen", wenn du es denn nicht zeitverzögert, sondern schnell einsetzt, nur wenige Male anzuwenden. Am einfachsten wird dir das in der Hundeschule fallen, da dort ganz sicher noch mehr „Affen" rumlaufen. Später sollte dann ein leichtes Schnalzen mit der Zunge reichen, und der Hund kehrt um. Denke immer dran – „Kenner" brauchen Futter-Hilfsmittel dieser Art oft nicht mehr. Vielleicht haben aber gerade diese manchmal vergessen (oder verdrängt?), wie ihre Anfänge mit Hund ausgesehen haben. Und da nehme ich mich nicht aus.

Auch kann man mit einem „hörenden Hund" so wunderbare Fotos machen – okay, ich würde da noch ne bessere Kamera brauchen – aber immerhin, ich kann meinen Hunden „erklären", dass ich jetzt knipsen möchte.

Üben mit Gleichgesinnten gibt Ansporn

Aller Anfang ist nicht schwer

Alle Interessenten unserer Welpis bekommen von mir, wenn wir uns denn im Großen und Ganzen über den weiteren Lebensweg des Welpen einig geworden sind, dieses Buch hier, ne eigentlich den Vorfolger. Wenn irgend geht, BEVOR der Welpe einzieht. So können sie vorab schon mal lesen, überdenken, Fragen stellen und auch Dinge anders sehen. Beim nächsten Besuch der angehenden Welpenbesitzer schreiben wir dann eine Prüfung. Wenn mit mindestens Note Zwei bestanden, weiß dann die jeweilige Familie, welches Fellteilchen bald ihres sein wird.

Ne Quatsch, würde ich niemals machen - ich selbst habe ganz schlimme Prüfungsangst.

Dies ist eine Zusammenfassung aus meiner Erfahrung, wenn man seinen Hund an seinem Alltag, an den Wochenenden bei Unternehmungen oder auch im Urlaub viel teilhaben lassen möchte.

Es zeigt sich dann im richtigen Leben, dass der so vorbereitete frischgebackene Hundehalter in den Welpenübungsstunden der ausgesuchten Hundeschule schneller neues Wissen umsetzen kann. Und selbstverständlich sprechen wir zusätzlich noch ausführlich mit jeder Familie genau über ihre Belange und die gemeinsamen Bedürfnisse mit Hund. Für jede Art von Hund und seiner Familie ist Spezielles gesondert noch in Erfahrung zu bringen.

Es ist ja nun mal so, dass gerade in den ersten Tagen im neuen Zuhause unbewusst von der neuen Familie bereits einiges falsch laufen kann und der angedachte Frieden schon vermurkst beginnt.

Ach ja - unbedingt die Tipps auch lesen, wenn du schon einen älteren Hund hast - denn alles baut aufeinander auf. Und, sehr Vieles ist auch mit einem Schnösel oder erwachsenem Hund umsetzbar. Sofern er keine gewaltigen gesundheitlichen, wesensbedingten, oder fehlerlernten Einschränkungen hat.

Wenn du jetzt schon über das Foto meckern möchtest, auf dem alle Welpen aus einem Napf fressen, da irgendwo stand, das soll ein Züchter so nicht machen - auch das kann man nicht pauschal einheitlich festmachen:

Wir hatten selbstverständlich auch bei unseren ersten Würfen für jeden Welpen einen eigenen Napf. Nur, haben sie so gut wie nie einzeln gefressen. Es hingen immer mindestens drei über einer Schüssel, der Rest war unberührt. Es gibt kein Geknurre, Gekeife oder ähnliches unter unseren Welpen. Und so arbeiteten sie sich Napf für Napf weiter. Irgendwann sind wir zur „Gemeinschaftsfütterung" übergegangen.

Wir hatten noch bei keinem einzigen Wurf streitbare, futterneidische Welpen. Das war von unserem ersten Wurf an so und wird sich hoffentlich auch in Zukunft fortsetzen. Das ist sicherlich auch eine Eigenschaft unserer Rasse, da die Elterntiere, neben der Gesundheit, auch nach einem freundlichen, robusten Wesen selektiert wurden. Jedoch werden Kauartikel sehr wohl relativ schnell verteidigt. Das bringen ihnen die erwachsenen Hunde bei. Wer als erwachsener Hund ein Hühnerbein hat, dem wird es vom Junggemüse nicht weggenommen. Basta. Das machen die erwachsenen Hunde nachdrücklich und es wird von den Kleinen - mit viel Gequieke - akzeptiert.

Gesittet an der Milchbar

Das setzt sich am Napf fort

Mag sein, dass das nicht bei allen Rassen oder Mixen möglich ist. Wichtig ist auch, dass eben genügend Futter im Napf ist, und die Kleinen nicht noch hungrig sind, wenn Napf leer. Reste gehören bei uns dann der Hunde-Mama. Wie oft habe ich Spinat-, oder Brei-Gläschen aufgegessen? Bei anderen Kausachen, wie getrockneter Lunge oder Pansen, wird schon von klein auf eher verteidigt. Beim Hund, meine ich jetzt wieder.

Damit du einen Leitfaden für die ersten Tage mit deinem neuen Mitbewohner hast, habe ich einige grundlegende Dinge zusammengefasst.

15 Tage alter Welpe

Und auch das, was der heutige Familienhund von Welt so alles lernen sollte. Damit du mit deinem Vierbeiner in der Gesellschaft nur wenig aneckst und meist vorbildlichst mit deinem Hund - oder auch zwei Hunden - durchs gemeinsame Leben stapfen kannst.

Wenn du nicht als Egoist „mir und meinem Hund gehört die Welt" auftrittst, wirst du auch Anerkennung bekommen.

Einiges ist für die ersten Tage wichtig, anderes ein ganzes Hundeleben lang. In Kapitel 3 wird das alles sehr lebensnah aufgezeigt.

Futter und Drum rum

Der Welpe sollte ab der Übernahme auch täglich sein Futter (Häufigkeit ist rassespezifisch) aus dem Napf bekommen und mindestens eine Mahlzeit in der ersten Zeit aus der Hand der Familie. Ob das auch die Kids der Familie machen dürfen, ist von verschiedenen Faktoren, wie Alter und Auftreten der Kinder, welche Rasse, wie alt ist der Hund etc., abhängig.

Diese Hand-Mahlzeit wird über den Tag verteilt gegeben. Wenn er einen ansieht, auf seinen Namen hört, er sich gerade hinsetzt, einfach gleich „SITZ" dazu sagen, wenn er sich hinlegt, gleich „PLATZ" dazu sagen, wenn er seine Geschäfte draußen erledigt „Feiiin, Pipi" o.ä. sagen und einen kleinen Futterbrocken in sein Maul schieben. Es gibt für Nassfutter Futtertuben, auch „Barfer" = „Biologisch artgerechte Rohfütterer" können diese nutzen.

Das Zusammengehörigkeitsgefühl wird beim Hund so schneller geweckt. Der Mensch gibt ihm das Wichtigste in seinem Leben - das Futter. Direkt von der Hand. Das ist Nähe, positiv für den Hund und das wirkt sich auch positiv bei ihm aus. Die Verbundenheit wird deine ganze Familie umgehend merken. Er weiß, wer gehört zu seiner Familie und wer hat das Sagen. Das sind ab jetzt - oder für diesen Lebensabschnitt - seine Menschen. Die erste Zeit sollten wirklich nur die Familienmitglieder den Hund füttern. Der Napf sollte nach fünf Minuten leer gefressen sein (sowohl beim Trockenfutter, als auch beim Nassfutter aus der Dose). Wenn noch was übrigbleibt, wegnehmen und bei der nächsten Fütterung etwas weniger geben. Es wird nicht zwischendurch nochmal etwas angeboten. Sonst wird er ein mäkeliger Fresser und das ist für unsere „Haupt-Erziehungshilfe" schlecht. Beim Barfen kommt es natürlich auf die Portion und die Art des gerade gegebenen Futters an - ein halbes Ziegenbein kann nicht in fünf Minuten weg sein.

Der Augenkontakt am Futternapf

Was hat das nun mit dem Fressen zu tun? Die Fütterung aus dem Napf nach ein, zwei Tagen - das ist dann dein erster „Tag X" - gleich für den so wichtigen Augenkontakt nutzen: Mit einer Hand den Napf hinstellen, mit der anderen den Hund an der Brust festhalten. Sobald er dir nur kurz in die Augen sieht, „freigeben". So lernt er für später, dich „zu fragen". Hier geht es nicht um eine angelernte Gehorsamsübung, sondern es ist das „in die Augen schauen" wichtig. Erst einmal üben das bitte nur die Erwachsenen mit dem Hund. Setzt er sich schon zuverlässig hin und du überlegst, ob dein Kind das tun kann? Uh, eher lieber nicht. Denn, es kommt da auf sehr Vieles drauf an. Ne Nase ist schnell weg - und kommt auch nicht wieder. Hier werde ich keine Empfehlung geben. Ein sich auskennender erwachsener Mensch ist unbedingt sehr konzentriert mit dabei, um unterstützend eingreifen zu können, wenn nötig. Achtung, manchmal kann das schnell gehen, dass Futter doch verteidigt wird. Klar muss auch sein, dass man mit einem gerade bekommenen Herdenschutzhund, von dem man nichts aus der Vergangenheit weiß, so eine Übung keinesfalls durchgeführt werden kann. Nun, vielleicht einmal. Aber, wir behandeln ja hier den Familienhund.

Achte mal darauf, wie wenig Besitzer darauf achten, dass der Hund sie anschaut. Er wollte wissen, ob eine Handlung von ihm okay ist oder ob er lieber zurückkommen soll. Wenn der Mensch nie darauf achtet, wird der Hund irgendwann nicht mehr schauen. Er hat gelernt, dass es dem Besitzer schnuppe ist. Unbewusst schnuppe ist. Somit wird Hund immer öfter einfach „sein Ding machen“ und durch die dann entstehenden Maßregelungen wird die Beziehung scheibchenweise immer mehr zerstört.

Dürfen wir?

Mindestens die ersten Tage bekommt der Welpe nur das mitgegebene Futter, er hat ja schon mit so vielem anderen Neuen zu tun. Dann kann man es bereits mit dem jeweils selbst auserwählten Futter mischen. Da gibt es ja Vielerlei - und man wird ganz kirre, wenn man alles versucht zu verstehen. Ich persönlich habe verschiedene Trockenfuttersorten, die wir aus bestimmten Gründen, wie die Art der Herstellung, die Inhaltsstoffe etc. bevorzugen. Ab und an mal Dose, ein- bis zweimal die Woche gibt es was für die Zähne - getrocknet. Rohes Schweinefleisch ist sicherheitshalber tabu.

Im Laufe der Jahre konnte ich beim Trockenfutter beobachten: Einige Junghunde wirkten hibbelig, nervös, umtriebig. Alle bekamen ein hochwertiges Juniorfutter, mit viel Proteingehalt. Wenn ich das umstellte auf ein gutes, aber wesentlich proteinärmeres Erwachsenenfutter, änderte sich ihr Verhalten bereits nach wenigen Tagen. Nicht vergessen, dass auch in Trockenpansen o.ä. viel Eiweiß steckt. Jedoch braucht ein Hund während des Zahnens öfter was zum Kauen, als erwachsene Hunde. Man braucht ein wenig mehr vom Erwachsenenfutter in der Wachstumszeit, dafür ist es aber erheblich günstiger. Wenn es am Futter liegt, merkt man das schon nach wenigen Tagen. Ob da dann der Körper länger mit der Verdauung beschäftigt ist und dadurch mehr Energie braucht, oder ob das andere Ursachen hat, kann ich nicht sagen. All diese Hunde sind in höherem Alter verstorben oder sind noch quietschfidel unter uns. Die Endgröße ist bereits genetisch festgelegt - nur bei extremer Mangelernährung könnte man diese verringern. Gerade bei größer werdenden Hunden sollte in der Wachstumsphase darauf geachtet werden, ein rassetypisches Gewicht einzuhalten. Somit kommt stets die richtige Belastung auf die Gelenke, wenn man denn zusätzlich die Bewegung weder über-, noch untertreibt.

Haste gehört? Ja nicht mehr wachsen

Bis zum zehnten Lebensmonat sollte bei größer werdenden Hunden mindestens dreimal täglich eine Essenszufuhr eingeplant werden. Dies kann beibehalten werden, morgens eine Kleinigkeit, mittags die Hauptmahlzeit und gegen frühen Abend noch ein Betthupferl.

Bei allen Hunden, unbedingt bei Großrassen und älteren Hunden, ist ein mindestens zweimaliges Füttern täglich magenschonender. Manche Einzelhunde mögen aber kein Frühstück mehr - dann nicht reinpressen wollen. Hund lernt nur, Fressen ist ein Muss. Sie beginnen dann dir vorzugaukeln, dass die Futtersorte gerade gar nicht schmeckt und es doch stattdessen eher das Leberwurstbrot sein könnte. Die meisten Hunde jedoch saugen den Napf ziemlich schnell leer. Ein Hund ist ein Schlinger. Er reißt - würde er sich nun selbst ein Reh erlegen, große Stücke aus dem Fleisch und schlingt sie einfach herunter. Würg und weg. Und wenn Hundi sein Futter frisst, dann darf er auch mal ein Leberwurstbrot haben.

Das Schlingen macht ein Hund auch mit Trockenfutter. Vor allen Dingen, wenn es ein Mehrhundehaushalt ist. Ist auch okay, solange der Hund das Futter nicht ständig wieder erbricht oder große Mengen an Luft mit schluckt. Dann wäre es ratsam, etwas Schweres in den Napf zu legen, um das der Hund dann rumfressen muss. Oder, man verteilt - wenn es Trockenfutter ist - dies einfach auf dem Boden. Oder dreht schlichtweg den Napf um - und füllt das Futter in den Rand und der Hund hat etwas mehr Mühe, sich die Brocken rauszuangeln. Lange Zunge oder dünne Schnauze ist da von Vorteil. Einzeln gehaltene Hunde, die nie verteidigen müssen, können auch gaaanz laaangsam fressen und jeden Brocken x-mal kauen.

Wasser ist zuhause immer ausreichend zur Verfügung, Tag und Nacht. Ein Trockenfutterhund trinkt wesentlich mehr, als anders gefütterte Hunde - weil, ja eben trocken.

Da es sehr viele verschiedene Futtermöglichkeiten gibt, bespreche ich diese lieber persönlich mit jeder einzelnen Familie, da jede andere Vorstellungen hat. Bitte erkundige dich über die verschiedenen Fütterungsarten gut. Sowohl über Nassfutter, als auch über BARF, als auch über Trockenfutter. Auch kann es Besonderheiten zu einer bestimmten Rasse geben. Es kann Allergien geben von allem Möglichen. Dies erwähne ich auch nur kurz, damit auch das in Betracht gezogen werden kann, bei merkwürdigem Verhalten oder Juckreiz. Manche vertragen kein Getreide, andere verschiedene Fleischsorten oder Gluten nicht. Manchmal ist ein Hund von heute eben auch nur ein Mensch.

Und ja doch, auch Reste vom Menschenteller dürfen durchaus mal sein - sogar mit Salz! Oder ein wenig Zucker. Wären wir doch bei unseren Kindern auch so, wie beim Hund. Uh, und dann müsste ja ich das Vorbild sein...Gott sei Dank ist unsere Tochter schon groß.

Beim Hund tun wir so, als wären Salz und Zucker sofort tödlich. Meine Hunde haben da leider oft Pech - ich esse meist alles selbst auf. Früher hieß es, man muss dem Welpen das Futter auch wegnehmen können. Lass lieber die Hand mal beiläufig im Napf, während er frisst oder halte das Stück Ochsenziemer an einem Ende fest und am anderen Ende kaut der Kerl. So lernt er auch, dass der Mensch sein Futter „haben" darf.

Wegnehmen schafft Spannung, der Hund soll aber erst einmal Vertrauen aufbauen. Und er weiß ja auch nicht, dass er jemals wieder etwas zu Fressen bekommt. Ich vertraue niemandem, der mir mein Schnitzel vom Teller klaut! Weiß ich denn, ob ich jemals wieder so ein gutes Schnitzel bekomme? Derjenige hat dann eher die Gabel von mir in seiner Hand stecken. Das geht ganz schnell. Rein unbewusst.

Wer als Erwachsener Kauartikel-Wegnehmen unbedingt üben will, sollte dies bereits im Welpenalter machen. Bei erwachsenen Hunden, die in eine Familie kommen, fehlt sonst vielleicht mal ein Finger - gut, kann man ja ungefähr zehn Mal praktizieren. Nicht hundertmal am Tag testen, da wird auch der sanftmütigste Welpe zur Hyäne. Nicht üben, wenn kleinere Kinder dabei sind.

Und: Nicht ruckartig und mit dem „bösen NEIN" aus dem Maul nehmen, sondern dies eher spielerisch verpacken: „Eyh, was hast du denn da? Darf ich mir das mal anschauen? Danke - tooooll, das Teil. Du kannst es wiederhaben" - mit freundlicher Stimme, ganz unbefangen.

Gewohnheitstier oder ich nehms, wies kommt

Es gibt unterschiedliche Möglichkeiten, wie der Tagesablauf aussehen kann.

Der unabhängige Hund

Keine festen Uhrzeiten angewöhnen, auch können ruhig die Futterplätze gewechselt werden. Außer, du möchtest unbedingt ein ganzes Hundeleben lang jeden Tag nach dem gleichen Schema leben - und zum Beispiel eine gesellige Runde verlassen müssen, weil doch der arme Hund immer um neunzehn Uhr sein Futter bekommt.

Weil ja auch der Hase draußen pünktlich um neunzehn Uhr dem Hund ins Maul läuft. Natürlich gibt es gewisse Abläufe im Alltag, die ein ungefähres Zeitfenster erzwingen.

Dann versuche im Urlaub oder am Wochenende nicht pünktlich zu sein. So wenig Abhängigkeit schaffen, wie irgend möglich. Dann hat der Hund auch null Probleme damit.

Den Napf nach dem Fressen immer wegräumen. So kann er sich nicht stundenlang bettelnd am Futterplatz aufhalten. Den gibt es einfach nicht. Wer nen Garten hat, kann gerne mal einen Spaziergang ausfallen lassen - vieles ist nicht vorhersehbar. Warum auch?

Der Tag ist so, wie du ihn dir zusammenbaust - und dein Hund geht ihn einfach mit. Ganz selbstverständlich. Freigeist braucht Freiraum.

Diese Art zu Leben, liegt jungen Familien, Selbstständigen, oder auch unternehmungslustigen Rentnern. Wenn der Tag nicht immer gleich ablaufen soll oder kann.

Ich übe dies auch gerade mit unserem kleinen „Schweinehund". Der hat dermaßen schnell eine innere Uhr entwickelt, die ich versuche, wieder anders ticken zu lassen. Higgins kann da ausdauernd hartnäckig sein - und das geht lautstark vonstatten. Ich halte aber durch - und die Fortschritte sind bereits zu sehen. Ne, mehr „bereits weniger zu hören".

Et kütt, wie et kütt

Der Gewohnheitshund

Ein Hund kann zum „Gewohnheitstier" gemacht werden. Sozusagen zum „Beamten" unter den Hunden. Diese Berufsgruppe möge mir bitte verzeihen – aber mit diesem Vergleich weiß einfach jeder, wie es gemeint ist. Hier nenne ich mal: immer zur gleichen Zeit Gassi gehen, zur gleichen Zeit Füttern, einmal die Woche in die Hundeschule, Spaziergang immer am gleichen Ort, Donnerstagabend um zwanzig nach Sieben kämmen und Spielzeit ist auch zu einer bestimmten Zeit. Natürlich ist bei Berufstätigen oder Gartenlosen oder Müttern mit vielseitigen Kindern, die immer mal von links nach schräg gefahren werden müssen, ein gewisser Trott nötig. Ein Hund lebt auch als „ganzer Beamter" mit sich im Reinen. Wahrscheinlich ist hier das Wichtigste für den Halter, dass er genau weiß, wann sein Hund kackern muss.

Jede Jeck is anders

Der Teilzeitbeamte
Auch er kommt prima klar, wenn an den Wochenenden oder im Urlaub mal was geschoben oder später aufgestanden wird. Du eignest dir und dem Hund in manchen Dingen ein „es kommt so, wie es kommt" an. Damit lebt es sich entspannt, aber nicht langweilig gleichtönig, wenn man immer wieder mal Veränderungen ins Hundeleben bringt. Das hält jung, der Hund lernt nicht „zu fordern": Piepend vor dem Napf zu stehen oder ihn sogar durch die Gegend zu tragen, bellend vor der Ziehkordel steht und zum Spielen auffordert, weil es bereits fünf Minuten nach der sonstigen Zeit ist – und schon macht es das Leben bunter. Auch ein Hund entwickelt eine Art „innere Uhr". Entweder verbeamtet auf Lebenszeit, Halbtagsarbeitend oder Freiheit in allen Lebenslagen – du entscheidest das. Jeder dieser Lebenswege kann deinem Hund trotzdem Sicherheit und einen entspannten Rahmen bieten.

Mach net esu vil Drömeröm

Erziehung oder lass ich es es einfach

Einer der wenigen Punkte, die Hunde- von Kindererziehung unterscheidet: Sollte der Welpe in einer ungewohnten Begebenheit eine gewisse „Unsicherheit oder Ängstlichkeit" zeigen – DANN BLEIB BITTE RUUUHIG UND LASS DICH NICHT AUF EIN TRÖSTEN EIN! Das können die unterschiedlichsten Ereignisse sein: Beim Tierarzt, an einer stark befahrenen Straße, bei Silvester-Böllern oder sei es nur eine unbekannte Mülltonne, an der er nicht vorbei möchte oder er will das erste Mal nur einfach nicht durch einen Türrahmen gehen.

Ein Kind würde man trösten und erklären, warum es keine Angst zu haben braucht. Es vertraut uns und wird sicherer. An deiner Hand geht es tapfer mit dir durch einen lauten, dunklen Tunnel.

Beim Hund ist es so: Nicht trösten, aber beruuuhigen. Das Wort trösten ist einfach der falsche Ausdruck, man hat dieses Mitleid in seiner Stimme, fühlt es auch und damit auch der Hund. Man hat es unbewusst in seiner Körpersprache und auch in seinen Streichelbewegungen.

Ein Hund glaubt, wenn man ihn tröstet: „Hilfe, ich habe Recht mit meiner Angst, mein Mensch bestätigt mich." Also, hier lieber „Augen zu und durch", nicht schnell und aufgewühlt streicheln mit den Worten - und vor allen Dingen der Tonlage „oooch, armer Hugo, brauchst keine Angst zu haben, der Tierarzt piekst nur jedes zweite Mal, wenn wir kommen".

Beruuuhigen wäre das richtigere Wort dafür. Natürlich darf der Hund zwischen den Beinen des Besitzers Schutz suchen. Besser geht es nicht. Auch vor aufdringlichen fremden Hunden wird der Welpe von dir geschützt, indem du den anderen Hund „abwehrst". Dein Welpe oder Junghund oder erwachsener Hund lernt: „Ich kann meinem Menschen vertrauen. Er regelt das für mich, alles ist gut. Und wird spätestens nach einigen Wiederholungen einen „Haken" an die jeweilige neue Situation machen und die nächste Begegnung mit einer Mülltonne oder mit einem Schneemann oder auch das Wartezimmer beim Tierarzt nicht mehr gruselig finden.

Wenn du bemerkst, dass der gerade angekommene Welpe nicht durch einen Türrahmen gehen will: Du tust so, als würdest du es eben nicht bemerken. Gehst selbst einige Male hintereinander durch, dann entfernst du dich vom Hund. Und plötzlich macht er es dir nach. Merkt, alles ist in Ordnung und er wird von Tag zu Tag selbstsicherer werden.

„Erden" ist auch eine gute Art der Beruhigung (nicht des Tröstens): Mit ruhiger Hand und ruhiger Bewegung und leichtem Druck wird der Hund - über die Brust und die Vorderbeine - Richtung Boden eher massiert, als gestreichelt. Dazu kann man mit sicherer, klarer Stimme dem Hund „sagen", dass alles in Ordnung ist, wenn du nur bei ihm bist.

Dein Wauz darf und sollte sich alle Räume des Hauses ansehen, damit seine Neugier gestillt ist. Aber ab dem „Tag X" gilt oberstes Gebot: Die wahre, umsetzbare KONSEQUENZ. Wie die aussieht, klärt sich gleich hier im „Klick". Beim sehr jungen Welpen kommt hinzu, dass er gerade in der - mal mehr oder weniger ausgeprägten - Angstphase ist: Manche vorher einfachen Dinge (zusammen mit Geschwister und Mutter) werden in Frage gestellt. Hier kannst du aber durch deine Ruhe wahnsinniges Vertrauen ernten und deine Führungsposition ohne viel Mühe ausbauen.

Die Familie ist sich vor Einzug des Welpen einig, was der Kleine darf und was nicht (immer aufs Sofa, oder nur auf Ansage, darf er ins Bett, in die Küche, in den ersten Stock und so weiter). Das kann natürlich später auch gemeinsam umgestellt werden. Manches ist einfach anders, wenn der Hund wirklich da ist.

Gewisse Grenzen im eigenen Haus und Garten sind sehr wichtig für einen später folgsamen, anständigen Hund. Was der Kleine darf, ist dem Heranwachsenden schwer(er) wieder abzugewöhnen. Die Familie einigt sich auf die gleiche Wortwahl für die verschiedenen Begriffe.

Als Schlafplatz taugt dicke eine Decke oder ein unechtes Schaffell. Wenn man unbedingt will, kann man auch ein Körbchen kaufen. Aber bitte nicht das Teuerste nehmen. Manche Besitzer sammeln nur das Spielzeug drin, da der Hund den Korb schlicht und ergreifend doof findet. Kein Rattan, das reizt zum Zerbeißen und macht euch nur das aneinander gewöhnen schwer, wenn ihr den Welpen deswegen gleich zu Beginn eures Zusammenseins schimpfen müsst.

Eine unserer Hündinnen hat während einer Pubertierphase zwei Hundebetten - ich spiele es jetzt mal runter - zerstört. Wieviel da doch so von diesem watteähnlichen Zeugs rauskommt - einfach unglaublich.
Manche Hunde bevorzugen auch einfach den kühlen Fliesenboden. Je weniger Polster um den Hund (also Fell), desto weicher wird er wohl liegen wollen. Hier geht probieren über studieren.

Oder sie finden eine Hundebox als Rückzugsmöglichkeit kuschelig. Unsere Welpen kennen bereits diese „Käfige“ als sicheren Schutz. Da sind sie allerdings noch nicht verschlossen.

Unbequem für Hund ist anders

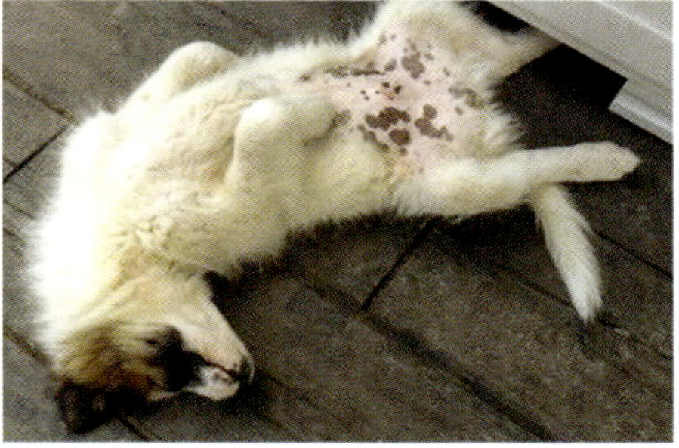

Das ist kein Gefängnis, sondern Schutz

Gut getarnt ist ganz gewonnen

Zuhause muss es funzen

Alles, was dein Familienhund lernen soll, wird zuhause, also im Haus, auf dem Balkon, im eigenen Garten geübt. Ja, auch mit der Leine. Das, was du aus der Hundeschule oder selbst als wichtig erachtest, muss im eigenen Reich des Hundes und seinen Menschen sitzen. Auch, wenn du später mal wieder etwas auffrischen musst - wieder zuhause die Zügel anziehen. Kinder, die nie gelernt haben in den eigenen vier Wänden gewisse Verhaltensweisen einzuhalten, werden diese auch nicht außerhalb in der Gesellschaft für notwendig erachten. Das ist nicht nur für die Eltern Stress pur! Auch die Kinder fühlen sich in der Welt nicht wohl, ecken nur an und werden immer gefrusteter. Da ist auch mal wieder zur tierischen Erziehung kein Unterschied. Aber keine Bange, im folgenden Tagebuch des Jungrüden Takeo wird das einige Male mit Beispielen zur Sprache kommen.

Lernen im ersten Hundejahr bei dir

Das wäre ungefähr Folgendes. Die Wortwahl ist nicht bindend, meist richtet man sich nach der ausgesuchten Hundeschule. Auch kann selbstständig eine Ansage weggelassen, oder eine neue hinzugefügt werden. Und, je nach Größe und Wesen, sind andere Dinge wichtig, bzw. dauert das Erwachsenwerden länger.

♥„HIER“ oder „KOMM“, eventuell mit Namen verbunden, er muss sofort kommen. Darf erst nach einem „OKAY“ wieder gehen.
Ich gestehe bereits hier, dass ich bei meinen Hunden nur den jeweiligen Namen sage - ohne eine weitere Ansage hinterher. Meist kommt derjenige wirklich sofort. Oder schaut mich fragend an - dann sage ich ein „KOMM“.
♥„SITZ“, er darf erst nach Auflöse Wort wie „OKAY“ wieder aufstehen.
♥ „PLATZ“, er darf erst nach Auflöse Wort wie „OKAY“ wieder aufstehen.
♥„LEG DICH“, hier darf er ohne deine Ansage selbstständig wieder aufstehen. Dann benutzen, wenn er nicht immer beobachtet werden kann.
♥„FUSS“, er läuft mit und ohne Leine direkt neben einem, wenn andere Spaziergänger, Jogger... kommen.
♥„AUS“, wenn er einen Futterbeutel oder Ball apportiert und uns geben soll, also Dinge im Maul hat, die er wiederhaben darf.
♥„NEIN“, wenn er sich im Dreck wälzt oder etwas im Maul hat, was er nicht haben darf. Oder, wenn er im Begriff ist, etwas zu tun, was man nicht möchte: aufs Wasser zugehen um zu schwimmen, Weg verlassen wollen, vom Weg ab in den Acker möchte, ins gerade gewischte, noch nasse Zimmer laufen wollen laufen wollen.
♥Super ist auch für „schnell zu beendende Situationen“ ein kurzes, knurrendes, tiefes „EHEH“. Hier wird auch das Wort „TABU“ verwendet.
Und, das Wort
♥„BLEIB“. Er soll in der jeweiligen Position verharren. Also „SITZ und BLEIB“. Nach deinem „OKAY“ darf er sich wieder „bewegen“. Oder er soll einfach da wo er ist, stehenbleiben. Oder beim Abgeben beim Hundehüter „BLEIBen“. Im tatsächlichen Tun braucht der Mensch dieses Wort - er hat dann einfach das Gefühl, nachdrücklicher zu sein. Das merkt man dann

auch an der Stimme und an der Körperhaltung - und diese sind für den Hund sehr wichtig: Mein Mensch meint das wirklich so, also mach ich.

Alles kann wunderbar durch Leckerli (nicht jedes Mal, dann wird die Erwartungshaltung verstärkt) und Lob unterstützt werden.

Belohnung? Her damit!

Der Unterschied zwischen Belohnung und Bestechung

Das ist eine total wichtige Differenzierung. Wenn der Welpe etwas Neues lernt, darf er das Leckerli vor und während der Übung sehen. Das ist die Belohnung.

Hat er jedoch verstanden, was du von ihm möchtest, wird das Leckerli erst aus der Tasche genommen, wenn die Übung vorbei ist (sonst ist es Bestechung). Er wird sich nämlich nicht lange bestechen lassen. Spätestens, wenn der erste Pubertätsschub eintritt oder er sich angekommen fühlt, ist das mit dem Bestechen vorbei. Da kannste dann draußen mit nem Kilo Leberkäse herumfuchteln - er wird dich bestenfalls von Weitem kurz anschauen und demonstrativ in den Weiher gehen, das Reh jagen oder zum Spielekumpel rasen, den er in ein paar hundert Meter Abstand schon ausgemacht hat. Belohnt allerdings, möchte ein Hund auch da werden.

Erst wenn er bereits Erlerntes nicht richtig ausführt, wird er ermahnt. Sobald er sich dir zuwendet, sofort wieder freundlich sein. Hundemütter sind NIE nachtragend! Dann nochmal wiederholen. Wenn richtig, lobend aufhören. Hat es gar keinen Zopf, aufhören und nachdenken, wie man es am nächsten Tag anders angehen kann. Wenn irgend geht, trotzdem mit einer gelungenen Übung enden.

Du darfst den Hund auch mal anstupsen, wenn er völlig unaufmerksam ist. Nichts durchgehen lassen, weil er ja sooo süß ist und man gar nicht unbedingt auf Ausführung besteht. Ist schwer, aber echt wichtig für die ordentliche Erziehung. Das hat nichts, aber auch gar nichts mit „Gewalt" zu tun, sondern fördert sogar euren Zusammenhalt. Bei einem leicht zu beeindruckenden Hund reicht selbstverständlich ein kleiner Räusperer von dir.

Geübt wird nur ein paar Minuten, länger kann uns der Welpe (oder auch ein erwachsener Hund, der erst jetzt lernt, seine Hirnwindungen zu sortieren), seine ganze Aufmerksamkeit gar nicht schenken.

Nicht nur für Anfänger ist eine gut geführte Welpen- und Hundeschule empfehlenswert. Nicht nur das eigene „Bauchgefühl" sagt, ob die ausgewählte Hundeschule auch die richtige ist. Wenn die Erziehung noch mit „Sichtzeichen" unterstützt wird, klappt es noch schneller: Erhobener Zeigefinger für „SITZ", Handfläche Richtung Boden für „PLATZ", ausgestreckter Arm mit erhobener Hand Richtung Hund für „BLEIB". Bei „KOMM" kann man auch bei etwas weiter entfernten Hunden in die Hocke gehen und Arme ausbreiten für „KOMM". Ein gut veranlagter Welpe wird das nicht als Bedrohung ansehen. Oder auch bei Letzterem sich seitlich, eher nach hinten geneigt, hinstellen - das darf man ausprobieren, was für dich und deinen Hund richtig ist.

Tja - meine ersten Elo® waren in allem wahre Meister. Ich konnte sie im Hotel am Tisch ins Platz legen, ohne Leine. Bin ins andere Zimmer, habe mir vom Buffet das Essen geholt und als ich zurückkam, lagen sie immer noch so da. Oder, bei einem Seminar hat nach der Pause eine Freundin meinen Hund an ihren Platz mitgenommen. Ich konnte meinem Hund quer durch den Saal mit Handzeichen klar machen, dass er sich dort hinlegen soll. War schon toll. Mittlerweile bringe ich nur noch - ich nenne es mal „das Nötigste" bei. Jedoch ist auch das völlig in Ordnung, da sie eben die Grundlagen kennen und einhalten.

Einziger Vorteil jetzt ist, dass ich mehr beobachten kann, was ist durch das Wesen des Hundes schon von sich aus da, was müsste noch verfeinert werden und wie schwer (oder einfach) ist es, ihnen was Neues beizubringen. HundeCentrum Fürth, ich vermisse dich. Auch heißt es, man soll eine Ansage nur einmal machen. Sonst lernt der Hund, dass man erst nach dem fünften „SITZ" auch sitzen muss. Mag sein. ICH kann das nicht, eine gewollte Ansage nur einmal zu sagen, wenn der Hund es nicht sofort tut. Ich MUSS es nochmal, und wenn nötig, nochmal sagen. Mein zweiter Name ist „Frau Ungeduld". Auch das muss ein Hund abkönnen und begreifen, was ich von ihm will. Wir haben eine Hündin, die bewegt sich manchmal nur, wenn ich sie mit mehrfachem Anreden hintereinander regelrechte nerve. Ehrlich! Alle, die uns kennen wissen jetzt, welcher Hund das ist - ich möchte sie jetzt ungern dissen. Die anderen Hunde folgen auf die erste Ansage.

SITZ, PLATZ, BLEIB. Wie man sich platzt, so liegt man

Die Körpersprache

Nicht nur du solltest die Körpersprache deines Hundes oder die derer auf der Hundewiese kennen, auch deine ist für deinen Hund sehr wichtig.

Sie kann auch ein wesentlicher Punkt sein, wenn es zwischen dir und deinem Hund nicht rund läuft. Wer sich breitbeinig und vorgebeugt hinstellt und seinem Hund sagt, er soll kommen - das kann viele Hunde sehr verunsichern. Das heißt nämlich eigentlich für ihn, „uh, der steht auf Abwehr - eigentlich möchte ich da jetzt nicht hin".

Manchmal setzt man seine Körpersprache auch unbewusst ein, hier helfen kleine Videos, die jemand von dir und deinem Hund macht, während einer Übung, die so gar nicht klappen will.

Unsere domestizierten Hunde haben sehr lange schon Zeit gehabt, uns gründlichst zu lesen - und dazu gehört auch die Stimme, die Körpersprache und unsere Mimik. Für so manche Auslandshunde ist das „sich nach vorne über den Hund beugen oder über den Kopf streicheln" eine Bedrohung. Für gut sozialisierte Welpen hingegen nicht. Dies haben sie bereits beim Züchter als „völlig normal" kennengelernt.

Einiges in Sachen Körperhaltung gilt auch für andere Tierarten. Geht mein Alpaka nicht an mir vorbei, weil ich breitbeinig, in Gedanken versunken das Tor zur Weide aufhalte, merke ich das irgendwann doch. Ich stelle mich seitlich und sofort ist es freudig dabei, endlich zum Gras zu kommen. Wenn allerdings deine ausgesuchte Hundeschule eine Übung etwas anders vermittelt, als hier steht, sollte es auch dein Bestreben sein, dies im Großen und Ganzen so zu übernehmen.

Wichtig ist, dass man beharrlich dabei bleibt, bis der Hund seinen Hintern auf den Boden gesetzt hat. Oder geplatzt ist. Und heißt es nicht, nach ungefähr tausend Wiederholungen hat ein Hund das neu Gelernte verinnerlicht??? Da bin ich ja dem Ziel schon näher – brauche ich doch nur noch neunhundertfünfundneunzig Wiederholungen. Ob das auch geht, diese jetzt alle hintereinander zu machen? Hm, als Kind hatte ich versucht, meinem Wellensittich das Sprechen mit einer vorher aufgenommenen Kassette zu vermitteln. Was ne Kassette ist? Das weiß auch das Internet. Jedenfalls habe ich das ganze Band mit dem Namen des Vogels vollgesprochen. Und ihm wochenlang abgespielt. Er hat nie gelernt zu sprechen.

Braaav geplatzt!

Von Regeln und Grenzen

Trau deinem Hund etwas zu, nicht immer gleich helfen – er braucht eigene Erfahrungen, um reifen zu können. Er ist nicht aus Zucker. Hat er eine neue Gegebenheit dann eigenständig – wenn auch mit Quengeln oder Quietschen – erfolgreich hinter sich gebracht, loben... du wirst sehen, wie stolz er auf sich ist, diese Hürde allein geschafft zu haben. Das gibt Selbstvertrauen.

Auch lernen Welpen dadurch schon, Frust auszuhalten. Ganz wichtig, genauso, wie bei Kindern. Leider sinkt das Durchstehvermögen wieder, wenn du deinen Welpen ständig betüttelst und jedem Pups von dem Kleinen eine große Bedeutung beimisst. Mal einen Zustand aushalten oder Dinge selbst lösen zu können, ist so wichtig für das ganze, weitere Leben. Da kommen noch viele Steine im Laufe der Zeit, die nicht immer von anderen weggeräumt werden.

Wir packen das an und freuen uns auf morgen

Aus Erfahrung lernen

Manche Hunde fressen gerne Fliegen. Gut, jedoch kann es auch mal ne Biene oder Wespe sein. Hundemütter mit Welpen zwicken Wespen in der Mitte durch - ohne gestochen zu werden. Ansonsten, wenn dein Hund mit der Pfote auf Wespen- oder Bienenjagd geht: Lieber das zulassen und er wird einmal in die Pfote gestochen, als dies zu unterbinden und er fängt sie später mit dem Maul. Sofort kühlen und auf eine eventuelle allergische Reaktion achten. Jede unserer Katzen hing einmal mit der Nase an einer brennenden Kerze. Das ist ihnen nie wieder passiert. Und den Spruch mit Kindern und der heißen Herdplatte kennt glaube ich auch jeder.

Wer gibt den Ton an

Bei gemeinsamen Familien-Ausflügen mit dem Hund: Derjenige, der die Leine hat, ist auch für den Hund zuständig. Heißt, beim Freilauf achtet der „Leinenträger“ auf den Hund, er gibt die Anweisungen, wenn nötig. Und sonst niemand zur gleichen Zeit. Rufen die Eltern und die Kids ständig durcheinander, der eine ein „KOMM“, der nächste sagt „NEIN“ und so fort, lernt Hund nur: „Ohren auf Durchzug stellen ist am besten, da wird man ja sonst ganz wirr.“ Selbstverständlich kann der „Leinenträger“ - zum Beispiel bei ersichtlichen Fehlentscheidungen - auch ausgetauscht werden. Dem Hund kurz die Info geben, dass jetzt wer anders zuständig ist: Heranrufen und zwei, drei kurze Übungen mit ihm machen. Schon weiß er Bescheid. Immer nur knappe Ansagen geben, niemals in der ersten Zeit diese Ansage in ganze Sätze packen. Der Hund kann dann das für ihn Wichtige sehr schlecht erfassen. Das erinnert dich und auch andere anfänglich stark an einen Befehlston – aber genau den versteht der Hund sofort.

Schnellsein ist fast alles

Auf eine Sachlage hat man genau zwei Sekunden!!! lang die Möglichkeit, zu handeln. Diese Schnelligkeit zu erreichen, ist Übungssache. Nur innerhalb von diesen zwei Sekunden kann der Hund dein Lob oder auch Tadel sofort mit seinem jeweiligen Tun verknüpfen. Und ja, du darfst auch mal dein Bein zu Hilfe nehmen, um dem Hund zum Beispiel einen Weg zu versperren, wenn du ein „BLEIB" angesagt hast, und er will trotzdem an dir vorbei durch die Tür. Wenn dein Bein dann am Türrahmen klebt und der Kerle hat es nicht geschafft, sich vorher durchzuquetschen, dann hast du gewonnen. Je nach Wesen des Hundes kann es sein, dass er dadurch diese Ansage ein für alle Mal verstanden hat. Das ist doch tausendmal besser, als zwei Jahre mit der Hand und einem gesäuseltem „Bleib" zu arbeiten – oder es gar nicht mehr zu verlangen, und der Hund windet sich vor Lachen, oder?

Der Hund aber hat, gerade in der Lernphase – fünf Sekunden Zeit, das Gewünschte auch auszuführen. Für mich persönlich ist das – wie wir schon wissen – eine Ewigkeit. Oft habe ich da meine Ansage schon wiederholt. Aber, ich habe ja erst seit über dreißig Jahren Hunde – das kann ja noch werden. Merkwürdigerweise habe ich jetzt die Geduld beim kleinen Schweinehund Higgins. Vielleicht, weil ich vorher gelesen habe, dass sie immer etwas zeitverzögert reagieren? Mag sein, mag sein.

Zuerst in den eigenen vier Wänden Regeln aufstellen und Grenzen setzen, dann ausweiten auf den Garten oder Balkon. Funktioniert es da, in anderer, möglichst ruhiger Umgebung üben. Achtung: Bereits ein hüpfender Vogel in zwanzig Metern Entfernung oder ein für uns weit entfernter Traktor kann zu Ablenkung führen, ebenso beim Stadthund ein LKW oder eine Gruppe Radfahrer oder ein Martinshorn oder ein Knall.

Versuche immer, den richtigen Augenblick zu erwischen, um dem jungen Hund eine Ansage zu machen. Wenn er gerade hingebungsvoll einen Käfer beobachtet oder eine Laterne beschnuffert, ist es am Anfang der falsche Zeitpunkt. Eher etwas von ihm wollen, wenn ihn gerade mal nichts interessiert. Das Erfolgserlebnis ist dann für beide Seiten sicherer.

Später braucht man darauf nicht mehr so achten, da er ja gelernt hat, auf deine Anweisungen zu achten. Wenn sich dein Hund dann auch aus dem Spiel abrufen lässt, hast du alles richtig gemacht. Nach und nach mehr Umwelteinflüsse zulassen, auch die Schwierigkeiten langsam erhöhen.

Man kann das fast bis zur Vollkommenheit betreiben, der „gemeine Hunde-Halter“ neigt jedoch nicht dazu. Und wir beide streben ja in erster Linie eine alltagstaugliche Erziehung an, die in den Tagesablauf einfließt.

Wir dürfen auch mal ohne Leine Spaß haben. Gehorsam sein zu dürfen, zahlt sich aus

Gegensätzlich Handeln

Tausche nicht mit deinem „frischen Schüler Hund“ Meinungen aus. Mach einfach. Schnell und ohne Umwege. Später, wenn sein Leben durch dich „geregelt“ ist, kann, wie schon ein paar Mal erwähnt - ohne schlechtes Gewissen - ein Auge zugedrückt werden. Unsere Tochter wusste immer, über welches „NEIN“ man sich gar nicht mit uns Eltern unterhalten braucht. Tat sie dann auch nicht. Bei vielen anderen Dinge gab es im Laufe der Zeit selbstverständlich meist gute Mittelwege.

Ausgezeichnet klappt das, als einer der Wege: Läuft der Hund an der Leine schneller, wirst du langsamer. Spielt der Hund sehr wild, bringst du mehr Ruhe in das Geschehen. Frisst er nicht (außer, er ist krank), gibst du ihm weniger und denkst dabei an DARF und nicht MUSS (kommt noch in Kapitel 4). Steht er zappelnd vor der Tür, bellt womöglich noch, weil du dich seiner Meinung nach zu langsam anziehst und er mit hellem Freudengeschrei um dich rum hibbelt, setze dich betont ruhig wieder hin.

Schreibe den Einkaufszettel eben nochmal ab und stehe erst wieder auf, wenn Hund sich beruhigt hat. Am besten um einiges vor Ladenschluss damit beginnen, wenn du ernsthaft noch was einkaufen möchtest. Fordert er Streicheleinheiten, beachtest du ihn nicht. Er legt sich gerade endlich hin nach stundenlangem Theater, sofort hingehen und ruhig streicheln. Steht er dabei wieder auf, sofort wieder aufhören und so tun, als hättest du keinen

Hund. Läuft der Hund draußen nach links, gehst du ohne ein Wort zu sagen, einfach nach rechts. Und so weiter und so fort.

Verstehst du? Wichtig ist dein sofortiges, schnelles handeln, damit auch der Hund es durch die Verknüpfung versteht. Du wirst sein Mittelpunkt. Wenn er bei dir ist, geht es auch weiter. Immer weiter. Hier im letzten Absatz liegt die Priorität auf „sofort" - wie du bestimmt sofort gemerkt hast.

Ein Hund testet deine Zuverlässigkeit. Je nachdem, wie lange er dich schon „anders" kennt - einige, bis sehr viele Male - anhand von Wiederholungen. Hier also standhaft bleiben und eben öfter wiederholen, als dein Hund.

Wer dies so anwendet, weil er mit dem Weg gut zurechtkommt, wird schnell eine Veränderung feststellen.

Gemeinsame Lernzeit

Die Stubenreinheit

Sofort nach dem Aufwachen, nach dem Fressen und auch gleich nach dem Spielen muss der Welpe sich entleeren. Er sollte dann ganz rasch auf sein „schnelles Klo" gebracht werden. Am besten dorthin tragen, damit es nicht bereits unterwegs passiert. Eine Hand untern Popo, eine unter der Brust und zügig laufen. Zuerst wird er pieseln. Ist er dabei fast fertig, etwas loben und „Bächlein" o.ä. sagen. Es kann dann ein Weilchen dauern, bis sich das große Geschäft - dies auch nicht jedes Mal - ankündigt. Auch ein nettes Wort dafür beim „letzten Drücker" betonen. Bitte hier nicht übertreiben, er geht ja „nur" aufs Klo - allerdings an einem Platz, der für uns in Ordnung ist. Bereits nach kurzer Zeit hat der Hund die Worte mit dem Entleeren verknüpft und pinkelt und kackert dann auf „Ansage".

Nicht drauf antworten, wenn der Welpe nur „quengelt" - außer, er muss pieseln. Je nach Beobachtungsgabe klappt das mal schneller und mal dauerts ein wenig. Wer zum dreißigsten Mal mit dem putzigen kleinen Zehn-Kilo-

Hund im Arm innerhalb einer Stunde die Treppen runterrast und er beißt draußen nur genüsslich in deine Wadeln, dann läuft es gerade nicht so gut für dich. Denn, kaum wieder oben, wird er beim einunddreißigsten Mal auf den Läufer pinkeln. Bestenfalls baust aber du deine Muskeln auf und Fett ab. Wir haben zwar immer wieder mal nen Junghund, aber keine Treppen in dem Sinne – somit Pech für mich und mein Fett. Man kann auch innen direkt vor die Terrassentür ein paar Zeitungen auslegen... meist nimmt der Welpe das ganz gut an. Keine Angst, er wird das Papier nicht sein Leben lang brauchen. Wenns doch mal im Haus passiert: Einfach wegwischen und gut ist. Ab der zwölften Lebenswoche haben Hunde erst langsam Blase und Darm in ihrer Gewalt. Das kann – je nach deiner Aufmerksamkeit – bis zum fünften Lebensmonat dauern. Ich bin da drin sehr schlecht. Ob das an meiner Aufmerksamkeitsdefizit- und Hyperaktivitäts-Störung liegt? Keine Ahnung.

Ab und an ist man schon Gefahren ausgesetzt: Hoffentlich rutschst du nicht auf einer Pfütze, die du auf dem Fliesenboden nicht bemerkt hast, so aus, dass du einen unfreiwilligen Spagat hinlegst. Je älter er wird, desto weniger Pinkelpausen braucht er – glaubt mir, ihr wachst da rein in die Pfützen und die Häufchen. Der erwachsene Hund wird sich wahrscheinlich viermal am Tag entleeren, zweimal dabei auch sein großes Geschäft erledigen. Nachts, da er ja im Normalfall ruht, hält der erwachsene Hund ca. zwölf Stunden durch. Wenn er alt wird, können die Abstände wieder kürzer werden.

Auch aus Freude oder Unterwürfigkeit kann es noch so manches feuchte Erlebnis geben. Wenn du so einen triefenden Freuhund hast, nicht schimpfen.

Aber auch nicht aufhören, sich über den Hund zu freuen und ihn plötzlich nicht mehr begrüßen. Das kann eine dicke Fehlverknüpfung werden. Lieber den Hund vor der Tür empfangen, damit sich beide Seiten freuen dürfen.

Erst 5 Wochen alt – das klappt noch nicht

Ab der 12. Woche wird das besser

Der außerhäusliche Toilettengang

Es ist auch möglich, dass der Welpe die erste Zeit nur „in Sicherheit" aufs Klo gehen will…das ist dann das Haus oder der Garten. Da bleibt nur, entweder wirklich stundenlang auf ner Wiese auszuharren oder eben das Missgeschick am Anfang hinzunehmen. Das ist in den ersten Wochen durchaus normal. Der Kleine muss erst erfahren, dass er sich auf dich verlassen kann. Es gibt Hunde, die von ihrer Veranlagung her fast ein Jahr brauchen, um sich außerhalb des eigenen Reiches entleeren zu trauen.

Es kann aber auch daran liegen, dass der Hund zu dir noch nicht das nötige Vertrauen aufgebaut hat - dann überlege dir, wie du das gewinnen kannst. Wenn er sich bei dir sicher fühlt, weil du die Dinge für ihn regelst, dann traut er sich auch draußen zu kackern. In der Kacka-Haltung ist ein Hund nämlich schutzlos, wenn vermeintliche Gefahr droht - er kann nicht sofort die Beine in die Hand nehmen und abhauen. Trotzdem, auch immer vorsorglich die Hukatüta mitnehmen. Was das ist?? Eine Hukatüta? Na eine Hundekacktütentasche mit mehreren Hukatüs drin. Den Ausdruck hat unsere Tochter erfunden und die beiden Worte benutzen wir als Familie - und viele unserer Welpenkäufer - immer noch.

Die erste Zeit im Haus oder Garten

Nehmen wir mal als Beispiel eine Familie mit kleineren Kindern: Man kann nicht überall gleichzeitig sein, braucht auch mal Zeit, Einkäufe einzuräumen oder das Kind zu wickeln. Da bietet sich im Haus ein kleineres Zimmer mit einem Türgitter oder auch einfach ein Laufstall für den Hund an.

Auch die bereits gewohnte Transportbox ist eine gute Wahl für diese kurze Zeit. Eine Kaustange und ein besonderes Spielzeug, das es nur dort gibt, machen dem Welpen den Aufenthalt angenehm und jeder ist ausgeglichen. Selbstverständlich wird der Hund nur im Ausnahmefall dort „zwischengeparkt"! Später, wenn Entspanntheit und Ruhe normal sind, ist das alles nicht mehr nötig. Ob dazu auch unser kleiner Schweinehund Higgins mal zählen wird, wage ich im Moment noch zu bezweifeln.

Wir arbeiten dran

Kleinigkeiten vereinfachen den Alltag

Der Wochenplan

Am Anfang kann es unter den Kindern ein wenig Gerangel geben, wer wann was mit dem Hund machen darf. Das ist dann ein fürchterliches Durcheinander. Hier wäre es denkbar, einen Wochenplan auszuarbeiten. Welches Kind darf zu welcher Zeit und wie lange mit dem Hund etwas unternehmen. Wenn der Hund allerdings ein Geschwisterchen gerade bevorzugt, kann auch getauscht werden, wenn alle einverstanden sind. Ein wenig überlegen und die Lösung liegt gar nicht so fern.

Die Buddelei

Wenn man einen Garten hat, aber den jungen Hund nicht ständig beaufsichtigen kann oder will – dann nützt er das zum Ausprobieren, nicht nur zum Pieseln! Also, ein abgesperrtes, gerne auch nur notdürftiges Freigehege bauen, in dem der Welpe nach Herzenslust alleine toben, und auch mal Löcher buddeln darf.

Außerhalb dieses Gebietes ist das tabu! Das beinhaltet aber, dass der Hund nicht alleine der großen Gartenwelt ausgeliefert ist. Oder umgekehrt. Am besten wäre, den Hund das erste Jahr nicht ohne Aufsicht im Garten zu lassen – sonst lernt er buddeln, Büsche zerpflücken, alles verbellen und noch einige weitere Unarten, die uns und dir und weiteren Menschen so gar nicht gefallen. Gartenschlauchpiercings sind auch nett. Sehr nett.

Außerhalb auf Wiesen würde ich persönlich meinen Hund auch nicht nach Mäusen buddeln lassen. Das verselbstständigt sich schnell. Hund rennt nach dem Ableinen nur noch auf die Wiese, möglichst weit weg von seinem Menschen, da Hund ja weiß, hier kann er mich nicht einholen. Und dann ist stundenlanges Warten und ständiges Entwurmen (Mäuse haben immer Würmer) angesagt. Bitte, wer das will…

Ein paar Impressionen

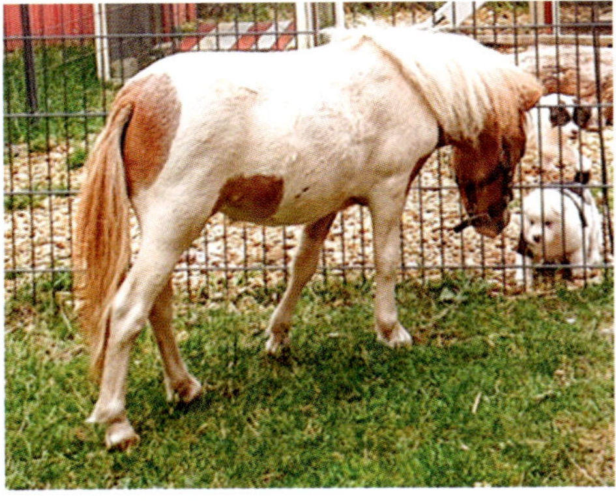

Schutzzäune sind bei Tierhaltung wichtig

So lernen Welpen spielend fürs Leben

Altersgerecht werden verschiedene Eindrücke angeboten

Ausgehzeugs

Geschirr oder Halsband

Ich persönlich bin für Halsband. Denn, unser Hund soll ja lernen, dass er ohne ständigen Zug an der Leine geht, ne? Das sogenannte Zug-Stopp-Halsband oder auch Schlupfhalsband ist, wenn richtig angelegt, das sicherste. Für Welpen bzw. kleine Hunde gibt es das (noch) nicht überall. Wohlgemerkt das sind KEINE Würgehalsbänder, bei längerem Hundefell sieht man nur den Stopper nicht. Ein Halsband sollte breit sein und um den Hals sitzen - nicht, wie bei so manchen Erziehungsmethoden - die man übrigens auch im Fernsehen oder auf Videos sehen kann - bei denen ein dünnes Halsband viel weiter oben sitzt und dadurch Schäden verursachen kann.

Wem doch ein Geschirr lieber ist - der nehme ein gut sitzendes!!! Dies unbedingt von einem Fachmann - keiner Fachleuchte - anpassen lassen. Da ein Welpe bekanntlich schnell wächst, sparen hier verständlicherweise manche Hundebesitzer.

Aber genau das ist falsch. Es kann zu Bewegungseinschränkungen führen oder zu eng an den Rippen anliegend, Blutergüsse auslösen. Es ist wichtig, dass die gesamte Schulter mit dem Schulterblatt zusammen maximale Bewegungsfreiheit hat. Diese Partie ist weitaus wichtiger in der Fortbewegung des Hundes, als früher angenommen wurde. Sonst läuft der Hund „so gut am Geschirr", weil er gar nicht anders kann und das später schwere Beweglichkeitsschäden nach sich ziehen kann. Natürlich kommt es auch drauf an, wie oft eine Leine erforderlich ist - bitte dies - wie alle anderen Ratschläge - abwägen, recherchieren und selbst entscheiden.

Klar ist aber auch, dass ein Hund nicht ständig in das Halsband springen soll und ochsenähnlich zieht. Und nein, mir ist kein einziger Fall bekannt, dass ein Hund einen eingedrückten Kehlkopf vom Halsband wegen seiner Zugneigung bekam. Wobei es ja sein kann, dass ich nur Hunde kenne, die nur wenig ziehen. Oder die von mir befragten Tierärzte das einfach noch nicht hatten.

Somit ist es eines der wichtigsten Dinge, dass dein Hund so schnell wie möglich lernt, wie er für seine Gesundheit und auch deine Gesundheit, anständig neben oder kurz vor dir, an lockerer Leine läuft.

Ja, unser Schweinchen hat ein Geschirr. Es hat aber auch so bekloppte Proportionen, dass ich mich weder für ein Bauch-, noch für ein Halsband bisher entscheiden konnte. Wir sind aber auch schon beim dritten Geschirr, da es ja mitwachsen muss. Ich hoffe, das kann ich später noch abändern.

Wer einen Angsthund hat, der sollte seinen Hund selbstverständlich gebührend sichern, am besten doppelt und dreifach - da gibt es auch so einige Utensilien im Handel zu erwerben. Auch bei einigen Hundesportarten oder beim Blindenführhund sind spezielle Geschirre nötig.

Ein Mäntelchen
Ja, das macht bei manchen Hunden schon Sinn. Hunde ohne Unterwolle haben es sonst echt schwer im Winter oder bei Nässe. Oder, wenn man länger draußen warten muss und nicht in ständiger Bewegung ist. Und, ganz wichtig, alten Hunden tut ein Mäntelchen sehr gut, sie haben oft Rücken. Dabei ist Nässe schlimmer, als trockene Kälte.

Die Leine
Bitte wenn irgend geht, keine Flexi-Leine verwenden. Es gibt für mich nur ganz wenige Ausnahmen (extremer Jagdtrieb, läufige Hündin, „beziehungsgeschädigte" Vierbeiner, in manchen Bundesländern gibt es leider auch strenge Freilaufregeln zu gewissen Zeiten). Der Hund lernt das Ziehen, er soll ja an der Leine „ordentlich" laufen. Er würde dies aber auch unterscheiden lernen. Aber nur, wenn auch das geübt wird. Wenn sich diese dünne Strippe mal um deine Wade zieht, weißt du auch, wie weh diese Dinger tun können. Oder, dein sechs Kilo Hund bewegt sich ruckartig und dein Finger gerät dazwischen – spätestens dann schmeißt du diese Leine weg.

Für all die Ausnahmen, bei denen man eine Flexi benötigt: Eine mit breitem Gurtband nehmen, möglichst in einer grellen Farbe. Da halten sich die eigene und die Verletzungsgefahr Unbeteiligter, wie Radfahrern oder Joggern einigermaßen in Grenzen. Oder man legt sich eine neonfarbene Schleppleine zu – an der aber eigentlich geübt werden soll, damit der Hund diese später nicht mehr so oft braucht. Ein oder auch zwei verstellbare Führleinen dürften wohl die beste Wahl für den Ottonormalhund sein. Eine, die auch mal durch den Dreck gezogen werden kann – und eine für die Stadt oder die Abendgala.

Denn du hast ja vor, deinen Fellpartner so zu erziehen, dass er ohne Gefährdung anderer Lebewesen Freilauf genießen kann. Und, auch jagdlich angehauchte Hunde können in gewissen Gegenden ohne Wild oder Schaf oder Huhn leinenlos laufen. Diese Orte muss man nur finden.

Die Leinenführigkeit

Diese auch zuerst im Haus und in der Wohnung üben. Ja, du hast richtig gelesen. Auf die Idee kommen viele Menschen nicht, aber es ist so wichtig, genau dort dies zu tun. Dann auch sofort, wenn es nach draußen geht. Sobald der Welpe zieht, stehenbleiben, bis Leine wieder locker. Ist anstrengend und langatmig. Aber lohnt sich.

Als Alternative, bei „schnellen Gängen" oder wenn deine Freundin mitgeht und man sich nicht im ungleichmäßigen Steh- und Geh-Gang unterhalten möchte oder die Kinder den Hund führen möchten: Statt Halsband dann ein (gut sitzendes!) Geschirr anziehen und die Leine verlängern. Der Hund soll unterscheiden können, wann muss ich IMMER ordentlich laufen, wann DARF ich mal ziehen. Ich wünsche viel Geduld bei dieser Übung. Ehrlich.

Die ersten Gehversuche mit Leine sind nicht ganz einfach, der Welpe könnte etwas „eselig" sein. Auch Schreihälse gibt es – uh, man bekommt sofort den Gedanken an den Tierschutz in den Kopf. Wenn man direkt vom Haus aus losgehen möchte, empfiehlt es sich, den Hund am Anfang wegzutragen, bis er das Haus nicht mehr sieht. Gleiches gilt auch, wenn man sich vom Auto entfernt. Es ist sein natürlicher Drang, dass er das sichere Zuhause die erste Zeit nicht gerne verlassen will. Hat doch die Hundemutter ihn kürzlich noch mit einem Warnlaut nach innen geschickt, wenn fremde Menschen zu nahe ans Grundstück kamen. Hast du dir gerade einen ausgewachsenen Rottweiler zugelegt, fällt natürlich das Wegtragen weg.

Ein wenig locken, wenn er bockt, da die Leine noch ungewohnt ist. Auch ruhig mal ein wenig „ruckeln", er ist immer noch nicht aus Zucker. Innerhalb einer Woche klappt das dann schon besser. Freiwillig und nur mit „gutem Zureden" gehen nur wenige Welpen sofort an lockerer Leine. Hier zeige ich dir mal eine Möglichkeit auf - ist wohl so am leichtesten, wie man das mit der Leine in den Griff bekommt. Oftmals hat der Welpenkurs in der Hundeschule noch nicht begonnen, oder es sind gerade Ferien, oder es gibt keine - wie du findest - geeignete Schule in der Nähe.

Je eher man mit dem Welpen dies beginnt, desto schneller lernt er, was du von ihm willst. Und auch ein Vier-Kilo-Hund soll an der Leine nicht ziehen. Der Furz hat dich nicht kreuz und quer durch die Gegend zu führen. Er ist damit überhaupt nicht glücklich. Erfahrene Hundeleute wissen das, wenn sie dich so laufen sehen.

Und es ist auch ganz arg peinlich, wenn man sich mit einem Neufundländer immer den nächsten Baum schon im Vorfeld aussuchen muss – oder immer die gleiche Allee entlangwandert – weil man sich schon kennt und schon jeden Baum mal umarmt hatte. Um sich selbst da rumzuwickeln und dort zu warten, bis der andere Mensch mit seinem gottverdammten Hund doch endlich vorbeigeht.

Also, lege los, wenn du deinen „Tag X" gefunden hast und der „Klick" im Kopf bis zum bitteren Ende von dir gelesen wurde. Auch ein erwachsener Hund lernt das noch! Da wirklich beharrlich auftreten, auf deine Körpersprache achten und mit festem Schritt und fester Stimme geht es los:

Halsband oder Geschirr überprüfen, dass es so fest sitzt, damit der Hund nicht rückwärts ausbüchsen kann. Die Doppelleine (kann man bei Bedarf verlängern) ist ungefähr auf einen Meter eingestellt. Am besten übt man erst im Haus, dann im Garten und dann außerhalb. Erst ohne Ablenkung, dann mit Ablenkung. Ablenkung kann dein Partner oder Kind sein, die einfach nur entgegengesetzt vorbeilaufen.

Beim ersten Mal an der Leine kann man eine Minute dahin gehen, wo der Hund hin will. Aber unbedingt so, dass die Leine nicht straff ist. Hier geht es nur darum, dass er merkt, dass am Halsband jetzt mehr „Gewicht" dran ist. Wenn man jetzt die nächsten Schritte nicht übt, wird der Hund höchstwahrscheinlich später an der Leine ziehen. Daher kann der zweite Schritt so aussehen: Hund an die Leine und aufs Leinen-Ende steigen. Du bleibst wie festgeklebt auf der Stelle stehen. Ist Hund in deiner Nähe und die Leine ist nicht straff, loben und/oder mit ihm spielen. Geht Hund von selbst bis zum Ende und die Leine wird straff, völlig ignorieren. Es kann passieren, dass er buckelt wie ein Esel, oder auch schreit „so ne Scheiße will ich nicht." Angedrohte Äußerungen Unbeteiligter, dass sie die Polizei holen, standhaft ignorieren und nicht antworten, sondern sich auf den Hund konzentrieren. Hat er sich einigermaßen beruhigt und die Leine ist noch straff, zu sich locken. Nicht an der Leine ziehen. Er soll selbst kommen. Leckerli und loben. Leinen-Ende aufheben und anfangen, in eine Richtung zu laufen. Geht Hund nicht mit, Leine ist straff, wieder her locken und loben. Das einige Male machen, immer erfolgreich aufhören.

Am nächsten Tag geht es weiter

Leine an den Hund. Meist hat er sich schon dran gewöhnt und man kann weiter üben. Wenn nicht, das von gestern kurz wiederholen. Dann wird so geübt, dass man immer in die gegensätzliche Richtung geht, in die der Hund möchte. Auch wenn er wieder eselt und nicht will. Ein Hund hat schnell raus, mit welcher Vorgehensweise er bei seinen Menschen durchkommt.

Also: Er will nach rechts, du steuerst links an. Wenn er kommt, Leine wieder locker, weiterlaufen. Er will nach links, du gehst geradeaus usw. Er soll begreifen, dass er immer bei seinem Menschen bleiben muss und darauf achten muss, welche Richtung sein Mensch einschlägt - dann kommt auch er weiter. Sonst nicht. Und er bleibt mit dir an dieser einen langweiligen Stelle. Wenn das klappt, er neben dir sitzt oder steht, gehts weiter. Erst zuhause üben. Wenn das klappt, geht es raus.

Wir üben außerhalb von Haus und Garten

Erst wieder ein Stück tragen oder fahren, bis er das Haus nicht mehr sieht. Wenn man fährt, dann aber auch wieder ein Stück vom Auto wegtragen, da sonst das Auto sein Zufluchtpunkt ist und er will dort hin wieder zurück. Umgebung überprüfen, ob es keine Ablenkung gibt. Er soll sich auf dich konzentrieren, du sollst sein Schutz, sein Ruhepol werden. Nicht das Haus und nicht das Auto.

Dann gehts los. Wie zuhause. Man kann auch bei dem Üben einfach auf dem Weg immer wieder umkehren, wenn Hundi zieht. Kommt er nach, die Leine ist locker, gehst du weiter. Nach ein paar Minuten üben, Leine los und ihn in

Ruhe schnüffeln lassen.

Jetzt kommt schon der Abschluss

Unter Ablenkung üben. Erst nur z.B. Straße mit Autos, dann auch Menschen (sagen, man übt, jetzt nicht streicheln lassen). Hier kannst du, wenn du z.B. über eine Ampel gehst und er bockelt, ihn einfach hochnehmen und auf der anderen Straßenseite weiter machen. Außer, wir haben wieder den erwachsenen Rotti an der Leine. Für später kann man auch zügig über eine Straße gehen, den Hund auf den Gehweg bugsieren, und sofort ein Leckerli zusammen mit der Ansage „auf den Weg" beibringen.

Du kannst super dies weiter üben und verfeinern, indem du mit Leine zügig nahe um Bäume oder Pfosten mit ihm läufst. Ist Hund auf der falschen Seite vom Baum, nicht einfach die Leine in die andere Hand nehmen. Der Hund wird, wenn er nach ein paar Sekunden nicht selbst auf die Idee kommt, zurück gelockt. Das auch beim nächsten Laternenpfahl oder einem anderen Hindernis, welches er nicht mit dir zusammen an der richtigen Seite nimmt. Immer kurz warten, ob er von selbst zurückgeht, oder ob du ihn ein wenig unterstützen musst. Er lernt: Ist er ganz nah bei dir, geht es weiter. Und, sollte er später nochmal falsch um ein Hindernis gehen, wird er bald in Blitzesschnelle rückwärtsgehen und ist zackig wieder an deiner Seite. Er lernt, beim Spaziergang mitzudenken – und du brauchst später nicht an jedem Schilderstiel halt zu machen und die Leinenhand zu wechseln.

Keine Leinenkontakte

Und das hier ist eine der besten Regeln überhaupt, um entspannt mit seinem Hund überall spazieren gehen zu können: Es wird niemals – auf keinen Fall im ersten Jahr bei dir – Kontakt mit anderen Hunden an der Leine zugelassen. Egal, was die anderen Hundebesitzer dazu sagen. Es ist dein Hund und du möchtest einen gut erzogenen Hund haben. So lernt der Hund nämlich, dass er niemals zu einem anderen Hund hinzieht. Denn das lohnt sich nicht. Weil er ja merkt, dass es nicht klappt. Die anderen Hundebesitzer, die etwas merkwürdig gucken, kannst du drauf hinweisen, dass man das nicht möchte an der Leine, weil…. Oder du stehst da einfach drüber. Gerne kann ohne Leine – wenn es das Gebiet zulässt – nach Absprache mit dem Gegenüber gespielt werden. Was aber nach dem Satz „bitte nicht schnüffeln lassen, meiner ist an der Leine, weil er Räude hat" wohl in diesem Gebiet nicht mehr möglich sein wird.

Wenn Spielen nicht geht, dann geht es eben nicht. So ist das Leben. Du kannst auch zweijährige Kinder nicht an einer Kreuzung in Berlin Fangen spielen lassen. Ist einfach so. Oder eben nur einmal. Es ist sehr angenehm später, wenn man mit seinem friedlichen Hund einfach an einem Leinen-Stänkerhund oder auch an mehreren – lautlos und ruhig vorbei gehen kann. Wirklich. Und sollte dir einen Leinenkontakt mal „passieren" – dann Schwamm drüber, aber beim nächsten Mal unbedingt wieder drauf achten.

Im ersten Lebensjahr (kurz vor der ersten Pubertätswelle) den Hund erst anleinen, bevor man ihn frei irgendwo laufen lässt. Erst soll er kurz anständig sein und etwas üben, dann darf er ein Stück freilaufen (das ruhig auch mal wieder ohne weitere Ansagen) und dann wieder an die Leine. An der Leine mal kurz was üben, dann wieder ein Stück frei und so weiter, immer weiter.

So lernt dein Hund gutes Benehmen und du wirst später stolz drauf sein. Dir kommen keifende Leinenpöbler entgegen - und dein Hund läuft mit dir einfach - in sicherem Abstand natürlich - ohne mit der Wimper zu zucken, dran vorbei. Ich hoffe sehr, dass deine Hundeschule das auch so beibringt. Wenn du Ausnahmen machst (Treffen eines guten Hundekumpels), vorher ein „Auflösewort" wie „OKAY" sagen. Dann weiß er, dass Leinenkontakt ausnahmsweise zugelassen ist. Das entscheidest aber wie gesagt du, nicht dein Hund. Wenn der kleine Wicht schon gierig in der Leine hängt, weil er ja gestern mit Poldi gespielt hatte, verständige dich mit dem Besitzer und erlaube es diesmal nicht. Du gehst weiter. Einfach immer weiter.

Mach es dir und deinem Hund für den Anfang so einfach wie möglich. Bitte erst über den jeweiligen Sachverhalt nachdenken, wie ist dieser am leichtesten und „mit einem Lächeln" zu lösen. Und scheue dich nicht, die Leine zu verwenden! Je weniger Gelegenheit er hat, sich gerade jetzt selbst etwas zu erlauben, desto weniger braucht er später eine Leine, da er ja gelernt hat, wie man sich benimmt.

Wann beginnt eine Jagd

Schon beim ersten, spielerischen Hinterherrennen von Tieren. Nicht erst reagieren, wenn es soweit ist - bereits das spielerische Fangenwollen von Vögeln gilt es zu unterbinden. Mensch denkt: „Ist doch egal. Der kann ja fliegen, den kriegt er nicht."

Nein, hier sofort abbrechen durch „Umlenken", mit ihm kurz spielen, Leckerli geben o.ä. Also jegliches hinterher- oder draufzurennen von oder auf andere Tiere, sollte umgehend unterbunden werden. Egal, ob es die verhasste Katze des Nachbarn ist oder eine Gruppe Gänsegeier. Auch auf fremde Hunde sollte er nicht zustürzen, als wären es Karnickel…denn damit geht es - wenn man Pech hat - weiter.

Irgendwann merkst du an einer klitzekleinen Geste deines Hundes, dass er gleich etwas tun wird. Dann schon seinen Gedanken unterbinden - dein Hund wird dich ab da fast gottesgleich sehen. Die Sucht nach der Jagd beginnt quasi ab dem ersten Hetzen. Vergleichbar mit dem Schuss, wie bei einem Junkie. Wenn dein Hund aber in deinem Dunstkreis bleibt, kannst du bei schneller Reaktion Erfolg haben. Einem Blatt im Herbstwind kann er natürlich hinterherfegen, schließlich soll er ja auch Spaß haben, er ist noch ein Welpe oder Junghund, oder ein fast glücklicher erwachsener Hund!!! Im

Spiel mit Artgenossen ist das Hinterherdüsen natürlich erlaubt. Wenn es einstimmig von allen Beteiligten gewollt ist. Eben den jeweiligen Umstand abwägen, das geht bald mit dem „Klick im Kopf". Dein Hund verknüpft „das Letzte, was er tut" mit deiner Ansage - ein Beispiel: Der Hund rennt leider, weil du nicht aufgepasst hast, einem fremden Hund hinterher. Du rufst ihn. Dabei kannst du sicherheitshalber noch in die Hocke gehen. Sollte Hund sich WIRKLICH umdrehen, scheinst du aus seiner Sicht weiter entfernt zu sein. Zusätzlich quietschen schreien, klatschen, hopsen, egal - Hauptsache, er kommt! Und nicht aufhören sich spannungsreich zu machen, bis der Hund bei einem ist. Und kommt er tatsächlich zurück... dann wird er für das Zurückkommen belohnt!!! Das war seine letzte Handlung, und die war richtig.

Kommt er aber (irgendwann bitte nicht mehr rufen oder sich zum Affen machen, wenn der Erfolg ausbleibt) erst nach mehreren Minuten zurück, oder du musstest ihm gar entgegen gehen, wird er nicht mehr belohnt, da sonst die Handlung „ich komme nicht sofort, krieg trotzdem was, juhuuu - wo ist das nächste Tier, dem ich hinterher kann!!!" bestärkt werden würde.

Er wird aber gleich kommentarlos angeleint, sonst fällt ihm der Hund wieder ein und er macht kehrt und ist länger ab durch die Mitte. Sollte dies mal passieren mit dem Ausbüchsen: Unbedingt an der Stelle stehen bleiben. Die meisten Hunde laufen ihre Spur wieder zurück. Kann nur dauern. Jedoch, wenn du in der Nähe deines Hauses Gassi warst, kann es auch sein, dass der Hund dorthin zurückläuft und bereits auf dich wartet. Wenn er bei Grün über die Ampel gegangen ist oder den Zebrastreifen benutzt hat.

Trotzdem solche Abenteuer unbedingt vermeiden. Nicht nur, dass der Hund in großer Gefahr ist, erschossen oder überfahren zu werden, im dichten Dornengestrüpp hängen zu bleiben, ist eine Hetze für das oder die gejagten Hasen oder die Rehe furchtbarer Stress. Es kann auch sein, dass dein Hund der x-te Hetzer an diesem Tag für das Wild ist. Oder das Wild rennt in ein Auto und dein Hund ist - mit dir zusammen - Schuld an einem Unfall.

Also, wenn der Teufelsbraten kommt, für den Rest des Spazierganges anleinen. Nicht wütend sein, sich aber auch nicht verstärkt mit ihm beschäftigen.

Beim nächsten Mal eben VOR dem Losrennen schon stoppen. Jaaa, ich weiß, das ist sehr schwer, und du musst immer die komplette Gegend förmlich „scannen". Scannen heißt hier: Nicht MIT dem Hund die Umgebung genau nach hinreißend verlockenden Gestalten absuchen und förmlich Beutegeschöpfe gemeinsam entdecken! Nein, ganz uuunauffällig nur mit deinen Augen Bewegungen, weiße Schwanzbüschel, aus dem Gras ragende Hasenohrenspitzen, VOR dem Hund ausmachen.

Je nach deiner Schnelligkeit, dem Wissen, welche Gegend ist wildreich, welche Veranlagung hat mein Hund, kann ein zeitiges Anleinen lebenswichtig sein. Und ist entspannter für alle Beteiligten. Dann findet eben mal kein Freilauf statt. Ist auch kein Beinbruch. Da hat man doch gleich wieder eine Frustübung.

Im Haus klappt es mit anderen Tieren meistens gut

Somit dürfte jetzt klar sein, dass man erst mit seinem Hund etwas tun muss, um später entspannt mit ihm spazieren gehen zu können. Und nochmal erinnere ich an das Beobachten deines Hundes: Irgendwann erkennst du an einem kleinen Zucken des rechten Ohres oder der anderen Stellung der Rute, dass etwas Interessantes in der Nähe ist.

Dann sofort ein „EHEH" sagen. Der Hund wird erstaunt zu dir gucken, wie du das jetzt schon wieder so schnell gemerkt hast. Kurz den Hund ablenken, ne Übung machen und dabei gleichzeitig (schaffe ich auch, obwohl ich sonst nix gleichzeitig kann) seinen Bauch sprechen lassen, ob es doch besser ist, den Hund wieder anzuleinen, bevor man einem Ohren zuklappenden, immer kleiner werdenden Hund hinterher schaut. Oder brüllt. Ihn ja nicht überlegen lassen - dann ist er zack wieder wech. Ist der Hetztrieb erst einmal geweckt, setzt dieser im Hund soviele Glückshormone frei, dass ein zurück echt schwierig wird.

Je mehr Hunde zusammen sind, desto schneller kann sich ein jagender Spurt ergeben. Je besser sich die Hunde kennen, desto zackiger ist die Geschwindigkeit, in der sie abstimmen, was sie jetzt gleich tun werden. Hunde, die zusammenleben oder seit langer Zeit miteinander spazieren gehen können da wirklich blitzschnell sein. Jagdansätze bitte so schnell wie möglich zusätzlich mit einer gut geführten Hundeschule zusammen angehen. Kann klappen – muss aber nicht.

Die Länge eines Spaziergangs

Viele frischgebackene Welpenbesitzer übertreiben da leider. Aber sie wissen es ja nicht besser. Du jetzt aber schon: Gerade am Anfang freut man sich am meisten auf die Spaziergänge mit Hund. Und vergisst, dass man einem Kleinkind, das gerade erst laufen gelernt hat, auch keine Bergbesteigung zumutet. Der „große" Spaziergang am Tag sollte maximal ne halbe Stunde sein. Das muss jetzt nicht ständig, ewig und täglich so durchgezogen werden. Das kommt auch auf den Typ Hund an – und dein vielleicht jetzt schon erwecktes Bauchgefühl wird das richtig machen.

Selbstverständlich ist Bewegung sehr wichtig zum Gedeihen – sowohl für den Geist, als auch für die Gesundheit und weiteres Wohlbefinden. Diese Gänge finden ja in manchen Haushalten, die keinen Garten haben, einige Male am Tag statt. Beim großen Gang „am Stück" ist toben, rennen, stehenbleiben, sitzen oder ruhen nicht enthalten. Wenn man mit einem Welpen dreimal am Tag eine Stunde am Stück wirklich läuft, ist das für sein Grundgerüst und seine Entspanntheit eher schädlich. Auch rennt der Welpe mal beim Spaziergang, man trifft einen anderen Hund, weitere Menschen, mit denen man sich unterhält, der Hund sieht seine ersten Autos – das ist dann insgesamt locker ne halbe Stunde oder mehr. Gerade die Welpen werden viel zu oft überfordert.

Man kann zwar einen Tag dem Welpen etwas mehr zumuten, aber am nächsten Tag ist Ruhe angesagt. Eher zu Hause spielen, das fördert auf beiden Seiten die Vertrautheit und hat eine andere Wichtigkeit. Wenn man nur eine Wohnung hat, dann kann man ruhig das eine oder andere mal echt nur zum Pieseln und Kackern nach draußen, dann geht es wieder in die Bude und es wird geübt oder gespielt, oder mal nicht um ihn gekümmert oder geschlafen. Im Falle eines Welpen oder Junghundes ist weniger Strecke machen also mehr.

Lieber jeden zweiten Tag einen Gang zum Umwelt-Kennenlernen nutzen: Kurz ein Café besuchen (für den Hund anfangs ein Kauröllchen mitnehmen), Pferde und Kühe gucken gehen, mal zum Bahnhof fahren für zehn Minuten – ihm einfach „das Leben" zeigen. Das ersetzt den Spaziergang bei einem Welpen, diesen nicht noch zusätzlich anbieten. Denn gerade Kopfarbeit lastet aus!

Natürlich wird das gesteigert, und klaro können die Junghunde ab dem fünften Lebensmonat – je nach Rasse und Bewegungsdrang – schon mal ne Stunde am Stück Auslauf haben. Nach der Hundeschule direkt noch spazieren zu gehen, wäre sogar kontraproduktiv – mehr dazu gleich im Tagebuch. Es geht drum, den Hund nicht dauerzubeschäftigen und

Marathonstrecken einfach nur stur herunterzuspulen, davon wird kein junger Hund entspannt und hat Spaß. Genauso wenig geht es, jahrelang nichts zu unternehmen und zu glauben, mit ner Gassirunde ist alles getan.

Wir gehören zusammen

Eine gute Kinderstube kann für soziale Interaktion sehr nützlich sein

Scheckenparade

Die ersten Spaziergänge im Freilauf

Wo keine Gefahren drohen, wie nahegelegene Straßen und Autos, Schienen, reger Wildwechsel, große Höhenunterschiede, den Hund gerne auch mal ohne Leine laufen lassen. Bei nem neugierigen, coolen Welpen von Anfang an, bei nem erwachsenem Hund, den man noch nicht lange hat, gut abwägen. Wenn er sich mal zu weit entfernt, her locken, Leckerli geben oder mit einem Spiel „an sich binden".

Der Welpe bleibt am Anfang von selbst in Menschennähe. Nach ein paar Minuten mit ihm etwas üben, dann wieder einfach nur laufen und den Kleinen sein Ding machen lassen. Im ersten Lebensjahr oder Halterjahr deines Hundes darfst du dich nicht von deinem Handy, anderen Menschen oder Weiterem so ablenken lassen, dass du nicht mitbekommst, was dein junger Hund ohne Leine so treibt. Ist er gerade im Begriff auf die Bundesstraße zuzusteuern, auf die du nicht geachtet hast, wird er von einem Bären angegriffen oder versinkt er gerade in einer Schlammpfütze - alles Mögliche kann passieren. Ein dreijähriges Kind lässt du auch nicht alleine in einem Einkaufszentrum oder auf einen Berg steigen.

Ablenkung in Form von anderen Hunden oder Menschen beim Freilauf also auch noch vermeiden und weit VORHER anleinen! Dann bringt er das Anleinen damit nicht in Verbindung und er soll nicht einfach auf fremde Hunde losrasen oder voller Begeisterung auf ein Kleinkind zu rennen. Sondern dies nur tun dürfen, wenn er die Erlaubnis von dir - mit Absprache aller Beteiligten - erhalten hat. Sobald ihr jemanden erblickt, anleinen, auch wenn die Gestalt noch weit weg ist - sonst ist dein Hund bald schneller dorthin unterwegs, als du ihm deine Meinung sagen kannst!

Nicht jedes Mal anleinen, wenn du ihn rufst und er begeistert zu dir kommt, sondern ein paar Mal wieder freigeben. Sonst lernt der Kleine nur: „Aha, wenn ich gerufen werde und ich komme brav, werde ich immer angeleint. Ist ja ätzend, da geh ich nicht mehr hin." Wird der Welpe sicherer und läuft zu weit voraus, schnell verstecken, wenn die Möglichkeit da ist, oder Spazierflächen suchen mit möglichst vielen Kreuzungswegen. Läuft Hund zu weit voraus, schlägst du ohne Worte oder andere Zeichen einen anderen Weg ein. Wenn Hund da, kannst du wieder umdrehen. Der Hund muss gucken, wo sein Besitzer hinläuft, nicht umgekehrt!!! Damit ist er immer wieder beschäftigt, sich nach dir umzusehen und dich möglichst nicht aus den Augen zu verlieren. Ein Hund mag es nicht, den augenscheinlich falschen Weg einzuschlagen. Und wird nach einer Weile dieser Übungen von selbst näher an dir dran bleiben oder an Kreuzungen warten.

Also bitte ihn nicht rufen und darauf aufmerksam machen, dass man eine andere Richtung einschlägt - ER muss das Aufpassen lernen und auf uns achten. Viele neue Spazierwege suchen, da sind für den Hund so viel neue Eindrücke, dass er gar nicht auf „blöde Gedanken" kommt. Wenn du diese

Übung verpasst und du dich nach deinem Hund richtest - boah, ist das für ihn fade. Laaangweilig. Dann aber entdeckt er was lustig Hoppelndes in der Ferne...er wird nachschauen, ob es da Arbeit für ihn gibt.

Nie den Welpen „einfangen" - immer zu sich locken. Ganz schnell hat der Kleine nämlich gelernt, dass er nur rennen braucht. Und das nicht zu dir, nein, er nimmt die entgegengesetzte Richtung. Ehe du dich versiehst, wird er immer schneller und du erwischst ihn nicht mehr. Das kann seeehr peinlich werden. Und hat zur Folge, dass er bald von dir nicht mehr abgeleint werden kann. Klaro ist ja wohl, dass, wenn Gefahr droht, er bitte unbedingt „eingefangen" wird!!!

Zeigt er dir aber nur noch seinen Hintern, auch ruhig mal in die entgegengesetzte Richtung laufen. Da du ja drauf geachtet hast, dass keine Ablenkung oder Gefahr droht, kann man dies durchaus wagen. Du wirst kleiner, der Hund vermisst dann doch dich als Beschützer und kommt angefetzt.

Einmal was üben auf einem Spaziergang, beim nächsten Mal versuchen, mit so wenig Anweisungen wie möglich auszukommen. Mal an einem Waldrand Versteck mit ihm spielen oder auf Baumstämmen zusammen kraxeln. Eben Abwechslung bieten. Wenn der Hund älter ist, braucht man sich nicht mehr so viele Gedanken machen. Dein Hund hat verinnerlicht, dass es mit seiner Familie einfach schön ist, spazieren zu gehen.

Sie folgen dem Vorbild und bleiben auf dem Weg

Auch beim Stadthund, der oft auf gleicher Hundewiese Gassi geht und viele Hundebegegnungen hat, bitte für die Übungsminuten ruhige Gebiete oder Tageszeiten nutzen. Bereits nach kürzester Zeit dürfte für einen Stadthund

Autolärm keine Ablenkung mehr sein, das gehört ja zu seiner normalen Umgebung. Hier geht es auch, wenn man eine kaum befahrene Straße mit wenig Menschenverkehr nutzt. Ein Schild mit „Es tut mir leid, wir üben gerade, kommen Sie doch nächste Woche wieder hier vorbei, dann ist Streichelzeit" wäre durchaus sinnvoll. Natürlich hier nur an der Leine üben!!!

Hund trifft Hund, der anders ist

Sicherlich gibt es auch Hunde, die warum auch immer, kein gutes Sozialverhalten aufweisen. So beobachte fremde Hunde, schau auf die Körpersprache, die Ohrstellung und den Gesichtsausdruck des anderen Hundes. Auch bei Hängeohren sieht man am Ansatz Bewegung. Bist du dir unsicher, gegebenenfalls auch mal keinen Umgang zulassen. Zur Sicherheit deines Hundes, wenn ihr beide da noch unerfahren seid. Daran aber unbedingt arbeiten, denn Freunde zu haben ist auch für die meisten Hunde ein Lebensziel.

Dein Hund kann sich bei den unterschiedlichen Rassen auch mal völlig anders benehmen. Da gibt es welche, die haben immer einen angezüchteten Streifen auf dem Rücken. Das sieht dann aus, als würde ein Hund seinen Kamm stellen und dies soll dem Gegenüber eigentlich ein „Achtung, bin noch unentspannt" sagen.

Auch ist es möglich, dass er so manch einen Hund nicht richtig deuten kann. Sei es, dieser hat einen sehr kurzen Schwanz, oder er hat so viele Falten, dass sein Mienenspiel kaum oder gar nicht stattfinden kann, durch einen strubbeligen Pony keine Augen sichtbar sind, oder die Ohren so voll Fell sind, dass dein Hund die Stellung doch nicht richtig erkennt. Denn an all diesen Dingen erkennt dein Hund, was das Gegenüber gerade für eine Laune hat.

So kann dein Hund erst einmal erstaunt sein, dass das Tier ihm gegenüber auch angeblich ein Hund sein soll. Ich hatte das kürzlich mit einer Junghündin, die noch nie vorher eine Französische Bulldogge gesehen hat. Meine Maus hatte so einen erstaunten Ausdruck im Blick, ich musste sehr lachen.

Sie war im Freilauf und stand da, guckte das Tier an und blickte mich immer wieder fragend an. Ich gab ihr zu verstehen, dass sie ruhig näher hinschauen darf. Der andere Hund war gutmütig und fröhlich, so haben sie sich nach einem noch etwas vorsichtig gezogenen Halbkreis beschnuppert. Der Bulli lief noch ne Weile hinter uns her, denn mein Hund ging mit mir weiter, als ich weiter ging. Ich glaube, mein Hund ist sich immer noch nicht sicher, was er da getroffen hatte. Ähnlich verhielten sich all unsere Tiere, als der kleine Schweinehund Higgins zu uns kam. Herrlich, diese verblüfften Gesichter. Egal, ob von den Hunden oder den Grasfressern.

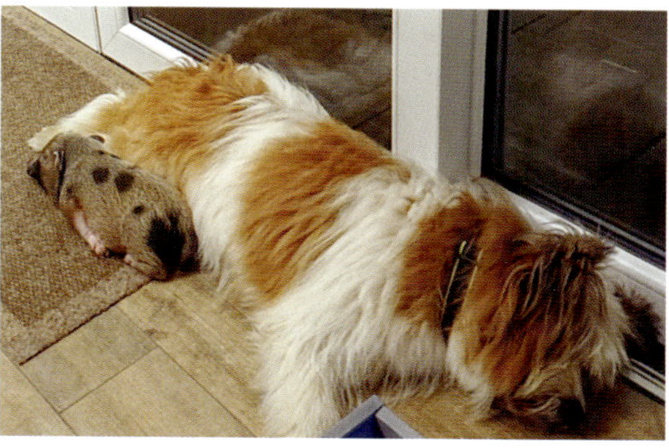

Wer sein Tier gut kennt, kann so etwas wagen

Informiere dich, an was man erkennt, in welcher Gefühlslage ein Hund gerade ist. Da spielen Körperhaltung, die Ohren, die Stellung der Rute oder auch die Schnauze eine große Rolle. Es gibt ganz gute Zeichnungen dafür im Netz.

Ruhetage, an denen der Hund mal „zu kurz kommt" von Anfang an einführen. So ist eben das Leben. Es ist wichtig, nicht immer wichtig zu sein. Frust ertragen zu können, muss man lernen. Und dann ist ein Ruhetag auch kein Frust mehr, sondern für dich und den Hund pure Entspannung.

Vorbilder suchen erspart viel Arbeit

Zunächst würde ich auch das hier ganz frech nutzen - denn, es erspart dir sehr viel Arbeit: Wenn man gemeinsam mit anderen Hunden und ihrem Gefolge spazieren gehen möchte, dann schließe dich dort an, wo gut erzogene Hunde spazieren gehen. Wenn geht sogar länger, das erste Hundejahr wäre sinnvoll. Welpen schauen sich von erwachsenen Hunden vieles ab - sowohl Vorteilhaftes für unsere Erziehung, aber eben auch leider sehr unliebsame, nachteilige Dinge.

Hat der Welpe erst einmal gelernt, wie lustig ein Spurt querfeldein ist, wie leicht man „Nicht-Hören" kann, und wie lange dann ohne Einschreiten mit Kumpels gespielt werden kann, steht man schon vor dem Problem(chen). Sollte es dir doch mal passieren, dass die Fellnase abdüst - nicht verzagen, beim nächsten Mal aber wirklich eher handeln!

Auch oder gerade unter erwachsenen, gut sozialisierten Hunden kann es sein, dass der Kleine mal „gerüffelt" wird. Wahrscheinlich schreit er dann wie am Spieß. Im Grunde sagt ihm der erwachsene Hund nur, was er für Grenzen absteckt.

Und der Kleine jammert nur lautstark: „Ich habs verstanden und tu es nie wieder. Vielleicht." Hier also nicht erschrecken, das ist Hundesprache.

Bei unserem Minischweinchen Higgins ist das noch viel, viel drastischer. Er drückt seinen „Unwillen“ so aus, als würde man ihn wirklich umbringen wollen. Markerschütterndes, laaanganhaltendes, fuuurchtbar lautes Quieken, das garantiert kilometerweit zu hören ist. Da darf ich schon beim Ferkelchen keinerlei Rücksicht drauf nehmen - denn wenn er erst älter und schwerer ist, bekommt man das nicht mehr unter Kontrolle. Eigentlich müsste ich dieses Schreien vom Schwein mal aufnehmen - dann kann ich es dir schicken, wenn du glaubst, dein Hund schreit schlimm. Und ich gehe jetzt mal davon aus, dass Higgi-Baby erwachsen keinen Grund mehr sieht, so zu brüllen. Denn er lernt, motzen bringt nix. Wir machen täglich Fortschritte.

Alleine lassen - einfach gemacht

Sobald der Kleine sicher durchs Haus tobt, gehts los, denn dies sollte jeder Hund lernen. Das kann bei manchen Welpen schon nach ein oder zwei Tagen sein. Zuerst grenzt man den Welpen schon mal aus einem Zimmer aus. Also bitte, ohne den Welpen auf die Toilette gehen! Oder den Müll rausbringen. Einfach, ohne den Kleinen zu beachten. Gut wäre aber, darauf zu achten, dass man ihm nicht die Pfoten einklemmt.

Eigentlich wollen wir ja die selbstlose Anhänglichkeit des kleinen Kerls oder der Kerlin. Dazu gehört aber auch, ein Alleinebleiben in Ruhe aushalten zu können. Für eine gewisse Zeit. Dem Alter und dem gewöhnlichen Alltag entsprechend. Wenn du bemerkst, dass der Hund unruhig wird, wenn du nur kurz nach draußen gehst: Statt einen großen Spaziergang zu machen, gehst nur du immer wieder zur Haustür raus und schließt die Tür. Läufst ein paar Schritte, wieder zurück. Das machst du so lange, bis dein Hund entnervt innen liegen bleibt und noch nicht mal mehr den Kopf hebt, wenn du rein und raus gehst.

Der nächste Schritt: Erst Gassi gehen, ihn dabei ein wenig „müde“ spielen. Ein kleinerer Raum mit seiner Schlafdecke, Spielzeug und einer Handvoll Leckerlis im Raum verteilt zum Suchen, dies erleichtert ihm das Alleinsein. Diesen Raum kennt er aber schon gut, er war da bereits mehrmals mit dir. Die ganze Familie verlässt für zwanzig Minuten das Haus. Ungefähr jeden zweiten Tag wiederholen, immer ein bisschen länger wegbleiben. Wenn die Kids eh in der Schule sind, gleich dafür diese Zeit nutzen. Ein Hund weiß irgendwann, dass noch jemand im Haus ist - das ist dann kein Weiterkommen in dem Bereich.

Ohne redeschwallartige und streichelnde Verabschiedung gehen, aber sagen, dass man geht: „Bis gleich“ oder „Tschüss“. Auf keinen Fall rausschleichen, wenn er schläft!!! Das kann das eben erst gelernte Vertrauen wieder zerstören. Hund schläft, wacht gut gelaunt auf - und sein Mensch ist nicht mehr da. Niemand ist mehr da! „Wurde ich denn vergessen? Werde ich nun sterben?“ Das kann der Auslöser gewesen sein für Hunde, die nicht alleine bleiben können. Und stundenlang heulen oder zerstören. Wobei das durch gezieltes Training in einer Box - oder bei manchen Hunden ist ein Zimmertraining besser – vermieden werden kann.

Und dann immer wieder mal nach einigen Tagen probieren, ob der Hund es verkraftet, das ganze Haus oder die Wohnung für sich zu haben. Erneute Verwüstung oder Ärger mit dem Nachbarn inbegriffen.

Beim Heimkommen den Wurm erstmal wenig beachten. Ein „da bin ich wieder" sagen und Schuhe ausziehen, Klamotten aufhängen, Einkäufe in die Küche stellen. Sobald der Hund Ruhe gibt und sich abwendet (die unabänderlichen zwei Sekunden warten), ihn rufen und sich über ihn freuen. So lernt der Hund, dass das Alleinbleiben nichts Besonderes ist. Später kann man ihn problemlos bis zu fünf Stunden tagsüber allein lassen, wenn man ihn davor und (nicht immer gleich unmittelbar) danach ausreichend beschäftigt und dann den Resttag einfach nur zusammen verbringt. Dein Hund ist wieder nur anwesend und es ist für ihn Selbstbeschäftigung oder Dösen angesagt.

Auch das sichere „Aufbewahren" des Hundes in einer Transportbox ist eine weitere Möglichkeit, den kleinen Scherzkeks mal zur Ruhe zu bekommen. Oftmals kennen die Welpen so eine Box schon von ihrer Geburtsstätte, oder du machst ihm dann das Ding einfach schön. Die Box ist keine Strafe! , sondern soll Entspannung pur für ihn sein. Auch im Auto ist es das sicherste Transportmittel und jeder Hund lernt, diese Box zu mögen.

Trotzdem die Box nicht ständig und/auch tagsüber „missbrauchen" Ich denke da besonders wieder an das Tierschutzgesetz und Wasser muss umkippsicher in der Box zur Verfügung stehen. Im Tagebuch kommt noch mehr zu diesem Thema.

Probt er doch irgendwann wieder den Aufstand, nicht erschüttern lassen. Nachbarn fragen, ob sie mithelfen möchten: „Könnten Sie bitte mal hören, wie lange Anton bellt, wenn ich weg bin?"

Da nun miteinbezogen in die Erziehung, stört das Jaulen die Nachbarn komischerweise nicht mehr so stark. Und es bringt auch dir wirklich etwas, wenn du erfährst, dass er nur bellt, weil er deine Schritte hört und erkennt, vorher aber ruhig war.

Und dann kannst du dich beim Heimkommen mehrere Stunden vor die Tür stellen und warten, bis der Hund auch da ruhig ist, um endlich eintreten zu können, höhö.

Bei der Minischweine-Erziehung braucht man sehr tolerante Nachbarn, wenn man nicht aufgrund der lauthalsen Mißbilligungsäußerung in so manchen Situationen – wegen nichts – eingreifen muss.

Vertrauen aufbauen

Dies ist wieder besonders wichtig im eigenen Zuhause für einen frisch angekommenen Hund. Das macht sicher, entspannt und er spürt Verlässlichkeit. Eltern und ihre Kinder können das fördern und verstärken, aber auch unbewusst völlig in die falsche Richtung lenken. Bitte keinen schlafenden Welpen aufwecken! Das ist für Besucher und Kinder verboten. Wenn der Welpe sich zurückziehen will, sollte das anerkannt werden. Das heißt nicht, dass Kinder nicht toben und laut sein dürfen, wenn der Hund schläft, im Gegenteil! Ein ganzer Kindergeburtstag kann da rund um seine Schlafstelle fegen und er schläft wie ein Murmeltier - nur eben keine Dinge auf ihn werfen, anrempeln oder ihn rufen. Er bekommt dadurch großes Vertrauen und wird wirklich tief und fest pennen. Am besten mitten im Raum. Und auch das steuert zu einem ausgeglichenen Hund bei.

Klaro dürfen die Eltern den Welpen behutsam aufwecken, wenn sie denn jetzt irgendetwas vorhaben und es wichtig ist, dass der Hund aufwacht. Dann ist gewährleistet, dass solche Unterbrechungen nicht zu häufig stattfinden, sondern einen gesunden Rahmen haben. Ein so in sich ruhender Hund wird später problemlos Störungen dulden.

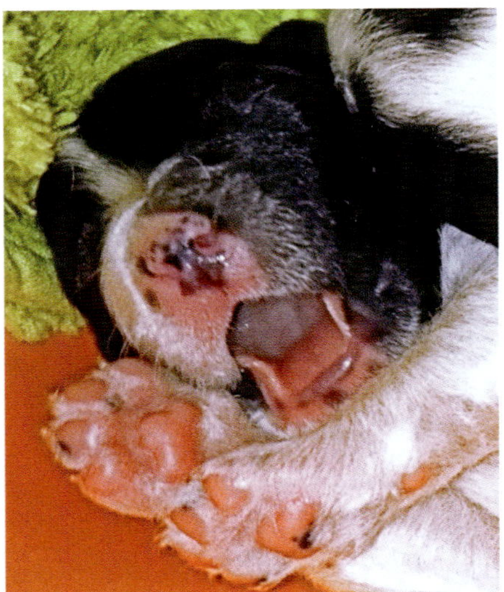

Hundewohlfühlgesichter

Eltern, sagt es euren Kindern

Niemals Kinder unter zehn Jahren (je nach Reifegrad auch länger) mit einem Hund allein lassen. Manchmal probieren Kinder seltsame Dinge aus, wenn kein Erwachsener anwesend ist. Ja, auch das eigene Kind! Und dann wunderst du dich später, warum der Welpe nun nach dem Kind schon richtig ärgerlich schnappt. Als Erwachsener zu sagen: „Der Hund wird dir das schon sagen, wenn er keine Lust mehr hat“ ist eine unzumutbare, gefährliche Aussage von faulen, gewissenlosen Eltern. So lernt ein Kind nichts fürs Leben. Außer, dass ein Hund beißen kann und es hat womöglich ein Leben lang eine riesige Narbe im Gesicht. Und Angst vor Hunden. Das liegt in der Verantwortung der Eltern - hier niemals wegschauen, sondern immer eingreifen.

Hihi, etwas in eigener Sache: Die jetzige Überarbeitung vom „Klick im Kopf" hat auch Annika gelesen und mit Kommentaren versehen, wo ich noch etwas ändern und verbessern könnte. Bei dem Satz „Ja, auch das eigene Kind" schrieb sie dazu: *„Echt? Hab ich das?"* Hat sie natürlich nicht. Denn, ich habe sie, wie hier geschrieben, nie mit einem unserer Hunde alleine gelassen. Allerdings war sie mit neun Jahren schon so tiererfahren, dass es da keiner dauernden Beaufsichtigung mehr bedurfte. *„Oder, Annika??"*

Sollte anders herum der Junghund mit Kindern zu heftig spielen oder etwas Verbotenes tun - den Kindern erklären, dass sie sofort einen Erwachsenen rufen. Der entscheidet dann über die Lage und hilft dem Kind aus der Patsche. Ein Kind ist für einen Welpen oder Junghund „gleichwertig". Kommt ein erwachsener Hund ins Haus, kann es ganz toll werden, aber auch sehr gefährlich. Letzteres nämlich dann, wenn der Hund der Auffassung ist, die Eltern haben bei ihren Kindern den Erziehungsauftrag nicht verstanden. Der Hund findet, die Eltern sind nicht fähig, Regeln aufzuzeigen und Grenzen zu setzen. Also muss, in seinen Augen, der Hund das tun. Das könnte echt „Zoff" nach sich ziehen.

Ein sozialisierter Hund wird versuchen, einer Lage, die er nicht möchte, auszuweichen und geht weg. Dies sollte man einem Hund zugestehen und notfalls den Kindern, oder auch den Besitzern eines anderen Hundes klar machen, dass jetzt genug ist. Es ist deine Verpflichtung, dies zu erkennen und es auch auszusprechen. Hat der Hund keine Möglichkeit, aus dem Weg zu gehen oder wird ständig belagert, knurrt er. Wird das nicht verstanden, schnappt er zum Schein in Richtung des „Grundes" in die Luft. Hat das Gegenüber dann immer noch nicht begriffen, zwickt er eventuell kurz zu. Daher ist es auch wichtig, wie hoch die Gutmütigkeit in seinen Genen verstrickt ist - und inwieweit seine Umwelterfahrung zusätzlich etwas dazu beigetragen hat. Das beinhaltet aber auch, dass man einem Hund nicht zwangsläufig das Knurren verbieten soll. Denn, dann lässt er beim nächsten Mal einfach diesen Schritt der Warnung aus.

Das Recht des KINDES steht selbstverständlich VOR dem Recht des Hundes!

Sollte ein Hund mit Kindern zum Beispiel zu heftig mit dem Zerrseil rangeln - und nicht aufpassen, ob er nun das Seil oder die kleinen Fingerchen erwischt - dann wird das Seil weggeräumt. Punkt. Und nur geholt, wenn ein

Erwachsener dabei ist. Sollte der Hund die Kinder ärgern, oder ein Spielkamerad hat Angst: Der Hund geht aus dem Raum, nicht das Kind. Das gibt es tatsächlich häufig umgekehrt.

Kinder umarmen Hunde gerne - das ziemlich fest, und drücken die Halsgegend. Hier aufpassen, wie sich der Hund verhält - die meisten Hunde empfinden das als sehr unangenehm und versuchen, dem zu entweichen. Das Kind sollte sich lieber neben ihn hinsetzen und streicheln.

Beide Lebewesen sollten lernen, sich zu achten. Und wer sind da die Lehrer? Genau, wir Erwachsenen.

Besser geht es nicht

Ja und hier werde ich so richtig sauer: Es ist unfassbar einfältig von erwachsenen Menschen, also schlicht und ergreifend voll doof, bescheuert und was weiß ich nicht noch alles, wenn diese nicht darauf achten, ob die Kids auf dem Hund herumsteigen, ihn ärgern, ihn als Rutschbahn benutzen oder ähnliches.

Das hat kein einziger Hund verdient, auch wenn er sich noch so viel gefallen lässt. Genau da ist dann irgendwann mal ein Fünkchen zuviel - und es kann in einem Gemetzel enden. Ein Hund hat seine Zähne als letzte Möglichkeit um zu zeigen, dass es nun absolut reicht.

Oder der Hund macht „seinem eigenen Menschenkind" nichts - aber ein anderes Kind, welches eigentlich freundlich sein wollte, kriegt dann die Erregung des Hundes ab. Hier ist wieder der „Klick" im Kopf wichtig. Diese Grenzen tun auch einem Kind gut! Es muss nicht einen Hund als Trampolin ansehen, sondern die Erwachsenen nehmen dies zum Anlass, einen erzieherisch wertvollen Beitrag zu leisten!

Wenn es dem Hund Spaß macht, darf er zu Fasching auch mal verkleidet werden für ein Foto. Oder bei langem Fell mal Zöpfe geflochten werden. Beide Seiten sollten es eben als „schön" empfinden. Sowas ist völlig okay.

Aber, Gott sei Dank ist das hier die große, verstehende Überzahl: Überall da, wo diese Dinge eingehalten werden, wird es ein wunderbares Miteinander von Kind und Hund sein.

Schöne Momente

Das Pubertier

Dies ist eine besondere Phase. Sehr besondere Phase. Mehrere Pubertätswellen werden dich bei einem jungen Hund überrollen - mit Ruhe und der "Klick"-Konsequenz diese meistern, ein paar Wochen später ist die Welt wieder in Ordnung - für kurze Zeit, jedenfalls.

Auch hier sind wir uns wieder alle ähnlich. Rüde und Hündin, Sohn und Tochter, Stute und Fohlen. Wer noch kann, erinnert sich an seine eigene Jugend. Alles ist anders und wird in Frage gestellt. Die Hormone kommen und müssen sich ordnen. Es ist demjenigen nicht möglich, vorheriges Erlerntes umzusetzen. Sein eigener Weg wird ausgekundschaftet. Mal schwächer, aber auch mal stärker und nervenkostend für seine Umwelt oder Erzieher. Wir „Erwachsenen" müssen diese Phasen unbedingt souverän begleiten und immer wieder unermüdlich unseren Beistand anbieten. Auf keinen Fall dürfen wir uns auf die gleiche Ebene begeben - oder sogar uns persönlich angegriffen fühlen oder einfach aufgeben. Egal, ob es sich um unsere Kinder - oder den Hund handelt.

In dieser Reifezeit - oder den Flegelwochen oder Halbstarkenfieber, wie man es nennen möchte, kann der Hund gewissermaßen nicht anders. Die Hormone spielen verrückt - dieser Entwicklungsabschnitt ist sehr wichtig, damit dein Hund erwachsen werden kann.

Er braucht jetzt zwischendurch unbändiges Spielen und Toben, auf der anderen Seite öfter die Leine, da er glaubt, die Weisheit mit dem Löffel gefressen zu haben. Und Dinge tut, die du niemals vermutet hättest. Damit darf er nicht zu oft durchkommen. Er lernt gerade Mist zu machen für seine und deine Zukunft. Somit in der Zeit nichts Neues ihm einbläuen wollen, sondern Bekanntes festigen. Wenn diese Welle des Doofelns vorbei ist, dann kann es weiter gehen mit neuen Übungen. Bis zur nächsten Welle.

Wenn das Pubertier oder der erwachsene Hund mal wieder testet, ob du immer noch selbstsicher klare Ansagen machst, oder er jetzt schon mit dir über den Sinn oder Unsinn der entsprechenden Anordnung verhandeln möchte, dann entweder ruhig hingehen und ihn holen, oder von weitem ein „SITZ“ anordnen und dann abholen. Beim nächsten Mal, wenn man die gleiche Runde wieder geht, bereits einiges vor dieser eigentlich nicht verhandelbaren Stelle an die Schleppleine und genau da den Rückruf üben. Die Schleppleinen gibt es in verschiedenen Längen und Breiten im Handel. Eine auffällige Leinenfarbe ist für vorbeifahrende Radler oder andere Wandersleute besser sichtbar und beugt Knochenbrüchen vor. Und ein Band aus Biothane® ist wesentlich Hand schonender, als ein Strick. Jedenfalls ab einer gewissen Kilozahl. Also beim Hund.

Wieviel Vorsicht ist nötig

Gefahrenquellen gibt es natürlich viele - ein Leben lang, genau wie bei uns. Ein paar Beispiele seien hier aufgeführt:

Auch der Welpe dürfte unter bestimmten Voraussetzungen schon mal Treppen steigen - schließlich soll er es ja lernen. Aber eben nicht übertreiben, zweimal am Tag ein paar Stufen am Anfang. Auf keinen Fall zwanzigmal hintereinander „Trepp-rauf-Trepp-runter“ rasen lassen. Und immer dabei bleiben und zur Not Hilfestellung geben. Wenn ein klein bleibender Welpe die Treppe runter bollert oder ein großwerdender Welpe seine Beine verknotet und stürzt, kann das im Krankenhaus enden. Also in der Tierklinik. Hier bewährt sich in der ersten Zeit ein Kinderschutzgitter mit Türchen.

Im Haus bei glatten Böden bitte aufpassen. Er sollte nicht ständig rutschen oder rennen, das kann HD begünstigen (Hüftkrankheit.) Dann lieber einen Spielteppich ausbreiten oder nur draußen körperliche Spiele spielen. Im Haus gibt es genug andere Möglichkeiten, in Form von Denkfähigkeitsspielen oder einfachem Auspacken von Leckerlis aus mehreren Lagen Zeitung und Papprollen.

Auch starkes in die Höhe oder in die Tiefe springen im ersten Jahr möglichst vermeiden, nach Tierarztcheck und wenn die Bänder und Sehen gefestigt sind, ist es danach bei vielen Hunden durchaus erlaubt.

Lass bitte deinen Hund von Anfang an nie einfach aus dem Auto springen. Das kann an befahrenen Straßen lebensgefährlich für den Hund werden! Heißt, auch im eigenen Hof darf er NICHT ohne Blickkontakt und ohne Ansage einfach aus dem Auto springen.

Dein Hund sollte auf jeden Fall gesichert sein, wenn man die Autotür oder den Kofferraum öffnet. Sei es mit einem Autogeschirr angegurtet auf dem Rücksitz, (ist für einen Welpen oder Junghund noch nicht so ideal, er könnte aus Langeweile den Gurt durchbeißen), oder in einer Transportbox. Dann sollte der Hund mit dir Blickkontakt auf Ansprache aufnehmen. Du öffnest die Autobox oder den Gurt und hinderst den Hund aber am sofortigen Springen, indem du ihn vor der Brust festhältst. Anleinen, ihn ansprechen, auf Blickkontakt und deine Ansage darf er raus. Je nach Alter und Größe und auch Höhe des Autos lieber etwas länger hinein- und hinausheben.

Ein paar Wochen später kann der Junghund bereits „SITZ“, blickt dich erwartungsfroh von selbst an und wartet auf dein Anleinen oder dein „OKAY“ für das Aussteigen. Erst kurz um dich gucken, durch eine Ablenkung kann es sein, dass er doch springt.

Wenn er es doch mal tut? Rausspringen? Nun, in diesem Punkt wäre ich hart, da es eben lebensgefährlich für den Hund werden kann. Packen, ruhig, aber „unsanft“ wieder ins Auto befördern (ja, richtig gelesen!). Ein paar Sekunden warten, (er muss auch aufgehört haben „nachzumaulen “). „SITZ“ einfordern, auf den Blickkontakt warten und ihn auf Ansage aus dem Auto lassen. Es ist wichtig, dem Hund zu zeigen, dass man es wirklich ernst meint. Das ist die richtige Konsequenz. Der Hund lernt dadurch auch für andere Sachlagen, dass deine Ansage echt wirklich immer genau so gemeint ist. Und wird später nicht mehr (ständig) hinterfragen, sondern es einfach ausführen. Er wird hoffentlich nie wieder rausspringen.

Wenn ein Hund im Auto warten soll: Selbst die Wintersonne kann den Innenraum sehr schnell aufheizen. Im Sommer auch unbedingt in der Tiefgarage immer die Fenster einen Spalt auflassen. Schau auch nicht weg, wenn du einen stark hechelnden, überhitzten Hund in einem Wagen siehst. Bereits nach kurzer Zeit kann dies zum Kollaps und Tod des Tieres führen. Das passiert leider sehr, sehr häufig, weil es unterschätzt wird. Oder der Termin länger gedauert hat, als gedacht und die Sonne hinter den Wolken vorkam oder der Schatten gewandert ist.

Wenn es zeitlich noch möglich ist, erst die Polizei rufen. Ansonsten würde ich, mit weiteren Passanten als Zeugen, beherzt eingreifen. Wahrscheinlich würde ich aber die Scheibe gar nicht kaputt kriegen?

Nicht giftig, nur tödlich
Wenn man mal im Internet nachschaut, dürfte es keine lebenden Hunde mehr geben. Jedoch, genau wie beim Kind, sollte man sich schlau machen, was alles giftig sein kann. Und dies dann entsprechend wegsperren oder aus dem Garten verbannen, wenn man kleine Kinder ohne Aufsicht spielen lassen möchte. Oder drauf achten, was das Kind macht – da kannst du auch darauf bauen, ihm zu erklären, dass man weder Schneeglöckchen, noch Tollkirsche oder Fliegenpilze essen darf. Die Erklär-Variante hatten wir bei unserem Kind gewählt.

Jedoch hatte Annika echt Schwein: Wir wussten damals nicht, dass rohe Bohnen giftig sind. Und hatten schön, weil schnellwachsend, billig und blühend – die ganze Terrasse damit zuranken lassen. Wahrscheinlich hatte Annika gespürt, dass man die auf keinen Fall essen darf – was für ein Segen.

Die Pflanzen im Garten draußen sind meist nur für ganz junge Hunde gefährlich – da diese aus Blödsinn alles Mögliche probieren. Somit schau dir bitte an, welche Pflanzen alle gefährlich sind. An Eiben als Beispiel hier genannt, ist alles giftig. Nadeln, Zweige und die schönen, roten Beeren. Auch für ein Kind. Und nicht zu vergessen ist Schneckenkorn, das ist ab jetzt tabu. Alles weitere bitte nachschauen, das würde das Buch hier sprengen. Ausgelegte Giftköder sind nochmal ein ganz anderes Thema.

Auch das ein oder andere Lebensmittel, das uns nicht schadet, kann für den Hund unter Umständen tödlich sein: Bitterschokolade, Weintrauben, Rosinen. Auch Zuckeraustauschstoffe sind bereits in kleinsten Mengen hochgiftig! Ein Stück Kuchen, gebacken mit einem Austauschstoff, kann für eine Vergiftung schon ausreichen.

Übernachtungswochenende

Spätestens vor Ende des ersten Lebensjahres könnte dein Junghund mal ein Wochenende bei erfahrenen Hundeleuten „Urlaub" machen. Er darf doch auch ohne seine Familie klarkommen im Leben und sich in einem anderen Haushalt oder einer Pension wohlfühlen, oder? Auch kann eine längere Krankheit oder eine Fortbildung oder eine Kur es mal nötig machen, dass dein Hund irgendwo zwischengeparkt werden muss.

Du hast nur diesen einen Hund und kannst es nicht aushalten, ihn mal anderswo unterzubringen? Dann nimm dir für diese Zeit etwas vor, das ganz einfach mit Hund nicht möglich wäre.

Eine Studienreise, ein paar Wellness-Tage, einen Tag ein Besuch mit der ganzen Rest-Familie im Erlebnisbad, ein Wochenend-Workshop im Heimwerkeln ... oder, oder, oder. Falls du dann ein schlechtes Gewissen hast – haaa, da kann ich dir sagen: Der Hund hat keines!!! In ganz vielen Fällen ist der Besitzer nach fünf Minuten bereits vergessen - und der Hund hat seinen Spaß. Hierzu später noch mehr.

Kastration und Sterilisation

Kastration ist bei der Hündin die Entfernung von Eierstöcken und teilweise Gebärmutter oder bei den Rüden die Entfernung der Hoden. Bei der Sterilisation bleiben der Sexualtrieb und die Läufigkeit erhalten, es wird nur die Fortpflanzung unterbunden.

Hier wird, wie in vielen weiteren Fällen auch, jeder Hundebesitzer oder Tierarzt etwas anderes erzählen. Mit diesen Begriffen sollte man sich schon mal auseinandersetzen.

Zunächst sind beide Begriffe Eingriffe in den Körper und können nach der Gesetzeslage nicht grundsätzlich zugelassen werden. Es muss eine medizinische Indikation durch den Tierarzt ausgesprochen werden.
§ 6 ff TierSchG regelt dies.

Bei Verhaltensauffälligkeiten ist unbedingt mit einem Hundetrainer abzuklären, ob nicht „einfach" ein Besitzerfehler vorliegt.

Daher sollte man bei einem beabsichtigten Eingriff immer vorher einen Tierarzt des Vertrauens fragen. Gleichwohl muss man sich im Klaren sein, dass nach beiden Operationsarten keine Fortpflanzungsmöglichkeiten mehr bestehen - also eine jeweils endgültige und nicht wieder umkehrbare Maßnahme. Dies gilt also gut und gründlich zu überlegen.

Es gibt die Möglichkeit, mit einem eingesetzten Hormon-Chip für mehrere Monate eine Kastration „vorzutäuschen". Das auf jeden Fall nutzen, bevor man sich für eine OP entscheidet!

Auch sollte man solche Maßnahmen sich deshalb gut überlegen, weil die Hunde - je nachdem, wenn man diese kastriert - ein bleibendes Verhalten zeigen: Wenn ein Hund v o r der Pubertät kastriert wird, kann es sein, dass dieser aufgrund des Wegfallens der Sexualhormone niemals erwachsen werden kann. Er muss dann sein ganzes Leben rumdoofeln. Der Hund kann unkonzentriert werden oder bleiben. Es kann dadurch sehr schwierig werden, die Erziehung abzuschließen. Es kann passieren, dass er in einer Angstphase „steckenbleibt".

Eine Hündin sollte mindestens zwei bis drei Läufigkeiten durchlebt haben. Man merkt deutlich eine Veränderung bei der Hündin im Wesen. Manchmal ist es erst die dritte Läufigkeit, die aus einer Teenie-Hündin eine souveräne Hundedame macht. Dann ist die geistige Reife abgeschlossen, wofür unbedingt die Hormone gebraucht werden, die nach einer Kastration nicht mehr vorhanden sind. Meiner Erfahrung nach kann bei einer Hündin die

Scheinmutterschaft sehr extrem ausfallen – und das bei jeder Läufigkeit. Das kann ziemlich kräftezehrend sein, mit Milcherzeugung und „Wochenbett-Niedergeschlagenheit". Meiner Ansicht nach kann man dann seinen Tierarzt darüber informieren und gemeinsam abwägen.

Einen Wurf zu bekommen, damit eine Hündin erwachsen wird, ist hingegen nicht nötig. Hinzu kommt, dass dies aus den verschiedensten Gründen für die meisten Hundehalter gar nicht möglich ist. Bei einem Rüden sollte je nach Rasse und nach meiner Überzeugung frühestens dreijährig kastriert werden. Seine Weisheit und Souveränität kann ein Rüde erst nach einigen Jahren erlangen.

Hier wäre bei Prostata-Problemen oder einem Karzinom oder sehr starker Hypersexualität ein tierärztlicher Rat vonnöten.

Also hat alles seine Vor- und Nachteile, die genauestens abgewogen werden sollten. Wozu dient ein Gesetz, wenn nicht in bestimmten oder besonderen Fällen, Sanktionen ausgesprochen werden können. Keine Angst, hier sind Sachverhalte bekannt, die von uns „normalen" Menschen nie und nimmer toleriert werden können:

Unberechtigte Misshandlungen von Tieren, völlig unsachgemäße Pflege und Haltung von Tieren, vorsätzlicher Nahrungsentzug und, und, und. Hier regelt klar §17 TierSchG, was an Strafe ausgesprochen werden kann.

Und ich dachte immer, du findest mich attraktiv

Ich weiß auch nicht – seit einiger Zeit ist es so anders...

Bitte mit gutem Beispiel voran gehen - von Anfang an

Nicht nur, wenn man mit einem Hund in die Stadt geht, immer vorsorglich die Hukatüs für den Notfall dabeihaben. Hat man diese nicht dabei und kann sie auf Verlangen einem Ordnungshüter zeigen, sind empfindliche Geldstrafen möglich. Auf Wegen und auch am Wegesrand - gerade auf stark genutzten Hundeauslaufstrecken werden von dir die Häufchen von deinem Hund immer entfernt. Es kann allerdings mal sein, dass man auch nach längerer Suche den Haufen nicht findet - da man sich auf dem Weg dahin verlaufen hat. Ja, isso. Es ist schon gruselig, wenn man in so ein Ding steigt. Und, weil so viele Krankheiten durch Schnüffeln am Kot übertragen werden! Oftmals fehlen dann aber die Abfallkörbe - so läuft man so manchen Kilometer mit den Hinterlassenschaften seiner fünf Bernhardiner durch die Gegend. Gerade wird auch diskutiert, ob es nicht für die Umwelt schädlicher ist, die Häufchen mit Plastiktüten zu entfernen.

Markieren

Rüden NICHT an „menschlichem Eigentum" pinkeln lassen (Häuserecken, Zäune, Autoreifen, Schirmständer usw.) Bäume, Büsche, Gräser hingegen sind okay. Das funktioniert, muss nur vom ersten Mal Beinheben an - drauf geachtet werden.

Ausdrücklich für männliche Rüdenbesitzer: Es schadet dem Ansehen des Rüden NICHT, wenn er NICHT überall und ständig markieren darf! Man(n) lernt schnell zu unterscheiden, wann Knabe echt pinkeln muss und wann er „nur" beeindrucken will. Alle Rüdenbesitzer, die da drauf achten, sind einfach großartig. Übrigens, auch Hündinnen können markieren.

In der Natur

Auf dem Land dem Hund beibringen, nur die Wege zu benutzen, nicht querfeldein zu rennen. Man scheucht wesentlich weniger Wild auf, auch die Bauern danken es einem, wenn ihre bestellten Felder nicht als Hundespielplatz benutzt werden. Wenn der Welpe in den Acker läuft, sofort zu sich rufen, bzw. „RAUS" rufen. IMMER! Auch mal mit einem Spiel oder Leckerli. Er lernt so sehr schnell, dass nur der Weg das Ziel ist. Den Grünstreifen am Rand darf er für sein Geschäft nehmen. Auch sollte der Hund nur zwischen November und April oder auf gerade frisch gemähte Wiesen dürfen. Unter anderem besteht ja kaum die Möglichkeit für dich, das Kacka deines Hundes wiederzufinden. Und wenn du es gefunden hast, ziehst du es schön durch die Grashalme.

Es ärgert die Bauern, da die Grasfresser krank werden könnten, weil sie als Zwischenwirt für Würmer dienen und dies eventuell Fehlgeburten auslösen könnte. Das Mähen ist erschwert, wenn alles plattgetrampelt ist. Auch stört er das Wild. Dort sitzen Kaninchen, Feldhasen, Rehe und ihre Kitze. Durch das Aufstöbern ist die Wahrscheinlichkeit sehr hoch, dass dein Hund das Jagen für sich entdeckt.

Was auch viele nicht wissen: Flächen, die im Winter aussehen, wie „gesäte Grasbüschel" sind in Wirklichkeit die Wintersaat. Das Getreide keimt nach dem Frost, ist ertragsreicher und dient, als Silage verarbeitet, dem Milchvieh als Futter. Das setzt natürlich voraus, dass du deinem Hund die Grenzen aufzeigst – und du kannst ihm dann auch sagen, wann er querfeldein mal toben darf. Ich kann durchaus die Bauern verstehen, die ständig Ärger mit Hundehaltern haben. Aber, ich kenne auch viele sehr nette Landwirte – die mal ein Auge zudrücken oder anerkennen, dass man sich redlich müht, keinen Schaden anzurichten.

Der Arme ist an der Leine

Auf dem Land und im Urlaub: Wenn ein anderer Hundebesitzer entgegenkommt und seinen Hund anleint, bitte leine auch deinen Hund an. Früh genug – bevor er auf die Idee kommt, los zu preschen. Dann kann man sich immer noch absprechen, ob ein kurzes Spiel erlaubt wird.

Wenn sich menschliche Lebewesen nähern, egal ob Jogger oder ältere Menschen oder kleine Kinder, Fahrradfahrer, eine Wandergruppe... Hund IMMER zu sich rufen... Der Satz „der tut nix" wird nur von Besitzern verwendet, deren Hund eben NICHT zurück zum Besitzer kommt, wenn sie ihn rufen!!! So darf man mit seinen Mitmenschen nicht umgehen. Manche haben Todesangst, wenn sie einen Hund sehen – und ja, auch ein Zwergschnauzer ist ein Hund. Also, unbedingt den Rückruf üben oder den Wauz gleich an die Leine nehmen, wenn man seinen „Tag X" noch nicht gefunden hat.

Sonst gibt es immer weniger Plätze, an denen Hunde frei laufen dürfen. Es gibt immer wieder mal Gelegenheiten, wo der Hund ungehindert Spaß haben kann – diese Fleckchen wirst du finden.

Gerade abgemäht – hier dürfen die Hunde mal pesen

Dein Hund braucht nicht immer bei jedem Gang Freilauf. Oder kann es sein, dass dein Hund zieht wie ein Besessener oder ein Leinenpöbler ist? Die Leine soll einem Hund Sicherheit geben. Er soll dabei entspannen können. Er muss nur darauf achten, dass er an lockerer Leine neben dir läuft. Er hat gerade mal überhaupt keinen Auftrag. Da kannst du mit deinem Hund auch hinkommen.

Der unartige Hund - oder ist es doch nur sein Mensch

Es ist wirklich oft so, dass sich Menschen persönlich angegriffen fühlen, wenn jemand über deren Hunde meckert. Es ist, als wird man in seiner Ehre gekränkt.

Aber, es geht nun mal nicht, dass Hunde alles dürfen: Überall hinpinkeln, Fremde dreckig machen, freilaufende Hunde einfach zu Hunden lassen, die an der Leine gehen. Radfahrer müssen um Hunde rumfahren, sporttreibenden Personen laufen sie in den Weg oder zwicken in die Waden, gehen quer über frisch angesäte Felder, latschen auf Liegewiesen anderen über die Decke. Sie dürfen stundenlang im Garten bellen und so weiter, und so weiter.

Leute, da ist wirklich Rücksichtnahme angesagt! Nicht dem Hund gehört die Welt. Uns auch nicht, aber wir tun so. Eine gewisse Erziehung sollte da sein und ein Freilauf vorausschauend vonstattengehen. Wieder gibt es hier eine große Gleichheit zu manchen Eltern. Deren Kinder pinkeln zwar im Allgemeinen nicht an Tischbeine, aber man könnte hier seitenweise Fallbeispiele nennen.

Ja, immer kann mal was passieren - sei es, ein junger Hund springt mit Matschpfoten jemanden an, der urplötzlich wie aus dem Nichts da steht. Ist mir auch schon passiert: Ich saß im Wald auf einer Bank und mein Junghund sprang ein wenig umher. Den Weg hatte ich immer im Auge, damit ich ihn frühzeitig zurückrufen hätte können. Tja, aber die Frau kam über einen Trampelpfad, den ich nicht in meinem Blickfeld hatte. Selbstverständlich war das ausgerechnet eine Dame, die Angst hatte vor

Hunden - aber mein junger Hund bereits bei ihr war und ihr - wie er meinte entzückendes Geschrei - mit einem Sprung an ihr hoch den weißen Mantel mit braunen Pfotenabdrücken verzierte. Hat die vielleicht getobt - natürlich zu Recht, war ja meine Schuld. Hinter ihr stand ihr Mann, der mit einem breiten Grinsen in meine Richtung zu verstehen gab, dass er das sehr lustig fand. Drehte sich seine Frau zu ihm um, war das Grinsen aber urplötzlich verschwunden. Das war haargenau richtiges Timing. Oder man ist kurz in Gedanken und erschrickt selbst, wenn ein Radfahrer ohne zu Klingeln plötzlich vorbeirauscht, obwohl man sich erst vor Sekunden umgedreht hatte.

Wenn diese Punkte beachtet werden, wird euer Hund Zeit seines Lebens ein wunderbarer Kamerad sein und du bestimmt auch so manchen Hundegegner etwas freundlicher stimmen.

Diese Seiten hier dürften dich jetzt wohl etwas ernüchtert haben. Was liest man denn zwischen den Zeilen? Ein Hund möchte eine Führung. Solide, ehrlich, mit Spaß. Er wird nicht als Kinderersatz behandelt und bekommt nicht ständig seinen Willen. Unbedingt mit Regeln und Grenzen, die man - auch beim ach so süßen Welpen - bereits durchsetzen muss. Man darf ihn ja trotzdem herzen, knuddeln, streicheln, mit ihm spielen - aber bitte alles in einem gesunden Maß. Damit alle miteinander glücklich werden. Je sicherer du auftrittst und das auch deinem Hund vermitteln willst, desto schneller wird sich der Erfolg einstellen. Es wird klappen, auf gehts.

Stockbett

Erlegt

Unser Land, Mama? Ja, mein Kind.

Entfaltungsmöglichkeiten

Größtenteils laufen die ersten Lebenswochen bei uns immer ähnlich ab. Der Hunde-Interessent möge bitte die Umgebung seines zukünftigen Welpens mit „Hundeaugen" beobachten. Die Spielmöglichkeiten müssen nicht bunt sein und der Zaun vom Freigehege nicht glänzen. Hauptsache, dies ist vorhanden. Ein völlig leeres, dafür sehr sauber aussehendes Gehege mit Sägespänen ist keinesfalls welpengerecht. Es macht aber wesentlich weniger Arbeit. Der Hund braucht keine tollen Farben. Für ihn ist wichtig, weit entfernte Bewegungen auch bei wenig Licht gut zu erkennen. Ansonsten ist er bei Unbeweglichem eher kurzsichtig und kann nur wenige Farben erkennen. Auch muss nicht alles neu sein. Sie haben diesen Sinn nicht - ob alt und hässlich, ist ihnen völlig Banane. Verschiedene Gegenstände können umfunktioniert werden, oder selbst gebaut sein, mit wenig handwerklichem Geschick. Das ist einem Hund ziemlich schnurz - Hauptsache, er hat verschiedene Entfaltungsmöglichkeiten. Das bringt ihm wirklich was fürs Leben. Auch ist ihm egal, ob der Haushalt in der Zeit etwas unordentlicher ist - Hauptsache, die Welpen kommen nicht zu kurz und springen fröhlich oder schlafen selig.

Du kannst „aus Versehen" mal nen Schlüsselbund fallen lassen und beobachten, was passiert. Die Welpen sollten mindestens sechs Wochen alt sind. Ein Welpe darf davor zurückweichen, das wäre instinktiv richtig, denn das schützt ihn vor Gefahren. Die Hundemutter sollte sich davon überhaupt nicht beeindruckt zeigen. Dann kommt der Welpe eventuell gucken, was denn da so geklappert hat. Oder er findet das so unspannend, dass er nicht mal nen Wimpernschlag dafür übrig hat. Oder ist taub. Das kann es auch geben. Dies dann aber bitte nicht verwechseln mit Unerschrockenheit. Auf Taubheit wird normalerweise bei einem guten Züchter bereits in verschiedenen Situationen getestet. Wenn der Tierarzt der neuen Familie dann Taubheit mit einer vorher aufgeblasenen, knallenden Papiertüte testet, kann es passieren, dass der Welpe tatsächlich völlig unbeeindruckt ist. Aber beim Rascheln einer Chipstüte dreht er sofort den Kopf.

Auch bei unseren Welpenkäufern passiert mal das eine oder andere Unvorhergesehene. Die redlichen Züchter helfen mit, wo sie nur können.

Zwei- bis dreimal in der Woche, etwa so ab der vierten Lebenswoche, bekommen die Welpen Besuch (vorher könnte die Hündin bei fremden Personen nervös werden). Zuerst kommen, neben unserer Familie, Freunde vorbei. Natürlich sind, so oft es geht, die neuen Besitzerfamilien anwesend, um das Aufwachsen ihres „Sprösslings" mitzuerleben. Je nach Größe des Wurfes sind ältere Menschen, Menschen mit Beeinträchtigungen, Kinder in unterschiedlichen Altersstufen und auch mal ein Ersthund in regelmäßigen Abständen da.

Viel kann man durch Beobachten der Hundemutter im Umgang mit ihren Kindern lernen. Oder auch, wie die Hunde-Oma Roxy Teile der Erziehung übernommen hat oder die damals junge „Tante" Candy mit Hingabe fürs Spielen zuständig war. Unsere „kleinartige" Tierärztin kommt zum Impfen und Chipsetzen in der achten Lebenswoche ins Haus, so dass der neue Besitzer mit seinem Welpen den ersten Praxis-Besuch „zum Vorstellen" und Leckerli geben nutzen kann, und der Welpe den Geruch dort nicht gleich mit Schmerz verbindet.

Alle Welpen fahren in der siebten und achten Lebenswoche schon mal im Auto mit. Sie kommen in lautere Gegenden, machen ihre ersten Leinen-Bock-Spring-Versuche, erste Spaziergänge allein, erobern zeitweise den kompletten Garten, das ganze Haus. Die Kleinen erleben das, was man halt als Züchter so alles tut, um der neuen Familie und ihrem Racker den Einstieg ins gemeinsame Leben so unholprig wie möglich zu machen.

Auch Frust aushalten bringen wir ihnen bei – jedoch weißt du ja jetzt schon, dass genau dieses wichtige Lernziel im neuen Zuhause versehentlich wieder eingerissen wird. Der Welpe kann leider das Frustaushalten ganz schnell wieder verlernen – und wird aufmüpfig und weiß bereits nach ein, zwei Versuchen, wie er seinen Menschen dazu bringt, dass dieser ihm alles Recht zu machen versucht. Das ist jedoch der größte Fehler von allen.

Es geht nun um den „Klick" im Menschenhirn, den man braucht, um „hündisch" zu verstehen. Viele haben diesen „Klick" allein durch die Kinder-Erziehung erhalten, wenn diese einem einigermaßen gelungen ist. Manche Menschen aber haben nicht den „selbstverständlichen Spürsinn", es von Anfang an „einfach richtig" auszuführen.

Weder bei den Kindern, noch beim Hund! Jedoch ist es äußerst lobenswert, wenn dies erkannt und dann versucht wird, sich schlau zu machen, damit alle Lebewesen die Möglichkeit bekommen, eine gute Entwicklung haben zu dürfen.

Eine bei uns eingeladene Welpen-Interessenten-Familie - am liebsten mit Kind und Kegel und Oma und allem, was dazugehört - bleibt in der Regel zwei Stunden. Sie bekommen dadurch eine komplette Schlaf- und Aktionsphase des Wurfes mit.

Sie haben viele Fragen, die ich gerne beantworte - und auch ich habe im Laufe der Zeit so einige Fragen an die werdende neue Familie unseres Nachwuchses. Da erhält man als Züchter schon ein näheres Bild über diese Familie. Nur aus Beobachtung und ein paar gestellten Fragen von mir und aus einer kurzen Bitte an die Kinder. Da allein könnte ich schon ein Buch drüber schreiben. Will ich aber nicht, mein Lieblingsthema ist nun mal der Hund.

Freigehege mit Entfaltungsmöglichkeiten, je nach Alter der Welpen

KAPITEL 3
Das Tagebuch

Der Held des Tagebuchs und seine ersten Lebenswochen

In einem Wurf erblickte unser „Held = Takeo“ das Licht der Welt. Takeo hat noch Schwestern. Die eine lebt als Ersthund in einer fünfköpfigen Familie. Sie ist freundlich, lustig, leichtführig, einfach ein Schatz. Sie ist ein wenig lauter, als der „gemeine, wirklich sehr ruhige Elo®“, da muss sie doch ein wenig von ihrer Mama geerbt haben. Wenn dieser kleine „Fehler“ ihre Familie zu sehr nervt, werden sie auch entsprechend Maßnahmen ergreifen.

Seine andere Schwester lebt etwas weiter entfernt. Die Besitzer hatten schon einige Zeit einen erwachsenen Hund als Begleiter. Die Welpenerziehung war ihnen neu. Er, das Herrchen, hat diese „natürliche Gabe“ (auf die ich für mich immer noch warte), mit einem Hund umzugehen. Das Frauchen musste alles erst zusammen mit dem Hund erlernen. Sie meisterten das aber klasse, wie ich aus unseren Kontakten entnehmen konnte. Auch haben wir uns zwischenzeitlich schon besucht, das Zusammenleben Mensch-Hund klappt sehr gut bei der Familie.

Die Familie für Takeo war insgesamt dreimal bei uns, auch sie wohnen nicht „gleich umme Ecke“. Takeo ist ihr erster eigener Hund. Die Besitzer sind kinderlos, arbeiten größtenteils selbstständig von zu Hause aus. Eigenes Haus mit Garten, die Urlaube gestalteten sich schon vorher so, dass ein Hund mühelos dabei sein kann. Beim Herrchen war bereits das gedankliche Wissen über den Umgang mit Hunden vorhanden, das Frauchen musste sich da noch reinarbeiten. Wir konnten „sehr gut“ miteinander, das ist in unseren Augen auch immer wichtig. Schließlich bekommen sie ja „ein Kind“ von uns. Jawoll. Also hielten wir auch zwischen den Besuchen regen Mail-Kontakt, mit vielen Fotos von ihrem Takeo.

Wir hatten uns auch immer wieder über Menschenkinder-Erziehung unterhalten – sie waren wie wir über ungezogene, aufsässige Kinder in den unterschiedlichsten Altersklassen traurig. Sie wussten auch, dass es leider eine große Schwierigkeit der Eltern in unserer heutigen Gesellschaft ist. Egal, ob es aus Zeitmangel wegen der Arbeit beider Elternteile, aus dem „Nichtwissen“ heraus, wie man erzieht, wegen zu viel Last auf den Schultern eines alleinerziehenden Elternteils, aus Überschütten mit Geld und ständigem „Ja-Gesage“ oder ganz schlicht und ergreifend aus Gleichgültigkeit an den in die Welt gesetzten Kindern entstanden ist. Okay, dachte ich mir, sie werden ihren Wauzi erziehen und einen „anständigen“ Begleiter aus ihm machen.

Und sicherlich habe ich auch bemerkt, dass das Frauchen bei jedem ihrer Besuche ihr ganzes Herz für den Kleinen weit, weit geöffnet hatte. Ist ja auch schön so. Ich werde nie vergessen, wie wir unseren ersten Hund bekamen. Ich war genauso. Mindestens. Und bin es immer noch. Aber, genau deswegen habe ich immer wieder drauf hingewiesen, dass sie nun nicht alle Zeit der Welt für den kleinen Kerl „opfern“ dürfen. Und auf jeden Fall

Regeln aufstellt, auch wenn man sie noch so „unnütz" findet. Und den niedlichen kleinen Zwerg die meiste Zeit des Tages wenig beachtet. Damit er mit sich alleine klarkommt, sich nicht so wichtig nimmt und auch viel schlafen und vor sich hindösen kann - das ist die Lieblingsbeschäftigung von Hunden - wenn sie denn die Möglichkeit dazu bekommen, dies tun zu dürfen! Und keine Hibbelkinder werden müssen, weil einfach viel zu viel mit ihnen gemacht wird. Und, wie man eben die Gratwanderung schafft, damit er ein „anständiger" Familienhund wird - zwischen dem, was ein kleiner Welpe (oder auch erwachsener Hund) lernen muss, was er in einer gewissen Zeit können muss, und was er eben noch nicht können kann. Da entweder noch zu jung, oder auch als frischer „erwachsener Schüler" noch nicht so „hirnbelastbar" ist - oder die Art des Beibringens schlicht und ergreifend falsch ist.

Damit es eine entspannte Lebenszeit wird

Takeos Tagebuch entsteht

Takeo wurde nach seiner vollendeten achten Lebenswoche von seinen aufgeregten, aber auch erwartungsfrohen neuen Besitzern abgeholt. Wir hatten schon viel im Vorfeld bei ihren Besuchen hier besprochen und nun waren wir alle bereit für das echte Leben. Während ich mit dem einen Teil den Kaufvertrag und weiteren Schriftkram bearbeitete, spielte der andere Teil Takeo etwas müde. Er hat ein paar Stunden vorher bereits kein Futter mehr bekommen, damit ihm auf der Fahrt nicht schlecht wird.

Noch ein paar – wie ich am Abholtag bei jedem Welpen und für jede Familie noch finde – „wichtige Verhaltenstipps", die mir bei jeder Abgabe eines Welpen gerade schnell einfallen. Teilweise sagen die Leute: „Jahaaa, hast du uns schon alles mehrmals gesahaaagt!!!" Oder sie nicken nur gequält und hoffen, dass mein Redeschwall nun endlich versiegen möge. Das werde ich auch nie lassen können. So oft ich es mir auch vornehme.

Dann haben wir alle Unterlagen, das Futter und die Erstausstattung ins Auto geladen, Herrchen hinters Steuer gesetzt, Frauchen mit Hund auf dem Schoß daneben. Das ist dem Welpen nur bei dieser ersten Fahrt mit der neuen Familie gestattet, denn eigentlich viel zu gefährlich und versicherungstechnisch nicht erlaubt! Beim jüngeren Hund ist eine Gitterbox zu empfehlen. Wer später auf den Autogurt wechseln will, kann das auch gerne tun. Wenn der Hund bereits gelernt hat, dass man Leinen und auch eben Gurte nicht durchbeißen darf.

Wir haben Takeo verabschiedet und vor allen Dingen die Mama beim Einsteigen von Takeo dabeigehabt, damit sie sieht, dass ihr Kleiner nun in sein neues Leben reist und sie ihn nicht sucht. Sehr schnell kam, wie bei allen unserer Familien, eine glückliche Rückmeldung und dann auch die ersten Fotos. Irgendwann kamen die ersten Anrufe, mit einigen Fragen – die eigentlich alle schon behandelt waren. Aber bei all dem, was ich so erzähle, untergegangen sind oder bei der Menge an Erklärungen wieder vergessen wurden. Das passiert öfter. Viele unserer frisch gebackenen Hundebesitzer rufen an oder schreiben im ersten Jahr und holen sich Rat. Ist auch kein Problem, mache ich gerne. Lieber einmal zu viel gefragt, als zu lange Falsches gedacht und getan.

Alle drei Neuhundhalterfamilien hatten dies beherzigt, haben angerufen und erzählten mir, dass die Welpen sich ständig kratzen würden. Meine Vermutung, dass sie „nur" etwas gestresst sind, dadurch „schuppen" und das dann einfach juckt, habe ich schnell über Bord geworfen. Denn meine erwachsenen Hunde schubberten sich nun auch. So konnten wir gemeinsam bei allen Welpen und den erwachsenen Hunden ein Milbenproblem beheben – danke, danke sage ich und dies peinlich berührt.

Wenn du als Leser uns kennst und weißt, wie wir jetzt wohnen: Das Tagebuch ist in unserem früheren Zuhause entstanden, auch einige der Fotos sind von dort.

Einundzwanzig Tage im Leben von Takeo

Takeo-Herrchen rief mich an. Der kleine Hund ist nun zwölf Wochen alt. Laut seinen Aussagen beißt und zwickt der kleine Rüde heftigst beim Spielen, folgt Anordnungen nicht. Er sollte im Büro still auf einer Decke bleiben, wurde immer wieder zurückgetragen, Herrchen wurde dabei immer ärgerlicher, da er ja eigentlich arbeiten wollte, es aber „ums Prinzip" ging. Dies habe Takeo mit Umschmeißen beantwortet. Dann würde Takeo sein großes Geschäft in das Büro des Herrchens machen, er hat Angst im Dunklen und würde hysterisch werden, wenn er allein bleiben sollte. Puuh, klang so gar nicht gut. Ich fragte nach der Hundeschule. Dummerweise hatte die ausgesuchte Welpenschule gerade in den Anfangswochen Urlaub, so dass nur ein einziger Besuch vor ein paar Tagen zustande kam.

Ich habe sofort ihre Verzweiflung gemerkt - und kurz überlegt, wie wir am besten vorgehen. Ich überflog schnell meinen Kalender und da es zeitlich für mich möglich war, machte ich einen Vorschlag: Ich könnte Takeo erst einmal für eine Art „Auszeit" zu mir nehmen, ihn sozusagen „live" hier erleben und wir könnten „nach Ermittlung des Befundes" gemeinsam beratschlagen, wie es weitergehen sollte.

Ja, ich habe in diesem Fall die Verantwortung übernommen. Für Takeo. Danke den Besitzern für ihren „Opfermut"...es wird sich lohnen.

Und hat es auch - und wie. Für viele Menschen und Hunde. Denn, dies hier ist nach der ausverkauften dritten überarbeiteten Auflage des „Klick" im Kopf, die umfangreiche erste Neuausgabe. Und die vielen, vielen tollen Rückmeldungen der Leser freuen mich sehr.

Zwei Tage nach dem Anruf habe ich mich mit Takeos Besitzern in der Mitte der Strecke auf einem Rastplatz getroffen. Takeo hat sich über mich gefreut, war artig im Café, unserem Treffpunkt. Er ist nun zwölf Wochen alt.
Wir waren alle gemeinsam noch ein Stück spazieren. Keine besonderen Vorkommnisse, außer, dass Takeo sein Herrchen an der Leine hinter sich hergezogen hatte. Ich bekam noch die Adresse des Hundetrainers, da ich versuchen wollte, ihn in unser Vorhaben einzubeziehen. Takeo ist wie selbstverständlich mit mir nach Hause gefahren. In der Box hinten im Kofferraum. Ohne jegliches Genöle.

Wir hatten uns geeinigt, dass die Besitzer alle Papiere behielten, ich bekam den Hund mit Impfpass.

Einen Tag später kam die erste Mail vom Frauchen:

Hallo Simone & Takeo.

Na, wie war die erste gemeinsame Nacht? Wir zwei haben gestern Abend als wir heimkamen unseren Lausbub ganz schön vermisst.
Überall lag das Spielzeug im Garten und sonst wo verteilt und keiner da, der es herumgezogen hat.

Wie ist denn mittlerweile der Kot und Takeos Appetit?
Wir sind schon sehr gespannt, was bei euch so alles passiert???
Herzliche Grüße & einen schönen Sonntag zusammen!

Takeo-Frauchen

Meine E-Mail-Antwort am gleichen Tag:

Huhu,

ja, das glaube ich euch sofort, dass das Leben im Haus einfach fehlt. Eben deswegen und weil ein Hund eigentlich dermaßen super in euer Leben passt, versuchen wir hier mal die nächsten Tage, ob ihr anhand der Mails versteht, was ihr ändern solltet.

Ich habe mir überlegt, wir machen eine Art „Tagebuch“ über Takeos Zeit bei mir. Wenn es bei euch „Klick“ macht, wird es klappen, ganz bestimmt. Wenn ihr das wollt. Es ist durchaus möglich, dass eure beiden Hundetrainer Paul und Collin nicht ganz mit mir einer Meinung sind und manches vielleicht anders handhaben würden – aber eben diese Wege sollen zum Ziel führen.

Hebt die Mails auf, damit ihr gegebenenfalls nochmal nachlesen könnt. Ich werde versuchen, weiterhin seine nächsten Tage hier zu schildern... irgendwann kommt der „Klick“ im Kopf bei euch, ganz bestimmt. Ab da könnt ihr mit Leichtigkeit euch alle Fragen selbst beantworten. Denkt nicht stundenlang über jede Sachlage nach, ein wenig überlegen dann und wann aber schon. Wenn die Zeit für euch gekommen ist, fällt es euch wie Schuppen aus dem Haar.

Folgender Vorschlag, überlegt mal, ob das für euch denkbar ist: Takeo kann knapp vier Wochen hierbleiben. Dann treffen wir uns wieder, egal ob bei uns, bei euch oder wieder in der Mitte. In dieser Zeit vereinbart ihr mit Paul oder Collin Einzel-Trainingsstunden. Merkt ihr, dass alles klappt, und wenns „klickt“ sooo einfach ist und ihr euch über Takeo und eure Fortschritte freuen könnt, bleibt er bei euch. Sollte es nicht funktionieren oder sich in der Zwischenzeit das Thema Hund erledigt haben, bitte sagen.

Viele Grüße
Simone und Takeo

Kurz darauf hatten wir uns telefonisch zur Übergabe und in Angriffnahme der „Rückführung“ auf einundzwanzig Tage geeinigt. Die Familie wollte Takeo eigentlich noch sieben Tage früher haben, da für eine Woche Bekannte mit ihrem Hund zu Besuch kommen. Und sich Takeos Leute so gefreut hatten, den Kleinen vorzustellen. Ich habe ihnen – vielleicht nicht gerade einfühlsam, eher sehr bestimmend – erklärt:

Dass es ein denkbar schlechter Einstiegszeitpunkt wäre. Sie könnten sich nicht auf Takeo einlassen und ihr neues Denken umsetzen. Takeo kann einfach in ihrem Fall – jetzt noch nicht – „nebenher“ laufen. Sie brauchen ein wenig mehr „Lernzeit ohne Ablenkung“, als manch andere Familien.

Das haben die beiden dann eingesehen, bzw. sind von mir „eingesehen worden". Sie kamen mir in dem Moment eher vor wie Kinder, die aufgeben, aber den Sinn nicht verstanden haben, warum das in ihrer Lage jetzt gerade so wichtig ist. Aber du verstehst es gleich, oder? Es wäre ein Durcheinander, wenn Takeo dort ankommt. Er soll ja eigentlich merken, dass seine Familie anders geworden ist - der Wind ist stärker geworden. Das soll Takeo zeigen, dass er ab jetzt eine gute Führung hat - und er selbst einfach loslassen kann. Die Besuchsfamilie mit Hund kann da echt störend sein. Die Besitzer müssen erst lernen, auch Gespräche zu unterbrechen, in der jetzt gerade wichtigen Lernphase mit ihrem Hund. Wissen, wann sie ein Spiel der beiden Hunde unterbrechen müssten, sollte es einfach zu viel für Takeo sein. Wissen, wann müssen sie ihren Hund schützen, falls der andere zu wild wird. Das kann echt nach hinten losgehen. Somit ist es wirklich für alle einfacher, diesen Besuch noch abzuwarten und danach entspannt, aber sinnvoll bestimmend, zu dritt loszulegen. Man muss sich ja jetzt den neuen Anfang nicht gleich erschweren.

Schon nach wenigen Stunden mit Takeo hier bei uns war ganz klar, dass die „Verständigungsschwierigkeiten" nicht vom Hund kamen. Er ist schlau und hat schnell gelernt, alles für sich so umzusetzen, dass er mit sich dort gut klarkam und weiter neugierig war, wie weit er denn gehen könnte. Er vermisste eine Führung. Er erzog bereits die Familie, nicht umgekehrt.

Auch habe ich gleich mit dem Hundetrainer Collin telefoniert, der gar nicht so recht verstand, was denn nun eigentlich das Problem sei. Er habe Takeo und seine Besitzer in der einzigen Welpenstunde, die kurz vor der „Übergabe" stattfand, als „völlig unauffällig" wahrgenommen. Und hat auch nicht verstanden, warum sie nach dieser einen Stunde, in der ja auch noch nicht wirklich was gelernt werden konnte, nahezu „aufgaben". Klar auch, dass Trainer Collin nicht ahnen konnte, wie das Zusammenleben der Familie mit Takeo zu Hause schon ins Wanken geraten war.

Ich schilderte einige Beschreibungen der Leute und Collin wurde hellhörig. So kann es wohl auch gut sein, dass eine Familie mit ihrem Hund auf dem Trainingsgelände als gut zusammenpassend empfunden wird. Da hört die Familie zu, versucht mit der Anleitung der Trainer alles gut umzusetzen. Dort klappt es auch immer gut. Nur Zuhause nicht.

Und gerade da wäre es so wichtig. Das aber erzählen die Besitzer nicht. Weil es peinlich ist? Weil sie nicht verstehen, warum es so ist? Nach jeder Stunde in der Hundeschule hoffen, es wird jetzt anders? So wird es aber nicht funktionieren.

Collin versprach, auf jeden Fall auch seinen Partner Paul zu informieren und ich versprach, mit ihnen in Kontakt zu bleiben und sie über das weitere Geschehen auf dem Laufenden zu halten.
Meine nächste E-Mail an Takeo-Besitzer hatte diesen Inhalt:

Hallo liebe Takeo-Leute,
anbei schicke ich euch die erste Folge des Tagebuchs. Ich hoffe, bei euch kommt alles „richtig an“ und wir finden bis zum Ende die richtige Lösung – für alle.

Viele Grüße

Simone und Takeo

Takeos Tagebuch – Erste Eindrücke sammeln

Grenzen setzen, aber trotzdem Spaß haben

Takeos erster Tag bei uns.
Bis jetzt ist alles im grünen Bereich. Takeo hat gestern nach seiner Ankunft noch den Garten erkundet und ist beim Fische-Gucken prompt in den Gartenteich gefallen. Ohne sich zu mucksen, ist er ne Runde geschwommen, krabbelte an den Rand und hat sich anschließend mit Candy trocken gerannt. In den Teich ist er, wie gesagt, gefallen. Er wird keine Erlaubnis bekommen, in dem Teich in unserem Garten schwimmen zu dürfen. Keiner unserer Hunde darf das bei uns im Garten. Allerdings dürfen sie auf Ansage bei Spaziergängen, wann immer es die Zeit gerade erlaubt und keine Gefährdung für Hund oder andere Tiere im oder am Teich erkennbar sind – nach kurzer vorheriger Überprüfung vom Menschen – in anderen Gewässern rumplantschen.

Warum meint ihr, dürfen sie nicht in unserem Gartenteich schwimmen? Das weder der Teich im Garten ständig verwühlt ist, noch die Hunde immer nass sind, ist nur eine angenehme Folgeerscheinung. Bitte mal kurz überlegen, dann erst hier den Grund lesen:

„NEIN“ heißt: Gerade vom Hund Gedachtes, was er als nächstes tun will, jetzt nicht zu erlauben. Jedes Mal, wenn er gerade überlegt, ob er ne Runde schwimmen könnte, kommt von euch ein „NEIN“ und ihr haltet ihn vom Reinspringen ab = er begreift, was „NEIN“ bedeutet.

Zusätzlich lernt er, Frust im eigenen Reich auszuhalten. Es gibt viele weitere Möglichkeiten, ihm das „NEIN“ beizubringen.

Nur die menschliche Umsetzung ist wichtig. Hat er das durch eure Unermüdlichkeit in diesem Punkt verstanden, könnt ihr ihm später durch „NEIN“ etwas verbieten, das aber am nächsten Tag oder an einem anderen Ort mit einem „OKAY“ erlaubt werden kann. Ja, und das heißt, dass er ohne Aufsicht nicht mehr in die Nähe des Teiches kann – bis er das “NEIN” verstanden hat.

Jui – stimmt, bei Mama und der Züchterin verstehe ich die Ansagen

Er hat gestern Abend seine Mahlzeit ratz-fatz verputzt. Eine Stunde später sind meine Nachbarin und ich mit Takeo und Candy in ein zwanzig Minuten entferntes Gasthaus gelaufen. Unsere Männer fuhren tatsächlich mit dem Auto hin. Ja stimmt, falls es aufgefallen ist: Takeo ist erst zwölf Wochen alt und es waren zwanzig Minuten am Stück. Das geht schon mal ein paar Minuten länger, soll ja nur eine Faustregel sein. Eben nur nicht übertreiben.

Ich bin Takeo leider zweimal auf die Füße gestiegen, weil er mir in den Weg gelaufen ist. Schon hatte er allerdings verstanden, wohlgemerkt auch wieder, ohne einen Pieps von sich zu geben: Das da nicht ich ständig aufpasse, sondern er dies tun muss. Er ist die ganze weitere Strecke artig neben mir gelaufen. Was jetzt selbstverständlich KEIN Freibrief dafür ist, einem Hund ständig auf die Füße zu treten! Ich hoffe, das kommt jetzt bei euch richtig rüber.

Takeo hat auch brav sein Geschäft am Wegesrand verrichtet. Mein Schritt wurde kurz vorher etwas langsamer. Ich habe an seiner Haltung und seinem Blick an die Seite gemerkt, dass er bald muss. Kurzes Schnuffeln, dann hat er schon gepieselt. Jetzt achte ich weiter drauf, ob das schon alles war, oder der Hund noch weiter ein Plätzchen sucht. Das lernt Mensch schnell, wenn er seinen Hund beobachtet. Auch kann man da auf das Popoloch achten.

Das nimmt nämlich ne andere Form an, wenn sich noch eine Wurst ankündigt. Jahaaa, so isses. Und die Hukatüta hatte ich gut befüllt dabei. Den Rest der Zeit durfte Takeo nicht mehr schnuffeln wo er wollte, sondern wir sind zügig weitergelaufen. Was habe ich damit bezweckt? Dass wir pünktlich im Restaurant ankamen und meine Nachbarin nicht ständig auf mich und Hund warten musste, war natürlich eine angenehme Begleiterscheinung.

Ich sags euch mal: Takeo soll lernen, dass der Mensch die Geschwindigkeit und auch die Richtung vorgibt. Er verselbstständigt sich sonst schnell, wird eselig auf ein Schnuffeln beharren, das Weitergehenwollen seiner Menschen nicht beachten und immer trotziger seine Bedürfnisse einfordern. Das sind dann die Hunde, die sich mit allen Vieren ins Geschirr oder Halsband stemmen, um verdammt noch mal genau an diesem Grashalm oder Laternenpfahl stehenzubleiben. Und beim übernächsten Grashalm gefälligst auch. Nach kurzer Zeit wird er wahrscheinlich versuchen, weitere Tagesabläufe zu beeinflussen. Unaufhörlich, sein ganzes Hundeleben lang. Und wenn man jetzt sagt: „Aber das darf er doch, ich passe mich ihm an - er soll doch schnuppern dürfen, wann und wo und wie lange er möchte - ihm soll es doch gut gehen bei mir.“ Derjenige verursacht genau das Gegenteil. Natürlich darf der Hund auch mal schnüffeln. Aber dann, wenn du es da jetzt zulassen möchtest und du es auch wieder beenden kannst. So darf er also jeden hundertsten Grashalm anschnüffeln oder jede zehnte Laterne - aber da nicht dranpinkeln lassen, wenn es losgeht, mit dem Beinheben, ne!?!

Eine Mutterhündin wartet nicht auf ihren zehn Wochen alten Welpen - sie läuft ihren Stiefel und der Kleine muss drauf achten, dass er sie nicht verliert. Sie hat ihn aber immer im Augenwinkel - wenn Gefahr drohen sollte, wäre sie sofort da. Ein Hund, der immer seinen Willen bekommt wird im Idealfall nur unglücklich. Und triezt seinen Besitzer, da er keinerlei Achtung vor ihm hat. Im schlechtesten Fall wird er mürrisch, aggressiv oder entwickelt irgendwann aus einer Erfahrung heraus Ängste. Und das kann bis hin zu Beißattacken gegenüber anderen Hunden, Fremden und sogar gegen seinen Besitzer, gehen.

Spielerisches Laufen über Untergründe

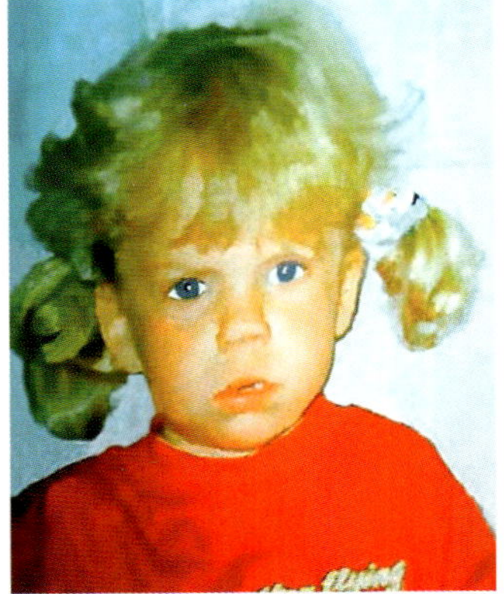

Von diesen Blicken bitte nicht zu oft erweichen lassen

Wenn Regeln beherzigt werden, kann man später viel mehr erlauben

Takeos zweiter Vormittag bei uns:
Durchgepennt bis acht Uhr morgens, dann bin ich mit ihm in den Garten. Gekackert, wieder rein. Meine Resthunde waren noch müde und wollten nicht wirklich aufstehen. Er aber hatte gleich Spiellaune, die er versuchte, sehr selbstverständlich auch durchzusetzen.

Wenn weitere Artgenossen da sind, versuchen die meisten Hunde, erst einmal mit ihresgleichen zu blödeln. Takeo hat den schlafenden Haufen mit Spielhopsern versucht zu beeindrucken, ein paar Sekunden beobachtet, überlegt und sich dann aufgebend neben die Bande gelegt und auch gedöst.

Dies war eine hervorragende Note „1+" für den kleinen Kerl im Verstehen der Hundesprache. Seine Morgenration Futter hat er bis jetzt von mir stückchenweise aus der Hand bekommen: Für Rufen und sofort Herkommen, für Sitz, für Platz, für mir in die Augen gucken...

Ich habe nach einiger Zeit mit ihm mit nem Zerrseil gespielt, er hängt sich dran fest, das macht ihm Spaß. Habe ihn einmal gewinnen lassen, mir es dann wiedergeholt und "AUS" geübt. Hat gut geklappt. Ich kriege beim Spielen mit ihm nur normale kleine Welpenzahn-Piercings ab - bei Annika hat er aus Versehen einmal Beinhaut erwischt durch die Jogginghose - nach ihrem „au" ist es nicht mehr passiert. Somit versteht er Zusammenhänge sehr schnell und ist auch gewillt, diese sofort anzunehmen. Es liegt nun am Menschen, dies nicht "zu verheizen", sondern sofort aufzugreifen. Je schneller das passiert, desto schneller hat man Erfolg.

Er weiß schon seit heute Morgen, dass man als Hund bei uns nicht in die Küche darf. Beigebracht habe ich es ihm mit einem scharfen „NEIN" und vorgestreckter Hand. Immer, jedes Mal!! Das kann dann - eben ab eurem „Tag X" - schon so zehnundzwanzig Mal hintereinander nötig sein. Immer, jedes Mal, wenn ihr das übt!!! Klar probiert er es ab und zu, ob mein „NEIN" auch wirklich immer gilt.

Aber ich muss nur noch Luft holen, dann legt er bereits artig den Rückwärtsgang aus der Türschwelle ein. Mein "gebelltes scharfes RAUS" in Verbindung mit einem Schritt auf ihn zu und gestrecktem Arm mit erhobener Hand als Stoppzeichen, mag er gar nicht. Ein „NEIN" gilt also IMMER, lernt er.

Aus welchem Grund könnte das Ausgrenzen im Haus aus einem bestimmten Bereich (ohne dass man eine Tür schließt) für viele weitere Gegebenheiten im späteren Hunde-Menschen-Zusammenleben wichtig sein?

Wir hatten im alten Haus dafür die Küche ausgewählt, da der Raum eh sehr klein war - geht aber im Prinzip mit jedem anderen Raum im Haus. Wohnzimmer oder Aufenthaltsküche fände ich allerdings - menschlich gesehen - gemein. Und, der Raum sollte eine Tür haben, damit Hund nicht rein kann, wenn keine Zeit zum Üben ist. Sonst geht er natürlich ständig da rein, wenn keiner auf ihn aufpasst, bzw. er mal kurz alleine im Haus ist. Und das ist ja nicht in unserem Sinn. Das wird so während der gesamten Lernzeit beibehalten - bis er von sich aus diese Grenze anerkannt hat.

„NEIN" heißt: Gerade vom Hund Gedachtes, was er als nächstes tun will, jetzt nicht zu erlauben. Jedes Mal ein „NEIN" und ihn abhalten vom Reingehen oder sofortiges wieder nach draußen bringen = er begreift, was „NEIN" bedeutet. Zusätzlich lernt er, Frust im eigenen Reich auszuhalten. Es gibt viele weitere Möglichkeiten, ihm das „NEIN" beizubringen.

Nur die menschliche Umsetzung ist wichtig. Hat er das durch die „Klick"-Konsequenz verstanden, kann man ihm später durch „NEIN" etwas verbieten, das aber am nächsten Tag - oder an einem anderen Ort - mit einem „OKAY" erlaubt werden kann.

In unserem jetzigen Haus haben wir keine Tür mehr zur Küche. Auch sind wir nur noch zwei Menschen und hier dürfen die Hunde mit in die Küche und betätigen sich als Staubsauger. Sie dürfen dafür in einige andere Räume nicht hinein. Wie gut das klappt merken wir immer nur dann, wenn sich ein Gasthund mal ins Bad oder Schlafzimmer oder Gästezimmer etc. „verirrt".

Hmmm – wo denn genau die Türschwelle ist, sind wir nicht immer der gleichen Meinung

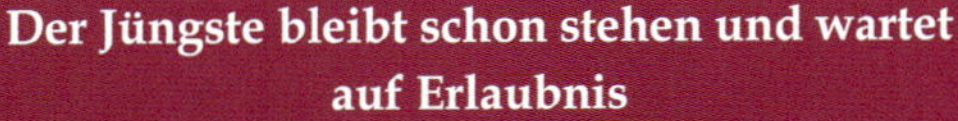

Der Jüngste bleibt schon stehen und wartet auf Erlaubnis

Überm Warten eingeschlafen

Sitzenbleiben vor dem Napf und mit mir Augenkontakt aufnehmen, bevor er Fressen darf, ist Takeo gestern sehr schwergefallen. Da er bei uns ja nur einmal aus dem Napf Futter bekommt, wird das auch noch einige Zeit dauern, bis es klappt. Also halte ich ihn so lange vor dem Napf fest, bis er mir auch nur Bruchteile von Sekunden in die Augen schaut - dann gebe ich ihn sofort mit einem Auflösungswort „frei".

Warum glaubt ihr, könnte die Futternapf-Übung wichtig sein?
Wir hatten ja bei einem eurer Besuche darüber gesprochen, dass meine erwachsenen Hunde dies auch tun und es eine wunderbare „Schau mal"-Übung ist. Schade, dass ihr das nicht übernommen habt. Was kann man dadurch beim Hund irgendwann erreichen und für ganz viele spätere Momente erzieherisch einsetzen? Erst überlegen, dann die Lösung anschauen:

Er lernt zu „fragen", in dem er einem direkt in die Augen schaut. Durch die zehntel Sekunde, in der er nicht ans Futter gelangt, dann zufällig einem in die Augen guckt und sofort freigegeben wird. Es gibt viele weitere Möglichkeiten, ihm „fragen" beizubringen. Hat er das durch eure Unnachgiebigkeit verstanden, kann man ihm später durch „NEIN" etwas verbieten, das aber am nächsten Tag oder einem anderen Ort - mit einem „OKAY" erlaubt werden kann. Weil er sich später immer wieder mal nach dir umschaut.

Unsere jetzige Junghündin Yaponi hat am zweiten Übungstag mit dem Napf schon begriffen, worauf es ankommt. Auch im Auto machte sie das schnell ganz toll: Ich parke, mache den Kofferraum auf, Hund ist bereits im Sitz und schaut mich an. Ich mache die Boxentür auf, Hund bleibt wie festgeklebt im Sitz und schaut mich an. Je nach Umgebung anleinen und mit „OKAY" darf sie raus. Darin ist sie richtig pingelig - ich muss da fast schon schmunzeln drüber. Dafür hat sie fast ein Jahr gebraucht, um endlich ein Leckerli mit dem Maul aufzufangen - so hat jeder seine Tugenden. Gleiches wird auch vor dem Napf geübt. Irgendwann setzt sich der Hund bei solchen Begebenheiten von selbst hin, schaut einen an und wartet geduldig, bis sein Mensch ihm das Auflösungswort gibt.

Im Moment liegt Takeo übrigens gerade unter meinem Stuhl und schläft total zufrieden.

Nächste Etappe heute wird ein „geglaubtes Alleinbleiben" im Wohnzimmer sein - bin gespannt und werde berichten, ob er wie bei euch „hysterisch" reagiert.

Einen Tag später hatte ich einen weiteren Teil des Tagebuchs fertig und schrieb an seine Besitzer:

Hallo ihr, wir haben ja zwischenzeitlich schon telefoniert. Und da ich förmlich noch die vielen Fragezeichen in euren Köpfen habe summen hören, schicke ich zum Nachlesen nochmal den geschilderten Nachmittag.

Viele Grüße von Simone und nen dicken Schmatzer von Takeo.

Üben fürs Leben und Spaß für die Seele

Sonntag, immer noch Takeos zweiter Tag bei uns, ab dem Nachmittag:
Das „geglaubte Alleinbleiben" hat prima geklappt. Rolf, Annika und ich sind gemeinsam mit den anderen Hunden aus dem Haus. Rolf und Annika luden in unserer Einfahrt direkt am Haus unsere Hunde ins Auto und fuhren weg. Während dieser Zeit habe ich mich draußen vor unserem Esszimmer-Fenster verschanzt. Von dort aus kann ich weite Teile im Haus überblicken und Takeo beobachten.

Takeo stand noch an der Haustür, von der das Auto wegfuhr. Hm. Er schien zu überlegen. Ist etwas unschlüssig umhergelaufen, hat mal kurz an ner Kaustange gezutzelt, sich dann auf eine der Hundedecken niedergelassen. Einfach so. Was nicht heißt, dass er bei einem Alleinbleiben etwas später auch mal was umschmeißt, ner Pflanze Blätter abrupft, ne Sandale zerkaut oder ähnliches. Das wäre normal für sein Alter. Auch mal fordernd jaulen oder bellen wäre normal, da er ja ausprobiert, ob sich irgendwann mal dadurch was tut. Auch nur irgendwas tut. Und sei es nur, der Mensch flippt durch die Gegend, wenn er nach Hause kommt und Hund hat was angestellt oder bellt. Somit wäre es förderlich, immer mal wieder, wenn eine Pubertätswelle einsetzt, ihn bei längerem Alleinebleiben in seiner Box zu sichern, oder ihm einen abgeteilten Raum zur Verfügung zu stellen.

Als die Resthunde wieder da waren von ihrem Ausflug, habe ich alle Hundis einmal durchgekämmt, bei Takeo waren es exakt fünfzehn Sekunden, das reicht völlig aus in dem Alter. Das dreimal die Woche üben, am besten, wenn er eh gerade müde wird. Am Spätnachmittag veranstaltete ich noch ein Futtersuchspiel in der ersten Etappe. Ich habe ihn im Garten an einen Pfosten angeleint. Ein „BLEIB" gesagt und betont auffällig einige seiner Futterbröckchen in der Wiese verteilt. Er war noch ziemlich unaufmerksam, bockig, wollte von der Leine los, quengelte.

Als er endlich Ruhe gab, habe ich ihn abgeleint, ihn noch vor der Brust festgehalten und gewartet, bis er mir kurz in die Augen schaute und mit „SUCH" aufgelöst. Er hat nur zwei Brocken selbstständig gefunden, kein Wunder nach seinem Gebockel vorher. Er hat sich null drauf eingelassen, fand es nur völlig bescheuert, dass er angebunden war. Dann habe ich mit ihm gemeinsam den Boden abgesucht. Und was haben wir uns gefreut, wenn wir wieder ein Teilchen gefunden haben. Fressen durfte er sie allein, ich hatte gerade keinen Hunger auf Hundefutter. Diese Futtersuche haben wir eingeführt, da war Roxy noch in bestem Alter. Sie konnte natürlich „SITZ" und „BLEIB", auch während ich das Futter im Garten verteilte. Sie sah aber auch nur mit einem Auge zu, was ich denn plötzlich für seltsame Anwandlungen habe. Jedenfalls suchte sie nach dem Auflösewort eher gelangweilt ein wenig den Boden ab, fraß drei Happen und legte sich hin. „Ich bekomme ja gleich mein Futter im Napf vorgesetzt, wozu soll ich mich denn jetzt anstrengen", sagte der leicht missbilligende Blick auf mich. Ha, von wegen! Frauchen hat mittlerweile auch ein wenig Erfahrung und machte Folgendes: Es gab kein Abendessen für den Hund. Jawoll. „Allmäääächt" würde jetzt der Franke sagen – „der arme Hund – er wird die Nacht nicht überleben." Hat er doch. Und am nächsten Spätnachmittag nochmals die Möglichkeit bekommen, Futter im Garten zu suchen. Roxy hatte jeden einzelnen Brocken gefunden. Und wie es ihr seitdem einen riesen Spaß machte, ab und an ihr Futter mit der Nase zu suchen. Diese war nämlich noch heile, im Gegensatz zu ihrem Rücken, ein paar Knochen und dem Gehör. Eine wunderbare Beschäftigung, auch fürs Alter. Wer rastet, der rostet.

Bitte diese Futtersuche nur im eigenen Garten oder direkt im Haus/in der Wohnung veranstalten. Außerhalb soll er ja auf keinen Fall irgendwelche Dinge fressen, außer aus deiner Hand. Leider werden Köder, oft belegte Brote, oder Wurst- oder Käsestücke mit Gift, Scherben, Nägeln, Rasierklingen etc. immer mehr. Wirklich äußerst gefährlich. Wenn der Garten einsehbar ist von Passanten oder Nachbarn, gilt es auch daran zu denken, dass jemand etwas über den Zaun werfen kann. Die Unmenschen, die das tun, erwischt man selten. Meist sind regelmäßig besuchte Hunde-Spaziergangswege davon betroffen. Die Köder liegen im angrenzenden Wald oder auf dem angrenzenden Feld. Auch ein Grund, warum man einem Hund beibringen sollte, den Weg nicht zu verlassen.

Takeos dritter Tag bei uns:
Mit meinem Frühstück ging ich in den Garten. Takeo war mit draußen, die anderen Hunde im Haus. Ich habe den kleinen Kerl angeleint, wieder ein „BLEIB" gesagt (er soll an dieser Stelle bleiben, egal ob stehend, liegend, sitzend oder als Kerze) und sein Frühstück um mich rum in der Wiese verteilt. Er hat aufmerksam zugesehen. Abgeleint, festgehalten, auf Augenkontakt gewartet, „SUCH" gesagt. Während ich gegessen habe, hat er sein Futter mit der Nase gesucht. Ich habe geknörpselt, er hat geknörpselt. Nachdem er fertig war, hat er sich zufrieden an meine Füße gelegt.

Was kann ich durch diese Anlein-Futter-Übung im eigenen Zuhause bei einem Hund erreichen? Dass der Hund eine Zeit lang mit der wichtigsten Sache in seinem Leben beschäftigt ist und sich dabei echt anstrengen muss, ist wieder nur ein angenehmer Nebeneffekt. Na, fällt es euch ein?

Er lernt zu „fragen", in dem er einem direkt in die Augen schaut. Durch die zehntel Sekunde, in der er nicht ans Futter gelangt, dann zufällig einem in die Augen guckt und sofort freigegeben wird. Zusätzlich lernt er, Frust im eigenen Reich auszuhalten. Es gibt viele weitere Möglichkeiten, ihm „fragen" beizubringen. Hat er das durch eure Beharrlichkeit verstanden, kann man ihm später durch „NEIN" etwas verbieten, das aber am nächsten Tag oder einem anderen Ort mit einem „OKAY" erlaubt werden kann.

Und das Suchen nach Futter ist Nasenarbeit und damit auch auslastend. Je nach Wesen des Hundes ist es nicht gut, seinen natürlichen Drang immer nur zu unterbinden. Wenn ein Hund Jagdtrieb im Blut hat, muss da anders herangegangen werden, als bei einem Hund, dem nur langweilig ist oder der nie erfahren hat, was ein „NEIN“ wirklich bedeutet. So entstehen dann die großen Missverständnisse zwischen Mensch und Hund.

Wer mit einem Futterdummy arbeiten möchte und es dem Hund auch Spaß macht, hat eine hervorragende gemeinsame Aufgabe für einen Spaziergang gefunden. Der Hund muss sich mit seinem Menschen befassen, ihn anschauen, damit er als Belohnung Futter – später auch nur mal ein Lob – bekommt. So kann jagen in den Hintergrund rücken. Auch eine sehr gute Übung für Hunde, die noch lernen müssen, sich selbst zu beherrschen. Nicht gleich dem Dingsbums seiner Begierde hinterher zu rasen. Auch hier wieder wichtig: Nicht jeden, und auch nicht den ganzen Spaziergang Dummy suchen lassen. Es soll doch spannend bleiben. Alles, was man im Überfluss hat, wird öde.

Hm – da überlege ich gerade, was denn wäre, wenn man jetzt einen Familienhund (also keinen Hund mit ausgeprägter Jagdgenetik) in ein Gehege mit hunderten von Kaninchen setzt. Ist ja auch Überfluss…manch einer rennt vielleicht hinterher voller Freude, bis er selbst umfällt. Andere springen drauf – das könnte das Kaninchen plätten. Und eine Hetze kann ein Kaninchen so stressen, dass es tot umfällt. Vielleicht beißt ihn auch das erste Kaninchen gleich in die Nase und der Hund hat da schon die Schnauze voll…ich möchte aber nicht, dass das irgendjemand ausprobiert – der arme Hund.

Auch unsere anderen Tierchens beschäftigen wir sehr häufig über Futter. So, wie es in vielen Tiergärten oder Wildtierparks gemacht wird. Unsere Meerschweinchen und Kaninchen suchen in ihrem ganzen Gehege (außer den Klo-Ecken), auch auf den Häuschen, in Höhlen und so weiter ihr kleingeschnittenes Gemüse oder das verteilte Gras. Auch mit dem Trockenfutter machen wir das so. Es wird gesucht und geknörpselt.

Das ist auch bei den großen Gras- und Heufressern nicht anders: Loses Heu ist sofort im Bauch und die Tiere sind gelangweilt. Man ist geneigt, immer mehr Heu zu geben – was aber natürlich auch wieder viel zu schnell im Hals der Tiere verschwunden ist. Noch dazu, wenn sie irgendwo in kleinen Boxen stehen und es, außer zu fressen, nichts zu tun gibt. Da fällt ihnen nur ein, das Futter auszusortieren – nur das Weichste wird gefressen.

Pferde dürfen höchstens vier Stunden ohne Futter sein. Das Alpaka an sich käut in der Zeit auch mal wieder. Unsere Alpakas und Ponys wohnen zeitweise zusammen, an manchen Tagen sind sie aber auch zur Entspannung getrennt. Sie bekommen ihre Heurationen über mehrere Male verteilt. Wenn kein Weidegang ist, haben sie je Tierart einen geräumigen, offenen Stall mit Paddock. Sie können sich gut aus dem Weg gehen. Es gibt verschiedene Futter- und auch Liegeplätze.

Wir füttern das Heu oftmals aus Futternetzen. Das dauert wesentlich länger, bis sie die Halme da rausgepopelt haben. Bis zur Wasserstelle müssen sie einige Schritte laufen, der Mineral-Leckstein ist wieder an einer anderen Stelle angebracht.

Wenn die Weiden abgefressen sind, oder auch im Winter, wenn kein Schnee liegt, verteile ich auf den Weiden das Zusatzfutter - Luzerne-Pellets, Mineralien, Dinkelspelzen und so weiter. Mit einer Engelsgeduld suchen sowohl die Ponys, als auch die Alpakas, die Weide danach ab.

Futtersuche im Winter
Alpakas und Ponys suchen ihr Müsli

Futterbeschäftigung
unserer Nager

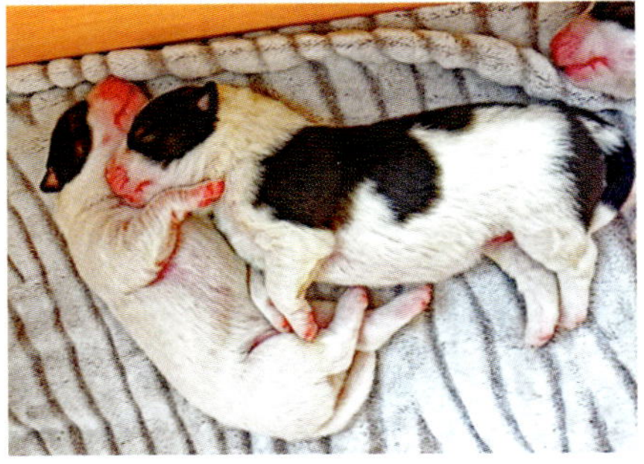

Zufriedenheit nach der Futtersuche. Gut, Annikas Katze scheint noch zu überlegen...

Anmerkung der Redaktion: Solltest du dir nach diesem Buch lieber Mini-Shetland-Ponys, an Stelle eines Hundes zulegen wollen, eine Warnung. Was wir nicht bedacht haben: Die kacken uns irgendwann noch zu!! Ehrlich. Meersau und Hase sind auch nicht ohne, aber durch ihre geringe Größe kein Problem. Beim erwachsenen Hund sind es meist zwei Häufchen am Tag – auch überschaubar.

Die Alpakas kackern für ihre Größe wenig und ihre Hinterlassenschaften sind ein wertvoller Dünger. Higgins verwertet sein Futter sehr gut. Also in Sachen wenig Kacka geht auch ein Schwein. Jedoch pieselt er Massen. Aber ein Pony – es ist uuunglaublich. Und jetzt haben wir drei davon.

Ja, man kann auch damit düngen – wenn du etwas abholen möchtest, nach Terminabsprache sehr gerne.

So, nu aber wieder zurück zu Takeo:
Ne Stunde später war ich mit ihm und Roxy ne kleine Runde spazieren. Gepieselt hat er erst danach im Garten. Obwohl die Althündin ihn nicht ablenkte, hatte er keine Zeit gefunden - oder auch noch nicht den notwendigen Schneid gehabt - außerhalb zu pinkeln. Ein völlig normales Verhalten in dem Alter. Im Wohnzimmer bekam er ein Stück getrockneten Pansen, habe ihn nicht weiter beachtet und alle Resthunde im Auto zum Einkaufen mitgenommen. Nach etwas über einer Stunde war ich wieder zu Hause, er hat nichts angestellt, war völlig entspannt, der Pansen verputzt.

Um Siebzehn Uhr fuhr ich mit Takeo und Lolli zum Tierarzt, da Lolli dort ein Date hatte. Auch hier beziehe ich ihn einfach in den Tagesablauf ein, schaffe eine neue Erziehungsmöglichkeit, ohne großen zusätzlichen Zeitaufwand. Im Wartezimmer wollte er unbedingt zu einer Katze. Habe ich mit einem „NEIN" nicht zugelassen und ihn zurückgezogen. Er fing an zu quengeln, da habe ich ihn kurz am Fell gezupft. Das fand er ganz blöd, hat sich umgedreht und mich leicht "angemacht". Ich habe ihn sofort fester am Kinn gepackt, ein „EHEH" geknurrt und da legte er sich hin.

Weitere zehn Minuten Wartezeit verliefen völlig entspannt. Außer, dass ich ein paar böse Blicke geerntet habe von menschlichen Mitinsassen des Raumes. War ich doch sooo fies zu dem kleinen putzigen Hund. Einige der weiteren Hunde hechelten wie verrückt, jankten herum oder wollten mit Besitzer an der Leine hängend im Schlepptau, aber ganz schnell diese Stätte verlassen, ohne jemals im Behandlungsraum gewesen zu sein. Und Takeo war plötzlich sooo artig. Und hat sich das garantiert bis zu seinem nächsten Tierarztbesuch gemerkt.

Warum habe ich ihn nicht zu der Katze gelassen? Welchen Sinn macht das für viele weitere Begebenheiten?

Nicht nur, dass es die Katze bestimmt sehr genervt hätte! Wer als Hund zieht, kommt zu nix. Im Wartezimmer benimmt man sich „anständig". Und vor allen Dingen darf nie der Hund das letzte Wort haben. In dem jungen Alter lernt er das noch schnell.

Du weißt es jetzt schon, oder?
„NEIN" heißt: Gerade vom Hund Gedachtes, was er als nächstes tun will, jetzt nicht zu erlauben. Jedes Mal ein „NEIN" und ihn abhalten vom Ziehen = er begreift, was „NEIN" bedeutet. Zusätzlich lernt er, Frust auch außerhalb des eigenen Zuhauses unter Ablenkung auszuhalten. Der Hund begreift nur durch eure Nachhaltigkeit - jetzt hab ich es doch einmal verwendet - in der Übung, was ein „NEIN" bedeutet. Es gibt zig weitere Möglichkeiten, ihm das „NEIN" beizubringen. Nur die menschliche Umsetzung ist wichtig. Hat er das durch eure Entschlossenheit verstanden, kann man ihm später durch „NEIN" etwas verbieten, das aber am nächsten Tag mit einem „OKAY" erlaubt werden kann.

Hier musste ich mich auch einmal durchsetzen, vor anderen Leuten. Takeo hat mich aber auch sofort verstanden, und beim nächsten Mal wird er sich richtig verhalten. Er weiß mittlerweile, dass ich da sehr hartnäckig bin. Das zahlt sich aus, denn ein wiederholtes Nachfragen von Seiten des Hundes wird immer seltener.

Das Sitzenbleiben vor dem Futternapf abends, immer noch mit an der Brust festhalten, waren nur noch vier Sekunden, er hat mir in die Augen gesehen und ich habe aufgelöst.

In die Küche geht er nicht mehr. Wenn ich drin bin, bleibt er artig davor sitzen. Was nicht heißt, dass er es nicht irgendwann wieder probieren würde. Das machen auch unsere erwachsenen Hunde ab und an. Vor allen Dingen, wenn sie glauben, ich sehe es nicht. Da muss ich mich nur kurz räuspern, der „Sünder" zuckt zusammen und verlässt blitzschnell den Raum. Dies erreicht man, in dem man ihn JEDES MAL, wenn er die erste Kralle über die Schwelle setzt, wieder rausbugsiert.

Hat man gerade was anderes zu tun oder ist nicht anwesend, Küchentür einfach in der Zeit schließen. Dann aber wieder „dranbleiben" - das sind am Tag höchstens zwei Minuten zusammen genommene Zeit, die man dafür aufbringen muss. Dies kann bei einem Hund ohne Zuchtziel „Wesen geeignet für Familien" schon mal etwas länger dauern, also nicht verzagen. Oder es kann sich am Anfang leicht in die Länge ziehen, wenn Hund schon weiß, dass seine Familie bis jetzt immer schnell aufgegeben hat, wenn denn Hund nur hartnäckig genug geblieben ist.

Takeos Tagebuch - Frust nicht nur für Vierbeiner

Das richtige Gleichgewicht

Takeo ist nun vier Tage bei uns.
Morgens kam Takeos Schwester für ein paar Stündchen. Frauchen arbeitet stundenweise in der Stadt in einem Amt. Demnächst wird sie Keiko auch mitnehmen, die Erlaubnis hat sie bekommen. Da aber in Keikos Alter - wenn irgend möglich - das Spielen bei uns im Garten noch mehr Spaß macht als arbeiten, hat Keiko noch zwei Wochen Urlaub, bevor sie ins „Berufsleben" einsteigt.

Keiko und Takeo haben gespielt wie irre, sich sehr übereinander gefreut. Herrlich. Aber anstrengend für mich. Kaum eine Möglichkeit, irgendwelche Regeln durchzusetzen, wenn sie gerade in Spiellaune sind. Ist für einen Tag auch okay. Hätte ich beide ständig, müsste ich zwischendurch trennen, um überhaupt Einfluss haben zu können. Boah, liebe Zwillings- und sonstige Mehrlings-Menschenkinder-Mütter, ihr habt echt all meine Hochachtung!! Da wirklich durchzugreifen, Grenzen setzen, Regeln aufstellen ist ein MUSS - sonst endet das im totalen Durcheinander. Mit viel Geschrei, kaputten Dingen, Planlosigkeit. Die Erwachsenen sind tierisch genervt und die Kinder dadurch gar nicht zufrieden und unglücklich und es schaukelt sich immer mehr hoch.

Ja, und wenn eine Frau nun mal zwei Herzen gleichzeitig im Bauch schlagen hat, dann hat sie die beiden gleichalten Babys, Kinder und Teenies aufzuziehen. Eines verschenken ist ja nicht so wirklich üblich. Jedoch kann man es sich in unserem Fall hier schon aussuchen. Aus dem Grund wird auch kaum ein Hundezüchter zwei gleichalte Welpen miteinander abgeben. Außer, er möchte entweder einfach die Welpen loswerden, oder hat mit der neuen Familie wirklich alles gut durchgesprochen und traut ihnen die Aufzucht von gleich zweien der jungen Sippschaft zu.

Das erfordert aber wirklich eine beharrliche Unerbittlichkeit in Sachen Erziehung, gepaart mit einer gewissen Gelassenheit, wenn im jugendlichen Leichtsinn der beiden Geschwister so manch ein Krater im Garten entsteht – das geht zu zweit wirklich in Windeseile. Oder Sofakissen immer mehr an Schwund leiden und Mensch sich einreden muss, dass er eh nicht mehr gemütlich hat sitzen wollen.

Klar, Schwesterhund fiel natürlich auch in den Teich, das Trockenrennen mit Takeo fand sie ganz klasse. Ratz-fatz durch die offene Terrassentür ins Haus, sie kennt ja unsere Terrassentürregel nicht. Takeo mittlerweile schon, jedoch im Eifer des Gefechtes und der Blödelei ging alles so schnell: Sie vorne dran, Bruder sofort hinterher, die Dreckpfötchen waren überall. Die Schwester ist drinnen noch schnell durch den großen Wassernapf gelaufen, dann haben sie eine Kugel gebildet, die im Zickzack durch das ganze Zimmer rollte. Beide haben sich gefreut wie Bolle und dabei den ganzen Wohnzimmerboden vollgematscht. Zzzonnggg, wieder raus in den Garten - ich glaube, die hatten noch nicht mal gemerkt, dass sie sich kurzzeitig im Haus befanden. Im Garten haben sie dann noch nebenbei gemeinsam ein paar Pflanzen plattgemacht. Sie sind wie zwei Kinder, die toben und riesigen Spaß hatten. Ja, die schon.

Am Nachmittag wurde Keiko wieder abgeholt (Gott sei Dank). Den Rest dieses Tages habe ich Takeo nur ab und zu mal gerufen, da er zusammen mit mir nochmal in den Garten sollte. Draußen hat er an einem Ast gekaut, was völlig in Ordnung war. Mehr habe ich ihm nicht mehr erlaubt. Er sollte etwas runterfahren, nicht noch mehr aufdrehen. Dann sind wir ins Haus gegangen. Er quengelte kurz, hat sich aber doch im Haus hingelegt und Ruhe gegeben. Das hat er gut gemacht. Auch übten wir nach Keikos Abholung an diesem Tag nix mehr.

Warum habe ich die Zeit am Nachmittag nicht noch genutzt, sondern einen Erziehungsstopp eingelegt?

Nicht nur aus dem Grund, dass auch ich leicht „entnervt“ von dem doch anstrengenden Geschwister-Tag war. Und keinen Bock mehr auf Erziehung hatte, musste ich ja noch das Haus wieder auf Vordermann bringen. Na? Erraten? Oder schon gewusst?

Da der junge Hund an dem Tag viel getobt und auch Erfahrung gesammelt hat, ist er körperlich müde und auch geistig nicht mehr in der Lage, sich etwas merken zu können. Geschweige denn, ernsthaft aufpassen zu können, was ich nun noch alles von ihm wollen will. Am nächsten Tag also alles ne Spur ruhiger halten, dafür kann man wieder ein paar Übungen festigen. Es gibt x weitere Möglichkeiten, wie ihr das richtige Gleichgewicht findet.

Takeo und seine Schwester beim Spiel. Erst liegt Takeo am Boden.

Dann ist es umgekehrt. Ein ausgeglichenes Spiel.

Ich erhielt darauf keinerlei Antwort von Takeos Besitzern. Okay, sind eben noch am Denken. Oder haben wirklich keine Zeit. Kein Ding, ich bleibe einfach dran.

Zwei Tage später habe ich mich dort wieder gemeldet:

Hallo, ich habe wieder einen Teil hier fertig, ich hoffe, es ist einigermaßen verständlich für euch.
Viele Grüße, Simone und Takeo

Der Einbau vom Hund in den Tag

Takeo, Lolli und ich fuhren zum Einkaufen. Beide haben artig im Auto auf mein Zurückkommen gewartet. Danach waren wir ein Stück spazieren, haben dreimal „KOMM" geübt, zweimal „SITZ und BLEIB", ich ein Stück weg, ihn dann hergerufen. Hat wunderbar geklappt. Klar nutze ich hier „Takeos Vorbild Lolli" dafür. Sie macht sofort was ich sage und Takeo kann „abschauen". Klar ist es ohne einen gut erzogenen „Althund" etwas langwieriger. Aber ich habe nicht alle Zeit der Welt, da Takeo nur einen kurzen begrenzten Zeitraum hier ist. Außerdem könnt auch ihr andere gut erzogene Hunde und ihre lernwilligen Halter (zum Beispiel aus der Hundeschule) bitten, mit euch ein paar Übungen zu gestalten. Da helfen garantiert einige gerne. Das ist durchaus auch mit gleichaltrigen Vierbeinern möglich - nur vorher wirklich absprechen, was vor einem Spiel an Übungen gemacht wird. Das bitte immer so gestalten: Zuerst zwei, drei kurze Übungen - am besten an der Leine. Zum Beispiel, man geht an der Leine im Abstand aneinander vorbei. Dies solange, bis die Hunde sich entnervt nicht mehr anschauen. Dann ein „SITZ", ableinen und die Spiele können beginnen.

Wieder zuhause, habe ich Takeo mit einem wohlschmeckenden Kauknochen alleine gelassen, die Resthunde eingepackt und ging mit denen ne Stunde entspannt laufen. Wieder heimgekommen, mit Takeo kurz gespielt, sobald er zu heftig wurde unterbrochen, dann sofort weitergespielt. Mit Zerrseil, das hat ihm Spaß gemacht. Mal ihn gewinnen lassen, mal ein „AUS" geübt, einfach so nebenbei. Den Rest des Tages nicht mehr um ihn gekümmert, in der Zeit arbeitete ich ohne Störung an zwei Bilderrahmen-Aufträgen.

Abends war ich mit ihm allein noch mal fünfzehn Minuten spazieren, zwei klitzekleine Übungen gemacht. Dann fuhr ich mit Takeo zu meinem „Stammtisch". Das sind ein paar frühere Kollegen, wir kennen uns schon ewig aus Zeiten, in denen wir zusammen in einer Werbeagentur gearbeitet haben. Wir gingen immer noch als „harter Kern" alle zwei Wochen miteinander essen. Klar, ich hätte Takeo auch mit ins Restaurant nehmen können. Aber, ich nutzte diese Zeit lieber anders. Er sollte allein in seiner Box im Auto warten. Er bekam zur schöneren Gestaltung sein Abendessen und Wasser. Selbstverständlich war die Temperatur für ihn angenehm, Fenster waren leicht geöffnet und sicherheitshalber hatte ich unter einem schattenspendenden Baum geparkt. So war er sehr entspannt, als ich wieder zum Auto kam und noch nicht mal Futter-Knusper-Staub war übrig. Später, wenn Takeo älter ist, wird er auch ohne Futter geduldig im Auto warten - denn er verbindet es mit dem schönen Kindheitsgefühl.

Nach dem Essen sind der „Stammtisch" und ich noch zu einem in der Nähe gelegenen Bauernhaus mit riesigem Garten gefahren, das meine Ex-Kollegin kürzlich geerbt hat. Takeo ist wie ein Irrer durch den verwilderten Garten gesprungen, hat seinen ersten Fasan gesehen und auch sein Geschäft verrichtet, während wir eine „Führung“ erhielten. Der Tag ging nicht nur für ihn spannend und erfüllt zu Ende.

Wieviel Zeit und in welcher Ausdehnung hatte ich nun an diesem Tag für Takeo „geopfert“?

Für Übungen in der Anfangsphase wirklich nur Sekunden verwenden. Dies zwei, drei Mal über den Tag verteilt, gepaart mit kurzer Zuwendung zusätzlich, den kurzen Gassi-Gängen und einem etwas längeren Spaziergang, sind das in dem Alter von dreizehn Wochen eine maximale Gesamtzeit von höchstens sechzig Minuten! Je älter der Hund, desto länger wird die Gesamtzeit, da ja längere Spaziergänge bzw. andere Unternehmungen hinzukommen.

Dies soll wieder daran erinnern, dass ein Hund echt nervös gemacht werden kann von seinen Menschen, durch dauernde Bespaßung. Er braucht aber die Ruhe unbedingt für ein entspanntes Leben. Das kann am Anfang natürlich auch für den Hund etwas frustrierend sein – aber, nach einigen Tagen, fällt ihm das schon wesentlich leichter.

Ein junger Hund braucht noch sehr viel Ruhe – und wird leider oft überbeschäftigt. Er kann dadurch hibbelig werden. Auch verlernt er, sich mit sich selbst zu beschäftigen. Gerade bei Hunden, die noch sehr betriebsam sind durch ihre Gene, sollten eher im Kopf ausgelastet werden, als ihre Schnelligkeit und Betriebsamkeit noch mehr aufzupushen. Man darf ihm – leider gerade am Anfang – nicht ständig Bedeutung beimessen. Es ist für ihn wichtig, nicht wichtig zu sein. Und dem Besitzer fällt genau das natürlich schwer. Aber, es würde ja nur das Zusammenleben vereinfachen – wer seinen Weg steiniger haben möchte, kann das selbstverständlich tun.

Am nächsten Tag hat Takeo wieder sein Frühstück im Garten gesucht, macht er schon recht fix. Er ist dabei immer noch angeleint, aber schon viel ruhiger und verfolgt aufmerksam, wo ich die Brocken hinwerfe. Diese Futtersuche sollte man – wie schon erwähnt – wirklich nur im eigenen Haus und/oder Garten machen, da die Hundenase natürlich unweigerlich auch trainiert wird.

Vorsicht: Jegliche versuchte Futteraufnahme außerhalb des eigenen Bereiches streng unterbinden. Es gibt wirklich „kranke Menschen“, die nicht unbedingt Hundehasser sein müssen, sondern nirgendwo „Macht“ haben und Hackbällchen gespickt mit Rasierklingen, Glasscherben, Nägeln oder Rattengift auf Hunde-Gassi-Wegen auslegen.

In einer gut geführten Hundeschule lernt man, wie man gezielt so ein Abbruchsignal einsetzt. Jedoch – ganz ehrlich – hilft das nur etwas, wenn der Hund nicht zu weit entfernt ist und der Mensch seinen Versuch, etwas vom Boden aufzunehmen, auch sieht und da echt durchgreift. Das Signal kann ein „EHEH" sein, oder ein Zischlaut, oder ein hart gesprochenes „LASSS DASSS". Diesen Laut muss der Hund mit etwas sehr Unangenehmem in Verbindung bringen – dann kann das klappen.

Wenn du häufig in einem Gebiet spazieren gehst, wo es eine Hundeauslaufstrecke gibt, kann es alle paar Jahre sein, dass so ein Tierfeind Köder auslegt. Wenn das mit dem Abbruchsignal nicht klappt, hilft zuverlässig wirklich nur ein Maulkorb. Bitte erkundigen, welche Art Maulkorb genügend Luft durchlässt, der Hund trinken, aber nicht fressen kann. Wenn man dem Hund mit Leberwurst oder ähnlichem den Maulkorb schmackhaft macht, ist er für den Hund keinerlei Einschränkung und er trägt ihn aufgrund der guten Angewöhnung gerne und er ist wirklich sicher.

TiPP: Die Drahtmaulkörbe lassen den Hund wesentlich besser atmen und agieren, als irgendwelche Schlaufendinger.

Die ersten Erfolge

Wir waren allesamt beim Tierarzt, ach, wie artig Takeo doch im Wartezimmer war! Meine anderen Hunde ja sowieso. Alle haben noch mal eine Ladung „Anti-Milben-Ex" bekommen. Sie kratzen sich jetzt übrigens im hundeüblichen Rahmen (machen sie auch manchmal, wenn sie „nachdenken") und knabbeln sich mal kurz bei ihrer Selbstreinigung. Gott sei Dank, das ist erst mal überstanden. Takeo hat sich bei der „Salbung" von der Tierarzthelferin etwas weicheiig benommen, allerdings war sofort danach alles wieder gut. Das Wort „Männer", in diesem leicht verächtlichen Unterton, wenn es eine Frau sagt, stimmt auch in diesem Fall. Meine Mädels machen da keinen Mucks, können sich meist sehr gut beherrschen.

War mir ja echt peinlich, dass ich die Milben bei der Welpenabgabe nicht bemerkt hatte. Dachte, es sind „Aufregungsschuppen". Da ihr aber so aufmerksam wart und gleich gemeldet habt, dass Takeos Kratzen immer schlimmer wird, haben wir es bei allen Welpen und unseren erwachsenen Hunden recht schnell in den Griff bekommen.

Tagsüber habe ich viel gearbeitet, aber auch einen neuen „Tag X" mit Takeo eingeläutet. Und zwar an der offenen Terrassentür: „Wir gehen nicht ständig raus und rein wie wir wollen, sondern warten, bis Cheffe das OKAY gibt." Das können unsere Hunde recht gut, Takeo war das bisher gar nicht aufgefallen. Oder wunderte sich, warum die denn nicht mit ihm rein- oder rausgehen, wann immer es beliebt.

Ab „Tag X" ging das so: War ich in der Nähe der Terrasse, habe ich die Tür aufgemacht. Jedes Mal, wenn er von selbst rein ist, habe ich ihn sofort wieder rausgeschickt. Oder eben vorher mit einem „NEIN" und meiner Hand gestoppt. Saß Takeo mal nen Augenblick artig vor der Tür und hat mich beobachtet, habe ich ihn mit Rufen reingelockt und mit Streicheln belohnt. Hatte ich keine Zeit, die offene Tür und Hund im Auge zu behalten, wurde sie ganz einfach kurzerhand von mir geschlossen.

Warum übe ich jetzt die Regel mit der Terrassentür im eigenen Reich?

Es besteht ein weitaus größerer Sinn in dieser Übung, als nur einen ständig – bei jedem Wetter – raus- und reinrennenden Hund zu haben, der dabei Dreck, Blätter und Regenmatsche im Haus verteilt ohne Ende!

Durch das Beispiel mit der Tür – egal welche, kann auch die Balkontür oder Eingangstür im Mietshaus sein – wird die Abhandlung „klares NEIN" für dich gegenständlicher und deutlicher.

„NEIN" heißt: Gerade vom Hund Gedachtes, was er als nächstes tun will, jetzt nicht zu erlauben. Jedes Mal ein „NEIN" und ihn abhalten vom eigenständigen Handeln = er begreift, was „NEIN" bedeutet. Zusätzlich lernt er, Enttäuschungen im eigenen Reich auszuhalten. Der Hund begreift durch deine unermüdliche Hartnäckigkeit in bestimmten Momenten, was ein „NEIN" bedeutet. Es gibt x weitere Möglichkeiten, ihm das „NEIN" oder „OKAY" beizubringen. Nur deine Umsetzung ist wichtig.

Am Spätnachmittag kam eine langjährige Kundin vorbei, um sich ihren Unikatrahmen abzuholen. Sie hatte ihren kleinen Mix-Rüden namens Erkannnix dabei. Dieser witzige Kerl hat meine Kundin voll im Griff. Im Gegensatz zu euch, ihr habt ja schnell gemerkt, dass was schiefläuft und Hilfe gesucht, ist für die Kundin der Hund an allem Schuld. Ich hatte es damals geschafft, die Kundin zweimal zu bewegen, in eine Hundeschule zu gehen. Sie hat schnell gemerkt, dass sie an sich selbst arbeiten muss, damit ein Hund folgt... das war ihr leider zu anstrengend. Da konnte ich mir dann aber so was von den Mund fusselig reden...

Ich hatte diesem Hund, als er Welpe war, „SITZ" und „PLATZ" beigebracht und seinem Frauchen gezeigt, wie das geht. Erkannnix freut sich ein Loch in den Bauch, wenn er das ab und an mal für mich tun kann. Wenn sein Frauchen das sagt, ignoriert er das erstmal gefühlt ne halbe Stunde – bin ich dabei und schau ihn an und mache ich nur meine Augen weiter auf, setzt er sich auf seinen Hintern.

Ihr müsstet mal sehen und hören, wie er abhaust hinter der gläsernen Haustür seiner Leute, wenn er draußen einen anderen Hund sieht. Auch hier habe ich Lösungsvorschläge angeboten - tja, aber das ist ja anstrengend. Natürlich ist es das, aber doch nur für einen kurzen Zeitraum. Gut, das kann bei einem hartnäckigen Hund schon mal ein paar Tage dauern. Aber danach hat man lange Zeit einen zufriedenen, entspannten Hund. Und der (nette?) Nachbar braucht keine Ohrenstöpsel mehr.

Erkannnix sucht nach „Klarheit". Und „selbstverständlichen" Grenzen. Alle Erklärungen, warum er dies macht, und wie man dem Einhalt gebieten kann, haben nicht gefruchtet. Er würde ihr „leidtun", er hat „ja sonst keine

Freude". Also soll er eben das ganze Haus zusammenkläffen. Weil er und seine Umwelt dabei Lebensfreude pur haben. Natüüürlich. Und das die nächsten ich weiß nicht, wie viele Jahre - ommh.

Zur Verteidigung der Kundin ist allerdings anzumerken, dass ihr dieser Hund damals förmlich „vom Himmel vor die Füße gefallen" ist. Aber sie liebt ihn sehr, das möchte ich nochmal betonen. Erkannix wurde viel zu früh seiner Mutter weggenommen und hat dann ganz schlechte Erfahrungen in der sensiblen Phase mit kleinen Kindern gemacht. Sein ganzes Leben hatte er massive Probleme mit Kleinkindern. Jedenfalls hat Takeo den Erkannnix schwanzwedelnd begrüßt. Erkannnix zeigte kaum Regung, er hat es nicht so mit Junggemüse. Dann versuchte Takeo, ihn durch Anbellen zu irgendeiner Regung zu bringen. Nichts. Einzig und allein nicht angeguckt hat Erkannix den kleinen Wicht, der – nur äußerlich – schon größer war als er.

Also hat Takeo sich irgendwann gesagt „du mich auch", ihn links liegengelassen und sich Wichtigerem gewidmet. Ja, von den Hunden untereinander können wir Menschen viel lernen.

Ohne Regeln ist ein Familien-Hundeleben nicht harmonisch, sondern chaotisch

Bereits bei Saugwelpen gibt es Unbehagen und Verdruss. Das ist für die Entwicklung sehr wichtig. Bei größeren Würfen sind es natürliche „Dämpfer", weil immer wieder mal ein Welpe einen anderen von der Zitze abdrängt.

Bei kleinen Würfen hingegen kann man dieses wichtige Enttäuschung-aushalten-aber-nicht-aufgeben herbeiführen: In dem man den Welpen von einer Zitze „abploppt", und ihn dann erneut auf Zitzensuche schickt.

Später dann, wenn die Kleinen schon eifrig in der Wurfkiste rumrobben und das erste Mal rauskrabbeln möchten, nicht helfen. Und auch nicht beim wieder Einsteigen in diese. Na gut, wenn einer seinen tiefen Schwerpunkt gar nicht überwinden kann und schreiend über der Kante hängt und du anhand einer Wahrscheinlichkeitsrechnung merkst, dass das heute nix mehr wird, dann schon. Aber nicht einfach reinheben, sondern mit der Hand die Hinterfüßchen stützen, dann plumpst er in die Kiste. Im Freigehege nicht gleich helfen, wenn der Kleine das erste Mal die Hundeklappe nicht findet, die wieder hineinführt. Er kann da ruhig mal kurz heulend sitzen. Dann wird er sich irgendwann wieder aufraffen und weitersuchen. Und schließlich finden. Und beim nächsten Mal geht das schon ratzifatzi. Das hat zur Folge, dass er später bei weiteren Schwierigkeiten nicht mehr heult oder fordernd kläfft, sondern er sucht von sich aus nach einer Lösung. Das Helfen fördert nicht die Entwicklung, sondern hemmt sie. Natüüürlich lässt man den Wurm jetzt nicht stundenlang da rumeiern.

Nach einiger Zeit sollte man einem sehr blonden Hund eine Hilfestütze geben. Das sagt einem aber der „Klick" im Kopf oder das Bauchgefühl. So lernen Welpen, Frust auszuhalten. Nach und nach in vielen Abwandlungen. Auch warten ohne fiepen und quengeln gehört dann dazu. Dass eben nicht alles nach seinem Willen geht. Wie gesagt, leider, leider verlernen das die Welpen oftmals schon in den ersten Tagen in ihrer neuen Familie wieder. Weil ihnen teilweise der Hintern nachgetragen wird. Hab ich schon erwähnt, dass man das auch von Menschenkindern kennt? Bei deren Entwicklung ist das auch nicht anders. Wenn es mal gar nicht weiter geht, kann man schon mal mit nem Zaunpfahl winken.

Ihr werdet eine Veränderung schnell merken. Denn auch der Hund ist froh, endlich zu wissen, wo es langgeht.

Völlig unvoreingenommen wird in dem Alter jede Hürde genommen

Souveränes Auftreten später, ist eine wunderbare, erlernte Eigenschaft

Ein angehender Familienhund kann in den ersten acht Wochen noch entsprechend stimuliert und gefördert werden. So kann seine Wesens-Veranlagung möglicherweise noch weiter unterstützt werden.

„Milder" Stress in der frühen Entwicklungsphase ist unter anderem förderlich für ein ausgeglichenes Wesen. Dazu gehört auch, dass der Welpe in dieser Zeit täglich - zum Beispiel vom Züchter - angefasst wird, unterschiedlich dabei bewegt wird und mal kurz alleine auf einem kalten Untergrund verweilt, bevor er nach dem Wiegen wieder in sein Kuschelbettchen gelegt wird.

Hee, was bist du und machst du hier in unserem Gehege?

Ach so. Mama sagt, das geht in Ordnung, es wäre unsere Tante und die ist auch ein Hund.

Okay, verstanden: Auch die hier ist ne nette Tante von uns, richtig? Mal gucken, wie weit wir bei ihr gehen dürfen.

Ein neuer Mensch - die sind teilweise manipulierbar - das wissen wir schon...

Eine neue Herausforderung

Abends hat Takeo draußen gefressen, die restlichen Hunde waren mit uns Menschen im Haus. Nach dem Futtern hat er sofort gepinkelt. Ist dann aber auf Ruf nicht gekommen. So schloss ich einfach die Tür. Kurz drauf wollte er gerne rein. Ich habe mal gewartet, was passiert und hatte nicht gleich geöffnet. Sofort gab es Genöle, dann ist er an die Scheibe gesprungen wie verrückt, er wurde leicht hektisch. Keinerlei Aufmerksamkeit kam von uns „Innenlebenden" an das „Untier jenseits der Terrassentür".

Die Scheibe sah aus wie Sau, da er ständig mit seinen Dreckpfoten dagegen sprang. Egal, kann man wieder wegwischen. Das wird übrigens auch beim erwachsenen Hund nicht wirklich besser mit der Sauberkeit der Scheiben, da sie dann ihre Schnauzen ständig dran plattdrücken. Und je mehr Hunde, desto mehr Schlabberzungen und Pfotenabdrücke wären für eine Fahndung bestens geeignet. Kann man bestimmt auch abgewöhnen - wer jemanden kennt, der das schon erfolgreich gemacht hat, bitte bei mir dringend melden. Aber nur dann, wenn man auf diesem Wege es auch einer Katze abgewöhnen kann…denn die macht mehr Sauerei an die Scheibe, als alle Hunde zusammen.

Als Takeo endlich nach so - eher gehörten - drei Stunden kurz ruhig war (einundzwanzig, zweiundzwanzig, im Kopf zählen), habe ich die Tür aufgemacht, ihn kurz warten lassen und auf seinen Blick in meine Augen mit „Takeo, KOMM" reingelassen.

Unsere Nachbarn haben mir diese Übung glücklicher Weise verziehen, sie meinten auch, es wäre allerhöchstens eine laute Minute gewesen. Das war wieder so eine kleine Enttäuschungsübung - dies aushalten lernen und nicht gleich ausrasten, ist wichtig.

Auch bei Menschenkindern übrigens. Es gibt viele junge Erwachsene, die häufiger ihren Beruf wechseln. Nicht zuletzt liegt es daran, dass sie nie gelernt haben, mal Schwierigkeiten in welcher Form auch immer, aushalten und bewältigen zu können.

Bis die Tage mal wieder, ich habe natürlich auch heute wieder vor, eine spannende neue Sache für Takeo in den Tag einzubauen. Das ergibt sich ganz einfach aus einer Fahrt, die ich ohnehin erledigen muss. Dauert mit ihm dann etwas länger, aber das nehme ich in Kauf. Er teilt ja schließlich jetzt im Moment das Leben mit mir und ich will diese Lernphase nicht ungenutzt vorüberstreichen lassen.

Am gleichen Abend kamen zwei Mails mit Fragen von Takeo-Frauchen, die ich dann „zwischen den Zeilen" beantwortet habe:

Die erste Mail von Takeo-Frauchen an mich, betraf das Tagebuch „Frust nicht nur für Vierbeiner":

Hallole Simone,

also, das hört sich ja alles richtig klasse und nach „funktioniert ja super" an - und ich freue mich sehr. Auch wenn ich mir gut vorstellen kann, dass du die „Takeo-Erziehungszeiten" zusätzlich einplanen musst.

Naja - eigentlich wollte ich damit zum Ausdruck bringen, wie wenig Zeit man braucht, wenn man gleich am Anfang den Hund in den Alltag integriert. Später, wenn er schon einige Macken hat, geht es zäher, um das wieder in „trockene Tücher" zu bringen.

Simone, du hast geschrieben:

„...wieder heimgekommen, mit ihm kurz gespielt, sobald er zu heftig wurde unterbrochen, dann sofort weitergespielt."

Was heißt genau, zu heftig? Wie zeigt sich das bei dir und wie genau unterbrichst du das Spielen? Gehst du für ein paar Sekunden weg und unterbrichst den Blick-Kontakt?

Ich mache das so nicht. Es ist jedoch eine Option, wenn meine „Methode" euch noch zu schwierig erscheint. Es müsste aber sehr „zackig" passieren, sonst verknüpft der Hund es nicht: Schnell aufstehen, weggehen und z.B. eine Tür hinter dir schließen. Der Welpe erkennt den Zusammenhang sonst nicht, wenn die Wahl des richtigen Zeitpunktes nicht stimmt. Frustquietschen aushalten, erst wenn er kurz ruhig ist, das Zimmer wieder betreten. Hund begrüßen, NICHT auf beleidigt machen, das versteht er nicht.

Du kannst aber auch Takeo zackig hochheben und in seinen Laufstall setzen oder in die Box geben. Dann aber auch die garantiert sehr schnell einsetzenden Frustschreie aushalten.

Oder, wird er im Spiel zu heftig und „mault nach", was er hier bei mir bisher zweimal gemacht hat, kannst du ihn besser „zackig" und ruhig etwas ruppig, mit einer Hand unterm Kinn packen. Dabei drehst du seinen Kopf mit dieser Hand am Kinn so, dass er dir in die Augen sehen muss. Und du „knurrst" dein „NEIN" oder ähnliches. Du verstärkst deine Ansage dadurch.

Ist er still, sofort wieder loslassen und freundlich mit ihm sein. In beiden Situationen musste ich ihm das nur einmal kurz „erklären", er hat sofort verstanden, dass ich das Nachmaulen nicht dulde und dass sein Zwicken weh tut.

Beim Menschenkind würde man übrigens einfach die Hand weglassen, (also nicht am Kinn packen!), nur die Aufforderung geben, es soll Dir in die Augen sehen und du sagst dein Anliegen mit Nachdruck in der Stimme.

Kids und Zwicks

Es gibt unter anderem auch noch diese Möglichkeit, wenn kleinere Kinder von nem „Zwick-Hund“ befallen werden: Zwickt der Welpe immer wieder ein Kind des Hauses beim Spielen, also wird er zu heftig, sollte das Kind der Mutter oder dem Vater „petzen dürfen“. Heißt, das Kind selbst sollte ruhig stehenbleiben, bis die gerufene erwachsene Hilfsperson naht. Wenn das Kind haut oder schreit, kann es eine Art Gerangel geben, da das Kind rangmäßig für den Hund gleichgestellt ist. Je nach Reife kann das manchmal bis zum zwölften Lebensjahr sein. Ein Elternteil hingegen geht ruhig auf Kind und Hund zu und hebt den Hund „aus seinem vermeintlichen Spiel“. Einfach nehmen und ihn mit gestreckten Armen hochheben.

Das Gefühl ist für den Hund ätzend, einmal im Kreise drehen (ohne Worte, nicht freudig), Hund ist abgelenkt.

Das Kind kann in der Zeit aus „dem Spiel“ gehen oder stehenbleiben, wie es will. Der Hund wird wieder abgesetzt, kurz mit einem Spielchen abgelenkt und wieder „sich selbst überlassen“. Eventuell wiederholen, bis der Hund keinen Spaß mehr am „Kindzwicken“ hat. Also: In dem Fall nicht das Kind hochheben und „retten“, sondern dem Hund sagen „so geht das nicht“. Ist der Hund dafür zu schwer, dann überlegen, welche Art von Zurechtweisung möglich wäre. Man darf als Erwachsener auch hier körperlich werden – wie gesagt, das verstehen Hunde gut, so machen sie das auch untereinander, wenn es einem zu viel wird. Körperlich werden heißt aber nicht, ihn zu schlagen – was für uns zwei wohl schon klar ist, aber manch ein Weicheihalter das nicht auseinanderhalten kann.

Die beiden Kids hier machen das ganz toll. Grundsätzlich jedoch kein Kind unter 12 Jahren mit einem Hund alleine lassen.

Teenies kriegen den richtigen Umgang meist sehr gut hin

Manche Kleinkinder haben sehr früh schon genau den „richtigen Draht" zum Tier. Bei einem gut sozialisierten Hund kann ein Kind, das ein gewisses Auftreten hat und instinktiv das richtige Bauchgefühl hat, schon recht gut vom Hund akzeptiert werden. Ganz häufig können Kinder mit einem Aufmerksamkeitsdefizit-Syndrom ganz toll mit Tieren umgehen. Der Hund ist da dann ein prima Kumpel, der sich Sorgen und Nöte anhört und niemals weitererzählt. Ich habe das schon so oft selbst erlebt und bin jedesmal wieder von solchen Kids fasziniert. Und dann kann es aber auch mal sein, dass ich Familien sage, dass das Kind einfach noch nicht soweit ist, um einen Hund zu diesem Zeitpunkt in eine Familie aufzunehmen.

Simone, du hast geschrieben:

„...dann fuhren wir zusammen zu meinem Stammtisch. Klar, ich hätte Takeo auch mit ins Restaurant nehmen können. Aber, ich nutzte diese Zeit lieber anders. Er sollte allein in seiner Box im Auto warten. Er bekam zur schöneren Gestaltung sein Abendessen und Wasser."
Gute Anregung, wenn er mal bei etwas nicht dabei sein kann oder soll!

Ja, schon auch. Aber es geht hier mehr um ein Alleinbleiben-Üben an anderen Orten. Also auch wieder Frust aushalten. Aber nur leicht, denn er hat ja das Futter als „Anfangshilfe" - wie angenehm, da vergisst man glatt, dass man alleingelassen wurde. Später ist dann Warten im Auto kein Problem für ihn, da er das mit einem angenehmen Gefühl verbindet.

Simone, du hast geschrieben:
„...er hat wieder sein Frühstück im Garten gesucht, macht er schon recht fix. Er ist dabei immer noch angeleint, aber schon viel ruhiger und verfolgt aufmerksam, wo ich die Brocken hinwerfe."

Hab ich noch nicht ganz verstanden: Weshalb leinst du ihn an und mit welchem Kommando lässt du ihn dann sein Fressen suchen?

Es geht dabei um viele verschiedene Punkte, die man mit so einer Übung vereinen kann: Das Anleinen und „BLEIB" sagen. Er kann in seinem Alter in dieser Situation noch nicht unangeleint an einer Stelle bleiben, da der Reiz des „Sofort-was-tun-Wollens" zu groß ist.

Er lernt trotzdem, „BLEIB" heißt, eben an einer Stelle bleiben zu müssen. Er wird aber nach der ersten Enttäuschung mit Quengeln und Sträuben und allem, was dazu gehört, jedoch sehr schnell neugierig werden und mich beobachten. Boah, ich verteile was, und er kann nicht gleich hin. Das Wort „BLEIB" wird noch ganz wichtig für dich und Takeo, da du es schon bald „unbewusst" für deine unnachgiebige Nachdrücklichkeit verwenden wirst: Du sagst zu Takeo „SITZ". Dem kurzen Wort gibst du dann mit deinem „BLEIB" (mit vorgestrecktem Arm und erhobener Handfläche Richtung Hund) unserem menschlichen Gefühl nach mehr Gewicht und strahlst das auch aus. Er muss nun solange dort sitzen bleiben, bis du ihm die Erlaubnis gibst, wieder aufzustehen. Du gehst außerdem während des „BLEIB-Sagens" zusätzlich ein Stückchen weg von ihm. Kehrst darauf zu ihm zurück und lobst ihn, wenn er artig (nur ein paar Sekunden am Anfang) auf seinem Hintern geblieben ist.

Du leinst ihn ab, aber lässt ihn noch nicht weg. Er schaut dich an und dann sagst du dein – je nachdem, welches Wort du benutzt – „OKAY" oder „FREI" oder „SUCH" und er darf sein Futter suchen. Ohne Leine übst du „SITZ" und „BLEIB" erst einmal ohne Futter. Klappt das zuverlässig, mit Futter.

Steht er nun auf, verbesserst du ihn sofort, indem du ganz zu ihm hingehst (auch, wenn er sich vorher schon wieder setzen sollte, bis zu ihm gehen). Die Übung nochmals beginnen, bis er hoffentlich nicht mehr aufsteht. Später kannst du dieses „BLEIB" auch verwenden, wenn er mal bei Freunden eben BLEIBEN soll. Er weiß dann, alles ist gut, du kommst wieder.

Du bekommst so seine Aufmerksamkeit. Du bist wichtig. Er wird dich später auch in anderen Augenblicken beobachten, ob du etwas Spannendes tust, wo er denn mitmachen könnte. So hast du seinen Blick auf dir, nicht auf einen anderen Hund, Hasen oder anderes Gedöns.

Und es ist gleichzeitig wieder eine Frust-Übung, die ganz, ganz wichtig ist, damit er später nicht quengelnd, kläffend, ziehend, heulend... mit euch durch die Welt geht.

Das wäre übrigens übertragen ähnlich wie bei einem „typischen AK".

Anmerkung der Redaktion: Über diese „AK" hatten wir uns mit den Takeo-Besitzern bei einem ihrer ersten Besuche unterhalten. Wie, keine Ahnung, was ein „AK" ist? Dann einfach mal das hier im Netz eingeben, da kommt eine sehr schöne Erklärung: www.hundeerziehung-familienhund-welpe.de , den Button „links" anklicken und dort die Zeile „**das AK**" anklicken. Du wirst es nicht bereuen, die Erklärung zu erfahren. Und außer dem „AK" gibt es dann selbstverständlich auch den „AH".

Takeo lernt also, zu Hause gehorsam zu sein und Regeln zu beachten. Wenn er das im eigenen Haus nicht lernt, wird er außerhalb erst recht nicht folgen. Diese Übung kann man später erweitern und super für unterschiedliche Gegebenheiten nutzen. Er bleibt dann auch ohne Leine brav sitzen und wartet, bis er seine Ansage bekommt. Erst auflösen, wenn er euch in die Augen schaut, eben „nachfragt" – naaa, jetzt kommt ja schon die nächste Übung, das „Vor-dem-Futternapf-Anschauen" ins Spiel, ne!?! Du kannst ihm eine Hand voll Futter auch im Haus verstreuen, wenn ihr ihn allein lassen wollt. So fällt am Anfang die Wartezeit leichter. Takeo darf aber erst hin, wenn du es ihm erlaubst.

Später kannst du die einzelnen Futterbröckchen vorher verstecken, ihn dann erst suchen lassen. Voraussetzung ist immer, dass er etwas Hunger verspürt, also höchstens die Abendmahlzeit im Napf bekommt. Und wenn er noch älter ist, bleibt er einfach ruhig daheim, auch ohne Futterspiel. Weil er das Alleinbleiben mit einem wohligen Gefühl verbindet.

Er kann übrigens „SITZ und BLEIB" schon ohne Leine. Allerdings noch ohne Ablenkung. Ich gehe nur zwei Schritte zurück und halte die Hand vorgestreckt, warte gerade mal zwei Sekunden, rufe ihn dann zu mir. Wichtig sind hier der Lerneffekt und das Erfolgserlebnis, nicht, dass ich zehn Meter weggehe und es klappt dann nicht oder zu lange warte, bis er kommen darf. Dies sollte man jedoch von Woche zu Woche ein wenig steigern. Steht der Hund zu oft auf, wieder „alles auf Anfang" und den Abstand verringern.

Simone, du hast geschrieben:

„...Tagsüber habe ich viel gearbeitet, aber auch einen neuen „Tag X" mit Takeo eingeläutet. Und zwar an der offenen Terrassentür: „Wir gehen nicht ständig raus und rein wie wir wollen, sondern warten, bis Cheffe das OKAY gibt." Das können unsere Hunde recht gut, Takeo war das bisher gar nicht aufgefallen. Oder wunderte sich, warum die denn nicht mit ihm rein- oder rausgehen, wann immer es beliebt.
Ab „Tag X" ging das so: War ich in der Nähe der Terrasse, habe ich die Tür aufgemacht. Jedes Mal, wenn er von selbst rein ist, habe ich ihn sofort wieder rausgeschickt."

Das haben wir auch mit ihm geübt. Teilweise habe ich ihn dann wieder reingeholt, wenn er ohne Kommando raus in den Garten ist. Das hat er manchmal als Spiel verstanden und ist davongerast. Was mach ich da dann am besten?

Der Tag X

Du wählst eine andere Vorgehensweise, und vor allen Dingen nicht „teilweise". Sondern IMMER: Wie soll Takeo den Sinn der Übung verstehen, wenn er mal wie er will durch die Tür kann, dann wieder nicht? Er soll überhaupt nicht „ungefragt" durch diese eine Tür - und vor allen Dingen beendest du die Übung, und zwar erfolgreich, ganz wichtig.

Wir erinnern uns an die Küchentür. Hier galt das Wort „NEIN". „NEIN" heißt ja in diesem Fall, er darf ab „Tag X" nie mehr (wie schrecklich) in die Küche. Oder du hebst das Küchenverbot später, wenn alles gut klappt, wieder auf - oder er darf nur auf deine Ansage rein - ganz, wie es dir später beliebt.

Hier jetzt haben wir einen anderen Fall, ab „Tag X" geht es um ein „bleib auf der jeweiligen Seite bis ich dir sage, du darfst" oder auch „du sollst über die Schwelle in die jeweilige andere Richtung treten."

Die Übung beginnt, wir haben „Tag X". Du bist drinnen, der Hund ist draußen. Am Anfang der Übung macht das nur Sinn, wenn du dich in der Nähe der Tür aufhältst. Dort bügeln, Zeitung lesen, was dir einfällt. Also, unbedingt etwas tun und ihn nur aus dem Augenwinkel beobachten. Sonst lernt er sofort: „ Solange die guckt, kann ich nicht. Aber wehe, wenn sie sich umdreht, bin ich drin".

Es ist wesentlich einfacher so rum zu beginnen, wenn er dann doch irgendwann rein möchte zu dir. Du darfst ihn auf keinen Fall rufen, er muss von selbst wollen. Mit einem scharfen „BLEIB" und vorgestrecktem Arm mit erhobener Hand in seine Richtung zeigst du ihm, dass er draußen bleiben MUSS, nicht DARF. Zur Not ihn wieder rausschieben. Du zählst einundzwanzig, zweiundzwanzig, Takeo guckt dich immer noch verblüfft an. JETZT ihm sagen, dass er rein DARF zu dir. Sehr freundlich, gerne mit Leckerli. Das gilt ab jetzt IMMER. Wenn du keine Zeit zum Üben hast, bleibt die Tür in der Zeit zu. Er darf nicht mehr einfach reinlaufen, das ist vorbei.

Andersherum: Er ist drinnen, du arbeitest etwas „Wichtiges" direkt draußen vor der Tür. Mach imaginäres Unkraut raus, tu Fugenkratzen, völlig egal. Am besten kniend, damit du schnell sein kannst, wenn er raus fitschen will. Du darfst ihn auf keinen Fall rufen, er muss von selbst wollen. Irgendwann will er zu dir nach draußen. Mit einem scharfen „BLEIB" und wieder deiner Hand in seine Richtung zeigst du ihm, dass er drinnen bleiben MUSS, nicht DARF. Zur Not ihn wieder reinschieben. Du zählst einundzwanzig, zweiundzwanzig, Takeo guckt dich immer noch verblüfft an. JETZT ihm sagen, dass er raus DARF zu dir. Sehr freundlich, gerne auch mit Leckerli.

Das gilt ab jetzt IMMER. Wenn du keine Zeit zum Üben hast, bleibt die Tür in der Zeit zu. Er darf nicht mehr einfach rauslaufen, das ist vorbei!

Wenn du das richtig machst, kannst du in ein paar Tagen mit ihm zusammen drinnen sein, die Tür aufmachen, vielleicht noch ein „BLEIB“ sagen, und erst nach den gedanklich gezählten „einundzwanzig, zweiundzwanzig“ und seinem Blick in deine Augen, ihn mit einer Aufforderung nach draußen entlassen.

Du gehst mit Takeo mit einer Ansage raus. Irgendwann, wenn er dich gerade beobachtet, gehst du wieder nach innen. Er wird mit dir mitlaufen, aber kurz vor der Schwelle sagst du ihm noch mal sicherheitshalber das „BLEIB“, unterstützt mit dem Sichtzeichen. Macht er das anständig, darf er nach deiner Ansage mit ins Haus. Geschafft!!!

Findest du das mühsam? Nein, ist es nicht. Genauso funzt auch die Kindererziehung. Wer frühzeitig Kindern zu Hause Grenzen setzt und Frust aushalten beibringt, wird später ein angenehmes Kind in der Öffentlichkeit haben. Und noch etwas später einen erwachsenen Menschen haben, der mit seinem Leben gut klar kommt, ausgeglichen ist, Selbstbewusstsein entwickelt und dadurch auch mehr erreicht.

Klar, das kann man auch später noch hinkriegen – aber dann ist der Weg wirklich anstrengender und länger. Ein Kind wird immer wieder versuchen, alle möglichen Grenzen auszutesten. Und oft auch gewinnen. Es weiß ja genau, was es tun muss, um das Gewünschte zu bekommen.

Wer im Paradies groß wird, kann später auch nur im Paradies leben. Wenn du weißt, wo es liegt, sag mir bitte Bescheid.

Bei einem Kind kann man zusätzlich vieles erklären, wenn man ihm denn die Sprache beigebracht hat. Wobei es nicht gut ist, mit einem Dreijährigen schon zu verhandeln und alles zu begründen. Das sollte erst später vertieft werden. In diesem jungen Alter reicht es erst einmal völlig, dass die bestimmte Regel ganz einfach so ist.

Ein Grund, warum ich immer Familien rate, wenn ein Erstlings-Hundewunsch in die Lebensplanung junger Eltern tritt: Das jüngste Kind sollte im Kindergartenalter sein. Dann sind die erforderlichen Nerven der Eltern auch für die Erziehung des neuen Familien-Mitglieds wieder fit. Und, die Kinder können bereits gut mithelfen! Sie werden schnell verstehen, dass man ab „Tag X“ die Terrassentür immer wieder öffnen und schließen muss, damit der Hund während dieser Erziehungsphase den Durchblick behält.

Gerade die kleinen Menschenkinder sind da sehr gewissenhaft – wenn sie selbst gelernt haben, dass Regeln einzuhalten sind. So übernimmt ein noch kleines Kind die Aufgabe, auf die Terrassentür zu achten, damit das Hundebaby lernen kann.

Du aber brauchst nur auf Takeo zu achten – besser geht nicht.

Beim Hund jedoch darf man nicht vergessen, dass er der Sprache nicht mächtig ist und nur durch Verknüpfungen lernen kann, was wir von ihm wollen. Versuche dir bei der Hundeerziehung vorzustellen, dass du einem Marsmännchen etwas beibringen willst – wie kann das funzen, wenn keiner die Sprache des anderen versteht?

Das Ganze kann mehrere Tage, vielleicht auch Wochen in Anspruch nehmen – je nachdem, wie gut der Besitzer den richtigen Zeitpunkt gefunden hat, sein Wort mit der Handlung des Hundes zu verknüpfen. Das muss genau auf den Punkt kommen – der eine Mensch kann das schneller, der andere kann es erst nach einiger Übung umsetzen.

Auch ist es möglich, dass Takeo in größeren Abständen immer wieder hinterfragt, ob er nicht doch einfach durch die Tür kann – NEIN, kann er nicht, sofort wieder rausschicken, auch wenn er es mit drei Jahren erst wieder probiert. Das ist kein Machtkampf, sondern einfach entspanntes Leben lernen!

Und trotz allem, es sind wiederum nur ein paar Minuten Zeitaufwand am Tag. Die richtigen Worte hier für die verständlichste Erklärung zu finden, dauerte viel länger. Auch ist es so, dass Takeo trotzdem bei Bekannten durch die Tür schreiten wird – vor allen Dingen, wenn da auch ein Hund ist, der das ungehindert darf. Wichtig ist erst mal, dass er die Regel bei euch zu Hause befolgt – später dann, wenn sein Hirn reifer ist, kannst du ihm ganz einfach auch in der Fremde durch ein „NEIN" oder „BLEIB" – je nach Gegebenheit – sagen, ob etwas gestattet ist oder nicht. Manchmal wollen Freunde einfach glattweg den Dreck im Haus haben – da würde ich ihm den Spaß auch lassen.

Verstehst du? Man braucht kein „es geht ums Prinzip" in vielen alltäglichen Begebenheiten. Da du ihm daheim Regeln beigebracht hast, kannst du sie in der Fremde entweder nutzen oder eben mal wegfallen lassen. Gerade so, wie DU es entscheidest. Eben, weil er zu Hause IMMER verbessert wurde und daher weiß, was ein „NEIN" und ein „BLEIB" ist. Egal dann, in welcher Lebenslage.

Jedoch auch außerhalb des eigenen Reiches unbedingt dranbleiben, wenn er eine Anweisung nicht befolgt, die du gegeben hast. Sonst hat er ganz schnell heraus, dass, wenn andere Menschen dabei sind, eine Anweisung von dir nicht zählt und er sich durchsetzen kann. Also ruhig ein Gespräch kurz unterbrechen, deinen Hund erinnern, dass du etwas von ihm wolltest und dann weiterreden.

Das ist die „wahre Konsequenz". Bei einem Kind hält man eine Handlung. die man vorher angekündigt hat, auch ein. Bei einem Hund, der sich aus einem Vorgang „herauswinden" möchte, geht man hin und unterbricht das unerwünschte Tun. Solange, bis er gecheckt hat, dass ihr es ernst meint. Und dann merkst du sofort den Unterschied - Eine Entwicklung kann endlich voranschreiten, ohne ständiges Kräftemessen und Streitigkeiten oder ständiger Gereiztheit. Auf keinen Fall darf man sich als erwachsener Mensch mit Bockigkeit, Nichtbeachtung. Schreierei und so weiter auf die Ebene des Hundes - oder auch Kindes - begeben. Das ist super unglaubwürdig und man gräbt sich immer tiefer in die Matschekuhle ein.

Jahaaa, das heißt sogar, dass du später mal „ein Auge zudrücken" darfst. Ja, wirklich. Aber eben erst später. Wenn du merkst, es „klickt" zwischen dir und deinem Hund. Dann darfst du auch mal (nicht öfter, nicht ständig, sondern mal) so tun, als siehst du was nicht. Und mit Hund an der Seite an andere Dinge denken. Oder ein „NEIN" mal „bereden". Merkst du, der Hund „nutzt es aus", gehe sofort, ohne Nachgiebigkeit, wieder ein paar Schritte auf eurem Weg zurück und gehe von dort nochmal los.

Mir fällt gerade noch eine Geschichte ein: Annika (jetzt wieder unsere Tochter, kein Hund), habe ich schon ganz klein im Supermarkt mit in die Einkäufe eingebunden. Sie durfte verschiedenste Lebensmittel, an die sie selbstständig rankam oder ich sie in die Höhe gehoben hatte, nach meiner Anweisung in den Wagen laden. Sie hatte was zu tun, konnte helfen, und es war für sie nicht langweilig. Gelangweilte Kinder quengeln laut und nerven unendlich. Natürlich dauert so ein Einkauf etwas länger - aber ich wollte ja ein Kind haben und bin dann auch dafür verantwortlich, ob ihr gemeinsame Zeit - und wenn es einkaufen ist - Spaß macht oder es so ätzend für sie ist, dass sie es der Mutter - oder dem Vater - „heimzahlt" und ekelig wird. Macht man dann den Fehler und stopft in das Kind nen Schokoriegel zum Ruhigstellen, hat man schon verloren. Das nächste Mal quengelt das Kind lauter und länger, irgendwann reicht der Schokoriegel nicht mehr und es soll gefälligst - nicht bitte - das größte Eis sein... arme Mamis und Papis. und vor allen Dingen, arme Kinder.

Ich hingegen konnte einfach ab und zu Annika was kleines!!! Süßes aussuchen lassen - was sie mit freudestrahlenden Augen und roten Bäckchen auch grinsend tat. Und ich habe niemals das Papierchen an der Kasse gezeigt - sie durfte den Riegel erst nach der Kasse essen. Hat sie sich auch wie total selbstverständlich dran gehalten. Selbst wenn sie andere Kinder gesehen hat, die das durften - war etwas Erstaunen in ihren Augen, ich sagte „nach der Kasse" und es war erledigt. Das war eigentlich so einfach.

Nochmals: Klar dauert das in dem Moment etwas länger - aber ich wollte ja ein Kind (und du einen Hund). Also muss JETZT die Zeit drin sein, um später heiter und gelassen diese Erst-Arbeit genießen zu können und nicht ärgerlich und angespannt viele wert(h)volle Jahre verstreichen zu lassen.

Sorry, das sind jetzt wieder Romane, da ich alles auf einmal und so anschaulich wie möglich erklären will (fühle mich gerade schon heiser geschrieben). Wenn du dies einmal verstanden hast, kannst du das auf jede Lebenslage ummünzen, daher lohnt sich dieser Aufwand hier, alles niederzuschreiben.

Jedes einzelne Individuum hier ist gut sozialisiert und sein Leben ist reicher

Simone, du schreibst:
„…die Scheibe sah aus wie Sau, da er ständig mit seinen Dreckpfoten dagegen sprang. Egal, kann man wieder wegwischen… als Takeo endlich nach so gefühlten – eher gehörten – drei Stunden kurz ruhig war (einundzwanzig, zweiundzwanzig im Kopf zählen), habe ich die Tür aufgemacht, ihn kurz warten lassen und auf seinen Blick in meine Augen mit „Takeo KOMM" reingelassen…. Das war wieder so eine kleine Enttäuschungsübung – dies aushalten lernen und nicht gleich ausrasten, ist wichtig."

Genau! Die Terrassentürscheibe ist jetzt noch nicht geputzt! :-) Wenn ich ihn mit dem Gemache nicht reingelassen habe, sondern abgewartet hab bis er ruhig war, hatte ich manchmal den Eindruck, das stört ihn gar nicht mehr. Dann hat er sich hinter die Kommode auf der Terrasse gelegt... und war beleidigt... und wollte erst mal gar nicht mehr rein. Oder wie würdest du das sehen?

Ein Hund kennt „beleidigt sein" nicht. Du hast den richtigen Zeitpunkt verpasst und er hat einfach genügend Zeit bekommen, anderen „Sonderrechten" den Vorrang zu geben oder ist verwirrt und entzieht sich dem gerade sich auftuenden Fragezeichen. Auf der einen Seite hattest du Erfolg, er war ruhig und hat aufgegeben. Andererseits darfst du ihn dann nicht einfach dort liegenlassen, sondern solltest sofort die Tür aufmachen und ihn herrufen, wenn geht, BEVOR er liegt! Und auch nicht hingehen und ihn holen, da versteht er denn Sinn der Übung nicht mehr. Sondern – von mir aus wieder mit Futter – denn er hat ja immer Hunger, da er tagsüber nichts aus dem Napf kriegt, ne(!) – von mir aus mit einem super duftenden Stück Wienerle (gaaanz klein) zuckersüß rufen, auch auf dem Boden liegend, quietschend, egal... Hauptsache, er kommt. Mit deinem Wort dafür rufst du Takeo durch die Terrassentür nach innen. DU hast so die Übung sinnvoll beendet. Sonst war der „Tag X" für nix.

Wenn das nicht mehr klappt, wieder von vorne anfangen, da er ja verstehen soll: „Auf ne klare Ansage von meinem Frauchen darf ich über die Schwelle gehen." Hat er mal die Verknüpfung – „ich werde gerufen = es gibt was Tolles = also komm ich auch" – hast du ihn gewonnen. Aber bitte, alles nur ganz kurz üben, sonst wird er unaufmerksam und zappelig. Vor einer neuen Übung wäre ein kurzes auflockerndes Spiel, was ihn allerdings nicht entkräften sollte, eine hilfreiche Sache. Auch das braucht man nur jetzt am Anfang tun – später reicht dein kurzes Wort.

Ein „BLEIB" heißt also: „Genau dort wo du bist, eben „BLEIBEN". In unserem jetzigen Fall einfach nur drinnen oder draußen bleiben, später dann auch im „PLATZ" und „BLEIB" eben bleiben. Bis du sagst, er darf wieder etwas anderes tun.

In dem Fallbeispiel mit der Terrassentür heißt es also „REIN" und „BLEIB" oder „RAUS" und „BLEIB", nachdem er anständig kurz geblieben ist. Heißt, er soll nach ein paar „Übungsminuten-Tagen" (habe glaube ich gerade ein neues Wort erschaffen), folgendes können: Er bleibt automatisch einfach draußen, wenn du rein gehst, ohne dass du ihm was sagen musst. Oder eben umgekehrt. Natürlich kann er sich vor die Schwelle legen. Sobald du ein „REIN" sagst, DARF er dir folgen. Umgekehrt, er liegt drinnen auf seiner Decke, du gehst durch die geöffnete – nehmen wir jetzt mal die Haustür, da kannst du das „NEIN" natürlich auch üben – zum Briefkasten.

Je besser du da bist, desto schneller brauchst du nichts mehr sagen, er bleibt solange drin, bis du ihn rufst. Dann muss er aber auch kommen. Verstehst du? Und er bleibt auch auf keinen Fall alleine ohne Aufsicht draußen – wenn die Türübung beendet ist, dann kann er zusammen mit dir den Garten erkunden und Ameisen zählen.

Das sofortige Herkommen übt man lange. Hat er es verstanden, dann trägst du das Stück Wienerle in der Jacke. Erst rausholen, wenn er bei dir ist, nicht mehr vorher. So wird es keine Bestechung, sondern nur eine Belohnung, wie wir ja schon wissen. Denn, eine Bestechung klappt nur anfänglich, so wie mit der Mutter mit Kind und der Süßigkeit im Supermarkt beschrieben.

Später dann reicht dein Ruf und er hat dabei ein „wohliges Gefühl" und wird immer gerne kommen. Vergleich zum Menschen: Ich rieche irgendwo Bebe-Creme und habe sofort ein wohliges Grinsen auf den Lippen, weil es mich an Annika als Baby erinnert. Oder, ich höre ein bestimmtes Lied im Radio und habe sofort meinen Mann mit Klein-Annika auf den Schultern im Kopf, die beide fröhlich hüpfend mitsingen.

Du hast ja bei mir gesehen, ich brauche nur einen Zungenschnalzer, und alle Hunde sind im Haus und Garten SOFORT da. Das klappt sogar hier noch, auf dem riesigen Grundstück. Ab und an belohne ich das Herkommen immer noch mit etwas Gutem – diese Erwartungshaltung ist wichtig, immer mal wieder zu bestätigen. Auch im Auto mach ich das noch ab und zu. Nach einem Spaziergang geht es nicht ins langweilige Auto, sondern sie freuen sich drauf, in ihre Boxen zu springen und zu schauen, ob es was gibt von mir.

Natürlich wird es später auch Momente geben, in denen du hingehen musst zu deinem Hund, um „angedrohte Entschlossenheit" bei Nichtbeachtung einer Ansage für ihn nachdrücklich zu machen. Genau diese Unterschiede, wann du wie handelst, kannst du für Takeo nur spürbar machen, wenn es bei dir „klickt".

Der Sinn dieser Übungen ist eigentlich, dass er lernt, gerade zu Hause gewisse Regeln zu befolgen. Nur dann – hört er auch draußen, mit dir und wenn dein Partner auch übt, auch bei ihm. Erst wieder alleine. Wenn das funzt, auch mit Ablenkung. Und irgendwann, wenn du da gut dranbleibst, kannst du ihn auch von anderen Hunden abrufen und wirklich stolz drauf sein. Also deinen Hund – nicht den Partner.

Das klingt jetzt alles schwierig und anstrengend – es ist wirklich so ähnlich wie es Eltern geht, die ihr Kleinkind erziehen. Keine Regeln zu Hause, wird es sich auch in der Gesellschaft eben wie das besagte „AK" benehmen. Du hast es nur einfacher als Menschen-Eltern – es geht bei einem Hund viiieeel schneller. Und ein „AH" nervt die Gesellschaft ebenso, wie ein „AK".

Wenn du vorhin nicht geguckt hast, es aber jetzt wissen willst, ist die Erklärung auf www.hundeerziehung-familienhund-welpe.de unter „links", **„Zeile AK"**.

Somit ist es wirklich erstrebenswert, hier hartnäckig zu bleiben. Kind und Hund und auch die Mitmenschen werden es danken.

Passt mal auf, wie weit ihr schon in einem Jahr sein werdet. Dann liest du alles hier noch mal durch und wirst feststellen, dass sich alle Mühen – von euch, dem Trainer, von mir – und vor allen Dingen Takeo – gelohnt haben.
Irgendwann macht es bei euch „Klick" und ihr habt verstanden und der Weg wird immer leichter. Dann ist das weitere Zusammenleben entspannt

und schön, schön, schön. Mit wenigen Ausnahmen. Jeder weitere gesunde und normal veranlagte Hund, den ihr dann hoffentlich noch in eurem Leben haben werdet, wird für euch einfacher zu erziehen sein.

Jetzt geh ich erst mal in die Sonne und arbeite im Garten, die zweite Mail beantworte ich später und das Tagebuch schreibe ich dann auch weiter.

Grüßeee

Simone

Einen Tag später habe ich wieder an Takeos Leute geschrieben:

Hallo,

ich konnte leider nicht früher antworten, wir waren vorhin in der Hundeschule, mehr davon später im Tagebuch.

Nun guck ich mal, was du hier wissen möchtest. Anmerken möchte ich nochmals, dass es immer MEINE Meinung und Erfahrung ist, die ich hier wiedergebe. Und sich das auch ganz viel mit der – auf jeden Mensch mit seinem Hund passenden und drauf eingestellten Erziehungsweise – wirklich sehr guten Hundeschule deckt, die man unter www.hundeschule-fuerth.de besuchen kann. Denn sie haben einen großen Beitrag dazu geleistet, dass meine Hunde so „anständig" sind, wie sie sind.
Viele Grüße

Simone und Takeo

Simone, wo lässt du ihn denn allein, wenn du weggehst?

Nachdem ich erst dafür gesorgt habe, dass er eine Runde spazieren gegangen ist oder im Garten gespielt hat oder ähnliches, bleibt er allein im Wohnzimmer. Küche ist zu, Büro ist zu, Toilette auch. Der Gang ist ja versperrt durch das Kindergitter (damit Gasthunde nicht ständig nach oben laufen). Zuviel Platz und Raum alleine zu haben, kann einen Welpen oder auch frisch eingezogenen erwachsenen Hund ängstigen.

Wenn selbst das für einen Hund eine Zeit lang zu viel Stress ist, kann man auch eine Transportbox (Drahtgitter zum Durchschauen, meistens unkaputtbar) ausprobieren, so manch ein Hund entspannt da sehr gut und schläft ein paar Stündchen.

Er bekommt ne leckere Kaustange, wahlweise auch nur ein paar Leckerli verstreut und manchmal ist ein Spielzeug zur Beschäftigung da. Und natürlich Wasser. Ein wenig muss man selbst austesten, wie es am besten klappt. Mal mit was zum Essen, mal mit einem Spielzeug, mal ohne. Wasser muss immer zugänglich sein. Hier im neuen Haus habe ich den Luxus eines eigenen Hundezimmers. Ab und an ist es notwendig, Junghunde oder auch Gasthunde von meinen erwachsenen Hunden zu trennen, wenn ich länger nicht da bin. Sei es aus reiner Vorsichtsmaßnahme unserer Einrichtung gegenüber, oder dass jede Abteilung mal ihre Ruhe hat oder ähnliches.

Er sieht, dass ich gehe. Ich sage nur ein „BIS GLEICH" und kümmere mich mit keinem Blick mehr um ihn. Egal, was er macht - fiepen, bellen, von mir aus durch den Wassernapf rennen, um Aufmerksamkeit zu kriegen - ich beachte es nicht. Und gehe. Wichtiges wie unsere Perserteppiche und Blattgoldvasen ...pffft... räume ich vorher natürlich weg. Falls er „randalieren" sollte, kann ich es dann ohne wütend zu werden, völlig entspannt und ausgeglichen, ertragen. Außer, der Hund hat in meiner Abwesenheit meinen Firmenstempel zerlegt und die blaue Farbe überall auf dem Laminat verteilt (lieber Darino, wir denken daher noch oft an dich - deine blaue Schnauze hatte dich verraten).

Unsere Überlegungen gehen in die Richtung, Takeo gleich in der ersten Nacht im Wohnzimmer zu lassen, wenn er wieder bei uns ist. Was meinst du dazu? Wo schläft Takeo denn bei euch mittlerweile?

Das ist jetzt eines der wenigen Dinge, das ich erst einmal nicht ändern würde. Seinen Schlafplatz nachts bei euch im Schlafzimmer. Er genießt den Schutz und die Geborgenheit, da er nicht alleine ist. Nach dem letzten Nacht-Gassi-Gang geht er hier bei uns ganz selbstverständlich die Treppen rauf und steht vor der Tür. Ein tolles Ritual hat Takeo eingeführt: Die Meersäue sind zurzeit tagsüber im Garten und nachts auch im Käfig im Schlafzimmer. Er quetscht sich in deren klitzekleine Transportbox und futtert die Reste des trockenen Körnerbrotes auf. Das bekommen die Schweinis übrigens nur in dieser Box, somit gehen sie da schon von selbst rein und es ist kein mühsames Einfangen nötig. In der Zeit mache ich die Schlafzimmertür zu und gehe ins Bad. Zurück aus dem Bad erhält Takeo noch eine Gute-Nacht-Knabberstange und dann wird er keines Blickes mehr gewürdigt, egal, was er fordert.

Takeo ist ein schlaues Kerlchen und nicht zu unterschätzen

Mittlerweile legt er sich artig neben das Bett und bis früh morgens hören wir nichts mehr von ihm. Auch wenn wir selbst nen Welpen aus einem Wurf behalten, schläft dieser nachts einige Zeit bei uns. Wäre er da schon mit den anderen im Wohnzimmer, ist Folgendes vorprogrammiert: Der junge Hund legt irgendwann in der Nacht einige Spielminuten mit einem der erwachsenen Hunde ein. Der erwachsene Hund hat damit auch kein Problem, er hat seine Blase super unter Kontrolle und legt sich einfach wieder hin und schläft. Ein junger Hund hingegen verspürt durch das Spiel - da Bewegung - Druck auf der Blase... und jeden Morgen sucht man dann die Pfütze - oder tritt „ungesucht" barfuß hinein - lecker.

Im Schlafzimmer merkt auch Takeo als Einzelhund zusätzlich die Verbindung zu euch. Es geht darum, ihm die erste Zeit Sicherheit zu geben. Nähe festigt die Bindung. Das bringt Ruhe und Tiefenentspannung und führt dazu, dass der Hund (oder auch wieder das Kind) ein gutes Selbstwertgefühl - oder auch Selbstbewusstsein bekommt. Das wiederum braucht man das ganze Leben, um mit Fehlschlägen oder anderen schwierigen Zeitabschnitten, zurechtzukommen.

Will man das so nicht, dann schläft immer einer von euch im Wohnzimmer auf dem Sofa, während der Welpe in seiner Transportbox daneben ist. Bis ihr euch ziemlich sicher seid, dass er ab „Tag X" allein dort schlafen kann. Uns ist aber die Schlafzimmervariante viel lieber, das hat einfach mehr Nähe und ist für uns viel entspannter, da ein Wasserbett viel angenehmer ist, als jedes Sofa - finden wir jedenfalls. Manchmal braucht man für diese Vertrautheit nur ein paar Tage, je nach Wesen und bereits Erlebtem vom Hund. Manchmal kann das Wochen, oder auch Monate dauern und dann funktioniert es doch von einem Tag auf den anderen, dass er von selbst nicht mehr mit möchte.

Oder ihr sagt ihm, „jetzt ist dein Auszug geplant, du darfst dich aber erst einmal vor die Schlafzimmertür legen." Das gilt es einfach, herauszufinden. Hunde sind Kontaktschläfer. Gerade ein junger Welpe, der noch nicht lange von seiner Mutter und Geschwistern weg ist, braucht noch viel Nähe. Wenn kein weiterer Hund vorhanden ist, nimmt er auch gerne seinen Menschen.

Wir können auch kuscheln, ne?

Zur Not, hat er gesagt

Aus dem sicheren „Geschwisternest“ geht es alleine ins Abenteuer Leben.

Welpen lieben es kuschelig. Die ersten Tage sollte sein neuer Mensch in seiner Nähe schlafen – oder umgekehrt.

Später dann gibt es durchaus Varationsmöglichkeiten

Ergebnis für euch: Kann sein, dass es anfangs etwas unruhig wird mit ihm, solltet ihr euch früher auch noch im Schlafzimmer mit ihm beschäftigt haben. Er muss erst merken, dass ihr stärker geworden seid und nicht mehr das Prinzchen ständig umsorgt. Irgendwann versteht er dann auch, dass eben Ruhe ist. Und er am Anfang am Zerrseil als Einschlafhilfe nuckeln darf - er ist ja noch ein Kind. Nach ein paar Nächten gibt es auch kein Zerrseil mehr, denn Ruhe ist eben Ruhe. Und eines Tages wird er entweder wie selbstverständlich im Wohnzimmer bleiben, wenn ihr schlafen geht, oder ihr versucht immer wieder mal den „Tag X".

Tagsüber kannst du ihn auch in die Transportbox lassen (er DARF da rein, nicht MUSS), wenn du ihn alleine lässt. Vorher jedoch immer die Gelegenheit geben, dass er sich ausreichend bewegen konnte und auch sein Geschäft erledigt hat. Immer Wasser mit in die Box stellen und darauf achten, dass die Box mit Hund nicht irgendwann in der Sonne steht. Maximal wären für mich zwei Stunden am Tag bei geschlossener Box akzeptabel.

In der Regel fühlen sich Welpen, junge Hunde und dadurch auch der erwachsene Hund - geborgen in so einer Box. Wir gewöhnen ja schon die Welpen im Freigehege an die Boxen. Sie können da drin schlafen, fressen, spielen - wie sie lustig sind. Allerdings machen wir die Boxen (noch) nicht zu.

Ansonsten hat er wirklich keine Bewegungsfreiheit und - wenn er muss - macht er auch in die Box, da es ja keine andere Möglichkeit für ihn gibt. Der sooft gehörte Satz „Da wo er schläft, macht er nicht hin" ist so nicht ganz richtig - wenn der Aufenthalt da drin zu lange ist, kann das eine sehr stinkige Angelegenheit werden.

Vor allen Dingen, wenn noch der Stress für den Hund dazu kommt - das gibt dann gerne zusätzlich noch Durchfall…ich gehe davon aus, dass du genug Phantasie hast, um das selbst fortzuführen.

Noch ein Tipp: Gitterboxen sind immer besser, als Stoffboxen. Letztere könnten zerstört werden, vor Frust oder Langeweile. Auch im Auto würde ich immer eine Metallbox bevorzugen. Sonst passiert es recht schnell, dass der Hund merkt „oh, wenn ich da dran rumzerre, beschäftigt sich mein Mensch mit mir – so kann ich ihn beeinflussen, ist ja toll." Ob dein Tonfall dabei erfreut oder ärgerlich klingt, ist ihm vergleichsweise schnell egal. Nein, ein Hund, der daran gewöhnt ist, fühlt sich nicht, wie in einem Gefängnis. Sondern geborgen. Dies hat rein gar nichts mit den armen Kreaturen zu tun, die eingezwängt zu Hauf auf irgendwelchen Märkten außerhalb unseres Denkvermögens dahinvegetieren.

Gewöhnung an die Transportbox beim Züchter

Die erste gemeinsame Fahrt beim Züchter

Tja, und hat man sich nen älteren Hund oder Junghund ins Haus geholt, kann es sein, dass das Alleinebleiben in einer Box nicht wirklich klappt. Dies hatte ich mit einer Junghündin, die bis zu ihrem achten Lebensmonat keine Box kennengelernt hatte. Im Auto hatte sie mit der Box überhaupt keine Probleme. Weder mit dem Reinspringen, noch mit dem Warten, während ich beim Einkaufen war. Da die Hündin vorher im Rudel gelebt hatte und einen Haushalt so gar nicht kannte, musste ich ihr erst sagen, dass man weder auf ein Sofa springt, noch der Esszimmertisch ein extra für sie gebautes Liegepodest ist. Das hat sie wirklich alles nur einmal gemacht und sofort verstanden. Ich war mir jedoch noch nicht so sicher, und habe sie die ersten Male beim Alleinebleiben in die Box getan.

Aber zuhause ging das gar nicht. Die Box ist baugleich mit der, die im Auto steht. Mehrere Male habe ich das probiert, auch an unterschiedlichen Stellen im Haus. Sie bellte und bellte, kam überhaupt nicht zur Ruhe und wurde immer hektischer. Dann habe ich sie einfach mal im Wohnzimmer alleine gelassen (Wichtiges vorher weggeräumt) – und das war völlig problemlos! Sie hat weder etwas zerstört, noch gebellt. So unterschiedlich kann das sein. Da sieht man wieder - Versuch macht kluch.

Ich hoffe, morgen Vormittag wieder einen Teil des Tagebuchs verfassen zu können, da wir mit Takeo und Roxy was gaaanz Schönes unternehmen werden, bin selbst schon ganz gespannt. Alle weiteren Hunde bleiben hier bei Annika - weil das Leben auch für Hunde nicht immer ein Ponyhof ist. Also, ich meine damit nicht, dass sie es bei Annika schlecht haben - aber, es ernüchtert die Resthunde schon, wenn sie nicht mit uns in die weite Welt zum Abenteuer erleben dürfen.

Immer wieder in Erinnerung rufen möchte ich auch, dass Takeo wirklich ein pfiffiges Kerlchen ist - und genau weiß, wie er wann handeln muss, um bei euch zum persönlichen Ziel zu kommen. Aber nur bis jetzt. Er braucht schon eine gute, sichere Führung.

Pfuh, wieder lang geworden, ne? Und ich habe jetzt auch bis hier durchgehalten, OBWOHL ICH GERADE AUF NE FALSCHE TASTE GEKOMMEN BIN UND DER GANZE SCHON VON MIR GESCHRIEBENE KLADDERADATSCH GELÖSCHT WURDE!!!

So, alles wieder gut, ich mach jetzt Feierabend und massiere Roxys alten Rücken, während ich mich einfach nur aufs Sofa lege und in die Glotze glotze.

Gruß Simone

Am nächsten Tag, ich hatte noch keine Meldung von Takeo-Leuten erhalten, meine weitere E-Mail an seine Familie:

Huhu,

hier die neuesten Eindrücke von Takeo. Er nutzt die Zeit hervorragend, ganz bestimmt „wartet" auch ihr nicht nur, dass er zurückkommt. Sondern versucht weiterhin, seinen Kopf und eure Erziehung in Einklang zu bringen. Auch der Trainer kann euch nur leiten, er ist nicht ständig bei euch. Sobald die häuslichen Grundlagen stimmen und Takeo da folgt, wird es auch außerhalb des Hauses wesentlich besser funzen. Dann ist die Zeit gekommen, mit Ablenkung (viele Menschen, andere Hunde usw.) zu üben. Ein Hund und seine Menschen lernen das gemeinsame Leben lang, das sie miteinander verbringen. Es wird immer mal ein Auf und Ab geben, geglaubtes „Abhaken" einer beigebrachten Regel kann irgendwann wieder vom Hund hinterfragt werden. Und trotzdem - niemals im Leben möchte ich einen Hund missen.

Wir sind wieder da vom Ausflug und ich kann euch über die letzten Tage berichten. Also, im Anhang nun endlich die Weiterführung von Takeos Tagebuch.

Viele Grüße und bis die Tage
Simone

Vielerlei Eindrücke

Ich schließe hier wieder an, Takeo ist jetzt genau eine Woche bei uns. Und soviel hat sich bei ihm schon getan. Ich habe nach dem üblichen Frühstück Takeo und Roxy ins Auto geladen. Ich verbinde immer gern, wenn irgend geht, Besorgungsstrecken mit Hund, da man wieder an andere Orte kommt und es einfach in den Tagesablauf einfließen lassen kann. Zuerst waren wir bei ner Supermarktkette einkaufen. Beide haben artig im Auto gewartet. Im Schatten und mit leicht geöffneten Fenstern. An dem Tag war es auch nicht so warm. Dann gab es gleich dort eine neue Spazierstrecke, Abwechslung ist ja wichtig. Wir waren höchstens fünfzehn Minuten, zum Geschäfte erledigen, kurz mal schnuppern. Einmal habe ich erlaubt, dass er hinter mir her durch einen Wald mit nem kleinen Spurt fetzen darf, das fand er sehr lustig. Dann durfte er noch mit Roxy über ne Wiese pesen.

Hunde wieder ab ins Auto, ein Stück weiter gings zum Baumarkt. Da hatte ich ein paar Sachen zu besorgen, super gut für neue „Takeo-Eindrücke". Roxy blieb im schattigen Auto. Ich wollte, dass Takeo allein Neues erfahren kann. Er ist artig am großen Einkaufswagen seitlich mitgelaufen. Als würde er das schon immer machen. Jedoch bin ich zügig gegangen, auch mit dem scheppernden Einkaufswagen. So konnte er gar nicht erst überlegen, ob er irgendetwas unheimlich findet. Wir waren in vielen Abteilungen, da es Prozente gab und ich einiges einkaufen wollte.

Komisch, ich habe da irgendwie mehr männliche Gene in mir. Ich gehe wesentlich lieber in einen Baumarkt, als Klamotten kaufen. Auch kann ich übrigens NICHT mehrere Dinge gleichzeitig tun - das geht immer schief. Ich kann schnell und richtig alles hintereinander wegarbeiten. Aber NICHT gleichzeitig. Aber egal, wieder zurück zum Thema:

Auf der Rolltreppe und an der Kasse saß Takeo zu seiner eigenen Sicherheit im Wagen, hat er gemacht wie ein Alter. Die Mehr-Zeit, die ich da einplanen muss, benötigen eigentlich nur die Leute - von den unterschiedlichsten Kunden, bis hin zum kompletten Baumarkt-Personal - waren alle um uns rum. „Hach ist der süß, wie alt ist er denn? Was ist das für eine Rasse? Ach, ist der aber artig. Mit meinem könnte ich das nicht machen, der regt sich immer zu sehr auf", bis hin zur Kassiererin, die sagte, dass „der EAN-Code fehlt". Was ist denn der eigentliche Grund, warum viele Menschen ihre Hunde nicht in die Gesellschaft mitnehmen können? Bestimmt nicht, weil sie von Natur aus zu blöde oder zu ängstlich oder zu nervig sind (wenige Ausnahmen aufgrund einer Vorgeschichte oder Krankheit ausgenommen).

Verschiedene Lebensumstände wurden nie standhaft geübt. Nicht nachgedacht, welche Möglichkeiten sich täglich dafür bieten. Nach einem

Fehlversuch wurde aufgegeben. Der Hund begreift nur durch deine Beständigkeit und Geduld, dass man Veränderungen meistern kann.

Und es bringt doch auch so viele Vorteile für beide mit sich. Man muss sich nicht hetzen, weil der erwachsene Hund schon Stunden zuhause wartet und nicht ausgelastet ist und man nun auch noch mit ihm laufen muss. Vor dem Stadtbummel einmal auskackern lassen, und los geht es. In viele Geschäfte darf ein Hund mit rein. Die anderen werden einfach ausgelassen. Oder tut seinen Hund wieder ins Auto in die Tiefgarage und geht noch schnell ohne ihn die Lebensmittel einkaufen. Da gibt es so viele neue Eindrücke, Gerüche und so weiter – auch der Hund hat da was von.

Mit einem jungen Hund fängt man das in einem Gartencenter oder Baumarkt oder Ähnlichem an. Hauptsache, es ist ein wenig was los, Hunde dürfen hinein und keiner wird belästigt. Jeder Familienhund, vor allen Dingen, wenn er „alleine" lebt, sollte das unbedingt lernen. Einige Hundeschulen bieten auch gemeinsame Stadtgänge an. Dies unbedingt nutzen.

Nach dem Baumarkt war Takeo erst mal ziemlich platt, die vielen Eindrücke mussten verdaut werden. Aus diesem Grund sollte der Hund dies auch in Ruhe verarbeiten können. Nicht gleich eine neue Aktion fordern, sonst festigt sich das eben Erlebte nicht im Hirn. Am besten wäre, er kann da erst mal ne Runde „drüber schlafen". So konnte ich also Takeo beruhigt zu Hause lassen, denn am Nachmittag kam eine Frau zu einem Übungs-Spaziergang, die seit Kurzem einen Tierheim-Hund hat.

Ein großer, unkastrierter Rüde, ungefähr anderthalb Jahre alt, man wusste nichts über seine Vorgeschichte. Und er reagiert angeleint sehr extrem auf andere Hunde. Frauchen ist in gleicher Hundeschule und hat mich um eine gemeinsame Übung gebeten. Wir Hundeschüler helfen uns gegenseitig. Natürlich ist der Ablauf der Übung vorher mit dem Trainer besprochen worden.

Ich bin mit ihr, ihrem Hund, unserer Candy und Jumi an einen nahegelegenen Wald mit Wiese gefahren. Wir haben mit dem Rüden die aufgetragene Übung erfolgreich bearbeitet und zur Belohnung durfte er dann mit meinen Beiden über die Wiese sausen.

Am späteren Abend bekam jeder Hund eine Kaustange, Rolf und ich sind dann in einen nahegelegenen Ort gefahren. Dort entspannten wir bei einer Veranstaltung mit Live-Band. Den Tipp hatten wir von Annika, sie bediente dort an der Bar. Kurz nach Mitternacht waren wir wieder zu Hause, haben die Hunde noch mal Pipi machen lassen und sind schlafen gegangen.

Anmerkung der Redaktion: Während ich hier gerade ins Buchmanuskript die Fotos einfüge, habe ich mit unserem kleinen Minischweinehund Higgins das Wort „NEIN" gefestigt: Er wollte zu mir auf den Schoß und ich habe ihn mit einem „NEIN" jedesmal, wenn er die Vorderfüße auf den Sessel gelegt hat, wieder nach unten geschoben. Nach gefühlten zehnundzwanzig Versuchen hat er aufgegeben und liegt jetzt in seiner Schlafbox. Beim nächsten Mal, wenn ich es nicht erlaube, wird er schon eher aufgeben. Und beim übernächsten Mal reicht einmal das Wort „NEIN" und er wird abdrehen.

Ein „NEIN" bleibt ein „NEIN" - das ist konsequent und wird respektiert

Nach Erlaubnis kann ich mit ihm - gut, etwas individuell - weiterarbeiten

Deswegen mag er mich noch genauso, ich habe nur eine klare Anweisung gegeben. Und nachher, wenn er ausgeschlafen hat, darf er wieder auf meinen Schoß. Da muss ich nur einmal sagen „Higgins, hopp" und schon ist er da. Das ist beim Hund genauso. Oder Pferd. Oder Ehepartner. Und beim Kind erst recht. Nun aber wieder weiter im Text:

Einen Tag später:
Takeo und ich wurden gegen zehn Uhr von Keiko-Frauchen nebst Hundi abgeholt. Wir sind zusammen in der Welpenschule gewesen. War sehr schön. Die Hunde haben gespielt, dann mussten wir sie zu uns rufen, haben kurze Übungen an der Leine gemacht und zum Schluss durften sie wieder spielen. Takeo hat alles cool gemeistert, es hat ihm sichtlich Spaß gemacht.

Den Rest des Tages haben Rolf und ich mit Arbeiten am und im und ums Haus herum verbracht, Candy hat noch ne Runde mit Takeo gespielt. Abends beim Fernsehen ist ihm eingefallen, mal unseren Läufer zu probieren. Da dies ein alter Teppich war, haben wir ihn gelassen. Wäre es ein neuer gewesen, hätten wir natürlich unterbrochen. Hier könnte man jetzt sagen, aber wenn er das doch einmal darf, wird er das immer machen und kennt ja den Unterschied nicht... es geht aber doch:

Sollte er demnächst auf etwas Neuem rum kauen wollen, brauche ich es ihm nur zu verbieten, da er ja weiß, was ein „NEIN" bedeutet. Er weiß dann, dass er die Handlung nicht weiter ausführen darf. Eben hat er eine Papprolle, die er sich geklaut hat, gerade kämpferisch „erlegt". Ja, das eine Mal darf er den Spaß haben. Beim nächsten Mal kommt er einfach nicht dran oder ich sage vorher ein „NEIN". Je älter der Hund wird, desto weniger macht er so einen Quatsch. Hm – okay: Es gibt Hunde, die machen so etwas gar nicht, von Anfang an. Es gibt welche, die haben bis zum Erwachsenwerden so sporadische Anfälle – meist, wenn sie alleine sind. Also im ersten Jahr zumindest immer auf der Hut sein.

Haaa, ach ja, auf ein neues „Problemchen" könnt ihr euch schon einstellen. Nur damit ihr wisst, dass das demnächst so kommen könnte und das einige Nerven kostet: Takeo hebt seit zwei Tagen beim Pieseln (noch nicht immer, aber schon recht häufig) sein Bein!!!

Das ist schon sehr früh, auch „übt" er gerade an Candy. Noch spielerisch, Candy duldet es auch. Aber, es kann sein, dass er bald von Mädels schwer abrufbar ist und sie ständig besteigen will. Das wird also etwas anstrengend werden, bekommt ihr aber mit dem Hundetrainer in Griff. Der Trainer zeigt euch, wann man ihn gewähren lassen kann, und wann es an der Zeit ist, ihn von einem Spielkumpel oder einer Spielkumpeline „abzupflücken". Selbstverständlich ist jegliches Besteigen am Menschen sofort zu unterbinden. Vor allen Dingen, wenn er es bei Kindern machen sollte. Da wirklich streng sein.

Der nächste Tag ist ein Sonntag – Takeos vierzehnte Lebenswoche beginnt. Rolf, ich, Takeo und Roxy, brachen auf zum großen „fränkischen Elo®-Spaziergang". Der findet einige Male im Jahr statt, zwei Familien organisieren das immer im Wechsel, es gibt dann Rundmails an alle Interessierten.

Uiii, war das spannend. Wir waren um die fünfzig Erwachsene und Kinder, zweiundzwanzig Elo® in allen Größen und Altersklassen, ein Goldie und ein Mops. Die Hunde dürfen dort alle frei laufen, wir machen viele Pausen, damit alle Beteiligten auch gut mitkommen und die Hunde spielen können. Zwischendurch habe ich Takeo getragen, damit er die Eindrücke verarbeiten kann und auch nicht hochdreht. Er hat das alles klasse gemeistert. Insgesamt waren wir fast zwei Stunden unterwegs. Sehr gefreut hat er sich, als er unter all den Hunden Emma entdeckt hat - sie ist nur eine Woche jünger als Takeo, dafür schon etwas kompakter - die beiden haben hingebungsvoll miteinander gespielt. Auch hier wieder: Die Regel für dich „ungefähr ne halbe Stunde" kann man in Ausnahmefällen mal hinten anstellen. Aber, nicht all die Zeit laufen lassen, immer wieder mal tragen (bei größeren Welpen bietet sich da ein Rucksack an, den man aber vorne trägt), damit es keine Überforderung sowohl körperlich, als auch geistig gibt.

Dann saßen wir alle noch vor der Wirtschaft dort im Biergarten, haben gegessen, getrunken, uns unterhalten, die Hunde brav vor sich hingedöst. Wir hatten auch wieder eine Interessenten-Familie dabei, die ganz begeistert war, wie ruhig der Spaziergang mit all den freilaufenden Hunden - und dem Mops war. Dies konnte auch ein klitzekleines Gerangel zwischen zwei Rüden unter nem Biergartenstuhl (Vater und Sohn, der Sohn kam bei uns auf die Welt) nicht mehr trüben, da alle anderen Hunde wieder super friedlich miteinander waren. Die beiden Streithähnchen haben wir sofort so ins „PLATZ" gelegt, dass sie sich nicht mehr anschauen konnten - und schon war das Problemchen gelöst. Takeo hat sich von der kleinen Meinungsverschiedenheit null beeindrucken lassen, das kurze Gemaule war direkt neben ihm. Nach unserem Aufbruch war er sofort kurz pieseln, wie es sich für einen angehenden Junghund gehört, dann sind wir heimgefahren.

Jetzt ist er im Garten mit den anderen Hunden, Annika und zwei Freundinnen sind auch da. Takeo hat soeben eine leicht überdrehte Phase, fetzt wie blöde von links nach schräg, reißt dabei Schilf aus dem Teich. So verarbeitet er gerade den heutigen Tag, der nicht nur kopfmäßig anstrengend für ihn war. Morgen bleibt er dafür als Ausgleich nur im Haus und im Garten. Würde ich ihm morgen auch wieder viele neue Eindrücke bieten, könnte er ruhelos werden, da es einfach zu viel für den kleinen Kerl ist. Nun liegt er bei einem der Mädels auf dem Schoß und lässt sich durchkraulen - schön.

Beim jungen Hund unbedingt Ruhepausen einhalten

Mitte der Woche kam dann eine Mail von Takeo-Frauchen:

Hallo Simone,

ich bin gerade recht viel unterwegs und erst ab Montag wieder konstant daheim.

Bin dann wieder in der Lage in Ruhe in Takeos Tagebuch zu schmökern.

Viel Spaß für euch und Grüßle nach Franken.

Takeo-Frauchen

Anmerkung der Redaktion: Hier musste ich das erste Mal echt schlucken. Wie, „schmökern"? Ist das jetzt hier ein lustiges Spielchen, mache nur ich mir hier ernsthaft Gedanken, wie die Familie doch noch mit ihrem Hund glücklich werden kann? Nein, das kann nicht sein. Takeo-Frauchen hat einfach nur – für mich in dem Moment jedenfalls – ein falsches Wort für „lesen und lernen" benutzt. Ganz sicher. Ja klar, und außerdem können sie ja ohne den Hund an ihrer Seite nicht wirklich handeln.

Also, nicht verzagen und weiter im Text, machte ich mich wieder an die Arbeit.

Ende der Woche schickte ich dies hier los – meine E-Mail an Takeo-Leute:

Hallo,
hier wieder ein neuer Teil aus Takeos Leben bei uns.
Viele Grüße und eine schöne Lese-Zeit.

Simone und die Hundebande

Alltag ist veränderbar

Takeo ist jetzt zehn Tage bei uns.
Er hat heute seine wohlverdiente Pause bekommen, da ja der Sonntag recht anstrengend war. Würde ich ihm heute wieder sehr viel Aufregendes bieten, könnte er, wie schon beschrieben, „überdrehen" und hibbelig werden. Wenn Takeo mal älter ist, kann er so was gut ab, allerdings würde ihm da nach einer anstrengenden Wanderung oder nach einem Einkaufs-Marathon in der Stadt eine eintägige Pause auch gut tun.

Wie gewohnt gab es das Such-Frühstück, das brauche ich ja nun, denke ich, nicht mehr ständig erwähnen. Er ist dabei immer noch angeleint, setzt sich aber schon ganz ruhig hin und beobachtet, wo ich hinwerfe. Ich leine ab, halte ihn nur noch sanft vor der Brust, sage ein „BLEIB", warte, bis er mich anschaut (mittlerweile sage ich gleichzeitig mit dem Augenkontakt „SCHAU MAL". So bekomme ich ihn später dazu, mich anzuschauen, wenn ich etwas von ihm möchte) und lasse ihn dann sofort mit „SUCH" lossausen.

Natürlich kann man das abändern, wenn Wetter mies und die Übung im Haus fortsetzen. Oder eben, ich wiederhole mich, kurz bevor man weg muss, ne Hand voll im Haus verstreuen, dann ist er ein wenig beschäftigt, wenn er allein ist. Abänderungen gibt es ohne Ende, einfach die Fantasie spielen lassen. Oder mal nicht mehr zugucken lassen, sondern er muss alles mit der Nase nach dem Wort „SUCH" finden. Und selbstverständlich auch irgendwann mal OHNE Anleinen absitzen lassen, dann beim ersten Mal schnell nach dem Futterauslegen auflösen. Ja, erst einmal auslegen, werfen verleitet ihn zu sehr, gleich loszurennen.

Wenn ich das noch etwas mehr mit ihm geübt hätte, könnte er schon längst absitzen und beim Futter verteilen sitzen bleiben, ohne Leine. Aber, ich teste ja einerseits nur an, wie schnell er etwas annimmt. Das macht er gut. Die Weiterführung dürft dann ihr übernehmen - zusammen Erlerntes schweißt auch zusammen.

Und, nicht dass hier der Eindruck entsteht, man MUSS diese Futterspiele jeden Morgen machen: Nein. Habt ihr einen anderen Tagesplan, wird sich Takeo ohne Murren, vielleicht eher ein wenig verdutzt - an euren Tag anpassen. Ich mach das ja auch nur täglich, damit er die Möglichkeit hat, etwas „schneller" zu lernen, da wir nur eine begrenzte Zeit zusammen haben. Dies setzt natürlich voraus, dass er ganz leicht hungrig ist, wie wir ja schon wissen. Sonst macht er sich keine Mühe, wenn ihm die gefüllten Kauröllchen schon zu den Ohren rauskommen.

Eine andere Art, euch zu fragen und in die Augen zu schauen, wäre auch so möglich: Ihr wedelt mit einem gut riechenden Leckerli an seiner Nase vorbei. So, dass er es nicht erwischt. Dann haltet ihr dieses Teil mit zwei Fingern in der Hand, weggestreckt von euch. Vielleicht bellt er jetzt, hüpft hoch, etc. Jetzt wartet ihr, wie lange er braucht, bis er euch einen Bruchteil einer Sekunde (!) in die Augen schaut. Und dann sofort das Wienerle geben. Ist eine tolle Übung, um das Fragen zu festigen.

Bereits nach ein paar Wiederholungen, mal nach rechts, mal nach links von euch - wird er immer schneller in eure Augen schauen. Denn, er hat verknüpft: Das Feine gibt es nur, wenn ich meinen Menschen vorher anschaue.

Es ist furchtbar schade, wie viele Menschen ihren Tieren die Möglichkeit nehmen, über die Futteraufnahme schon eine wunderbare Auslastung zu bekommen.

Auch bei vielen anderen Tieren kann man das einsetzen, nochmal zur Verdeutlichung: Meeris und Kaninchen bekommen bei mir alles klein geschnitten und verstreut im Käfig. So müssen sie sich Stück für Stück holen. Auch die Wachteln haben eine Aufgabe, in dem sie ihr kleingeschnittenes Gemüse und die verstreuten Körner und auch mal ein wenig Lebendfutter suchen und scharren können, als es einfach langweilig aus dem Futterspender aufzunehmen. Die Alpakas und Ponys bekommen ab und an ihre Mineralien oder Luzerne-Pellets verstreut auf der Koppel (nicht in der Nähe ihrer Kackaplätze). Am Anfang sahen sie mich etwas ungläubig an: „Wie, sonst können wir es doch einfach aus deiner Hand fressen". Nach ein paar Tagen aber hatten sie verstanden und sammeln nach und nach die Naschsachen in stundenlanger Kleinstarbeit auf. Und wie genau sie nur das eine Korn mit ihren Mäulern aufnehmen. Auch das Heu wird öfter mal nicht einfach in die Raufe gekippt: Sie fressen dann aus Futternetzen. Das dauert viiiel länger und ahmt die natürliche Futteraufnahme in der freien Natur nach.

Das ist eine der wichtigsten tierischen Beschäftigungen. Das Wasser steht weit entfernt vom Heu, der Leckstein nochmal in einer anderen Ecke - so müssen sie sich bewegen, um an die unterschiedlichen Dinge zu kommen.

Anmerkung der Redaktion: Ich gestehe, wäre für mich auch nicht schlecht.

Unser Minischweinchen hat noch nicht einmal eine Futterschüssel. Da er besonders futtergeil ist oder netter ausgedrückt, futter… - ne, es gibt keinen weiteren Ausdruck dafür - sind die Gemüsestückchen besonders klein und werden weit verstreut. Sich Futter zu suchen oder fangen - je nachdem, ob man Pferd oder Katze oder Greifvogel ist - ist seit Beginn allen Lebens eben überlebenswichtig. Gut, wir haben jetzt Supermärkte und können die nutzen, müssten aber nicht.

So ist es durchaus möglich, Tierarten schon größtenteils auszulasten. Man muss mit ihnen zur Beschäftigung keine Kunststücke oder ähnliches einüben. Kann das aber tun, wenn man möchte. Ab und an ein Spaziergang im Gelände, Futtersuche, Gesundheitspflege - alle sind entspannt und zufrieden.

Nochmal zur Sicherheit: Beim Hund diese Futtersuche NUR in den eigenen vier Wänden und/oder Garten machen. Außerhalb davon ist jegliche Futteraufnahme vom Boden aber sowas von verboten!

Der Nebeneffekt bei dieser Übung ist wichtig für sein ganzes Leben mit euch: Takeo lernt, in dem er einen anschaut, zu „fragen", wenn er etwas tun möchte. Mit seinem Blick in eure Augen. Schnell reagieren. Entweder gibt es ein „NEIN", wenn ihr gerade mal nicht wollt, dass er in einem Matsch-Wassergraben spielt.

Wenn ihr aber Zeit habt, lasst es mit einem „OKAY" ruhig mal zu, er wird es euch mit viel Lachen und Lebensfreude danken. Auch ein Kind muss mal in Pfützen spielen dürfen, danach wird es halt in die Waschmaschine gesteckt. (Liebe Kinder, das bitte nicht ernst nehmen!) Kinder und junge Tiere sind keine „Erwachsenen in klein und haben immer artig und ernst zu sein".

Ein kleiiiin wenig unpassend, wenn er gleich wieder im Büro unterm Tisch liegen soll... hm?

Hier wird gefragt, die Zeit passt und so kann man das unbedingt erlauben – was für ein Spaß für unseren besten Familienhund

Vom Frust aushalten und weiteren Zielen

Der Hund ist kein Mensch – das wissen wir spätestens seit dem Klick im Kopf. Er braucht andere Werte – und doch ist die Erziehung oft nicht weit vom Menschenkind entfernt. Vor Jahren hat mich eine Freundin abgeholt, wir wollten zu ihr nach Hause. Ich sagte meiner Tochter, sie dürfe zwei Stofftiere mitnehmen. Kind bekam einen Trotzanfall, wollte noch zwei weitere Teile dabei haben. Ich sagte ihr: „NEIN, zwei Stück, mehr nicht". Schrei. Heul. Meine Freundin dann: „Ja aber lass sie doch die anderen beiden auch noch einpacken, die nehmen doch keinen Platz weg."

Ich versuchte meiner Freundin, deren Sohn ein Jahr älter als Annika ist, zu erklären, warum ich das nicht erlaubte: Annika würde mit ziemlicher Sicherheit, sage ich okay, immer noch schreiend, weitere Stofftiere einfordern. Es geht hier um Grenzen testen. Sagt Mama auch ein klares „NEIN", obwohl noch jemand dabei ist? Gebe ich hier nach, wird es ähnliche Situationen bald wieder geben.

Es wird immer schwerer, sich dann durchzusetzen, ein Kind wird immer schneller und lauter gewisse Sachverhalte heraufbeschwören, bis es endlich eine Grenze aufgezeigt bekommt. Ich kann es nie mehr einfacher haben, als in diesem jungen Alter, einmal etwas „Stress“ zu haben und hartnäckig etwas einzufordern. Danach ist dem Kind aber klar, jepp, die Frau meint, was sie sagt. Und nehmen viel schneller an. Ohne Theater. Mein letzter Satz für Annika zu diesem Thema war: „Entweder du beruhigst dich jetzt, nimmst zwei Stofftiere mit und kannst dort spielen, oder wir bleiben eben hier.“

Das wusste sie schon, dass ich das „oder wir bleiben eben hier“ nicht nur androhe, sondern auch durchziehe. Wir gingen aus dem Kinderzimmer. Und ich sagte meiner Freundin: „Wenn Annika das jetzt aussitzen möchte, dann vertagen wir unser Date.“ Kurz drauf kam Annika - noch schniefend - aber immerhin, mit zwei!!! Stofftieren im Arm - nach und wir konnten losfahren. Und hatten gemeinsam doch noch einen schönen und entspannten Nachmittag.

Wie schlimm finde ich den Satz „Meinem Kind soll es an nichts fehlen, es bekommt alles, was es will“. Armes Kind. Natürlich kann man ein Kind auf der Kirmes alles fahren lassen und das so oft hintereinander, bis dem Kind schon schlecht wird. Es kennt dann aber nicht das Gefühl der Vorfreude auf etwas. Weil es noch etwas Besonderes ist. Besonderes bleibt nur Besonders, wenn es das nicht ständig bis zum Erbrechen hat. Richtig von Eltern wäre hier: Nicht auf jede Kirmes im Umkreis gehen. Und vorher schon vorgeben, dass fünf verschiedene Dinge gemacht werden dürfen. Was das ist, dürfen die Kids dann aussuchen.

Da wird dann lange überlegt, hin und her, mit was man wie oft fahren möchte oder doch lieber Lose genommen werden und was doch ausgelassen werden muss.

Oder das Kind darf in der Woche vier Zeichentrickfilme sehen. Diese kann es Anfang der Woche aussuchen. Das sind spannende Entscheidungen für Kids, die man als Erwachsener nicht unterschätzen sollte. Es lernt sonst nie - auf jeden Fall später sehr schwer - mit Enttäuschungen zu Recht zu kommen. Es kann keine Niederlagen verdauen und wieder aufstehen. Schmeißt später bei dem kleinsten Widerstand das Handtuch. Und wird nörgelig und unzufrieden, da es keine Grenzen und Regeln gibt. Wie sich das auf viele Jugendliche auswirken kann, ist hinlänglich bekannt. Dabei ergeben sich auch hier ganz einfach im Alltag so viele Möglichkeiten, es zu fördern und es nach niederschmetternden Gegebenheiten aufzufangen und zu ermutigen, weiterzumachen und neue Lösungswege auszuprobieren.

Das fängt ganz einfach mit einem Korb Brötchen auf den Tisch stellen an. Wie mag sich das wohl auf Studium, Lehre, in der Arbeitswelt oder auch einer späteren Partnerschaft auswirken?

Die mit den Stofftieren tanzt

Groß sagt Klein, wo es langgeht

Ich hoffe sehr, der neue „Klick“ im Kopf hilft, den Weg ins Leben richtig anzupacken. Jetzt sind wir aber wieder beim Hund. Da ist vieles wirklich ähnlich. Man kann ihm auch nicht alles erklären und ständig vor allem schützen. Sondern muss ihn handeln und ihn durch Erfahrung lernen lassen. Das Für und Wider abwägen. Ihm ein paar wenige Worte beibringen und ihn lehren, was sie sie bedeuten. Erwartungshaltung wecken.

Ihr könnt Takeo – wenn er fragt durch seinen Blick auf euch – entweder die Erlaubnis geben, mit „LAUF“, dass er mit nem anderen Hund spielen gehen kann oder er mal quer über eine Wiese rennen darf. Mit einem „OKAY“, wenn er artig vor seinem Napf sitzt und wartet, bis er fressen DARF, und, und, und. Aber, ihr könnt ihm so auch verbieten, von einem Fremden was zu nehmen – aber bei der Oma auf der Parkbank es mal erlauben, etwas aus ihrer Hand zu nehmen – weil es gerade das einzige Glück des Tages für die alte Dame ist. Damit fühlt sich doch jeder wohl.

Nachdem wir noch ne kurze Spielrunde eingelegt hatten, er noch mal pieseln war, blieb Takeo wieder mit ner Knabberei allein daheim. Alle anderen Hunde habe ich mitgenommen, wir waren kurz einkaufen. Übrigens kaufe ich ab Frühjahr, wenn die Sonne scheint, nie in Läden nach Angeboten ein, sondern immer nach „welcher Laden hat um welche Uhrzeit Schattenparkplätze oder ne Tiefgarage“.

Waren dann noch ne Ecke laufen und über ne Stunde später wieder zu Hause. Takeo hat uns artig empfangen, dafür durfte er natürlich gleich raus und mit den Großen ne Runde im Garten pesen.

Anmerkung der Redaktion: Hier mache ich eine kurze Tagebuch-Unterbrechung, da Folgendes dazwischenkam, aber es hierzu passt, wie

A…. auf Eimer: Das Telefon klingelte. Am Apparat eine junge Frau, die seit einigen Wochen einen fast gleich alten Rüden wie Takeo besitzt.

Da sie in meiner Nähe wohnte, hatte sie sich an mich gewandt und nicht an den eigentlichen Züchter ihres jungen Hundes. Im Grunde schilderte sie mir ähnliche Begebenheiten, wie es Takeo-Leute taten. Sie war sehr am Zweifeln über sich und den Hund, hatte jedoch schon die Erkenntnis, dass da was schiefläuft. Nach einigen Minuten Gespräch haben wir vereinbart, denn es sollte scheinbar genau jetzt so passieren: Ich schicke ihr ganz einfach meine bis hierher geschriebenen Zeilen samt den Anfängen von Takeos Tagebuch als Erstlesestoff. Und zwar alle Abschnitte, auch die, bei denen sie glaubt, keine Probleme zu haben. Da eben erstens meist ALLES irgendwie zusammenhängt und zweitens ich noch eine Meinung zu all dem Geschreibsel hier hätte.

Sie schreibt sich dann auf, wo es Fragen gibt und wir haben für in ein paar Tagen ein „Live-Date“ hier bei uns im Garten ausgemacht. Ich war ganz gespannt, ob sie Takeos Tagebuch bis hierher verstehen würde. Sozusagen noch mal eine Rückversicherung für mich. Sollte sie interessiert sein, würde ich ihr dann einfach gleichzeitig mit den Takeo-Besitzern die weiteren Tagebuch-Seiten, sobald verfasst, per Mail schicken.

Bereits am gleichen Abend kam ne E-Mail von der Anruferin zurück, die ich leider, leider nicht aufgehoben hatte, aber deren Inhalt ich noch weiß: Sie hätte bereits alle Seiten förmlich „verschlungen“ und meinte, ich würde wundersamer Weise tatsächlich sie und ihren kleinen Rüden beschreiben, obwohl ich beide zusammen ja noch nie gesehen hatte. Sie habe schon gecheckt, dass sie was ändern muss, nur der „Klick“ für ihren richtigen Weg würde noch fehlen. „Ach“, dachte ich.

Shinaiko gab dem Syndrom einen Namen

Wir hatten bereits vor einigen Jahren schon mal so einen ähnlichen Fall, wie jetzt bei Takeo. Auch da hatte ich den Hund wieder kurzzeitig bei mir. Die Familie damals bekam ihren Hund wieder. Das Vorhaben damals hatte recht gut geklappt, wir besprachen jedoch alles nur am Telefon, ich hatte da kein Tagebuch verfasst.

Diese Fälle jedoch scheint es ja öfter zu geben. So nehme ich mir jetzt einmal etwas mehr von meiner Zeit, damit vielen weiteren Menschen, die sich einen Hund zulegen möchten oder bereits unglückliche Hunde-Besitzer sind, geholfen werden kann. Und sie ihr schlummerndes Bauchgefühl wiederfinden und es erwecken. Dornröschen, wir kommen!

Diesen Hund damals, wir nennen ihn hier Shinaiko, hatte ich auch einige Wochen bei mir. Dadurch konnte ich mich damals schon vergewissern, dass nicht der Hund einen „einprogrammierten Fehler“ hat. Und das erkenne ich nur, wenn ich den Hund eine Zeit lang live erleben kann.

Die Familie wollte selbstverständlich nur „das Allerbeste“ für ihr neues Familienmitglied. Der erste Irrtum war schon mal, ein Futter mit zu viel Protein zu kaufen. Shinaiko war vollgestopft mit Energie, die er gar nicht ausleben konnte. Schon allein durch ein anderes Futter habe ich ihn nach kürzester Zeit auf eine „normale“ Lebhaftigkeit für sein Alter gebracht.

Dann gibt es immer wieder Menschen, die mit dem Kindsein und dem „einfachen Beibringen von Grundwissen“ Schwierigkeiten haben. Oft sind das sehr belesene Menschen, die studiert haben und sehr erfolgreich im Beruf sind. Aber durch zu viel „Wissen“ den „gesunden Verstand für das ganz einfache“ irgendwann, irgendwie und irgendwo verloren haben. In all den Jahren Hundehaltung, Zucht und schon recht guter Menschenkenntnis meinerseits, ist es trotzdem nicht immer erkennbar, welchen Welpenkäufern das mal zu schaffen machen wird. Genau für all jene ist dieses Buch. Damit der „Klick“ im Kopf angeregt wird und dadurch das gesunde Bauchgefühl zum Vorschein kommt. Dem Hundeglück steht nichts mehr im Wege. Nun aber weiter im Text:

Kurze Unsicherheiten oder Zurückhaltung des Welpen

Dies wird immer wieder unbewusst zu einem Problem gemacht. Das ist nun mal in der Genetik vieler Rassen, die sich zum Familienhund eignen, verankert. Denn sonst würden diese jungen Hunde in freier Wildbahn nicht überleben, wenn sie unvorsichtig sind. Vorher hatten sie ihre Mutter, die bei jeglicher Gefahr kurz einen Warnbeller losgelassen hat. Dann sind in Nulkommanix alle Welpen durch die Hundeklappe ins sichere Haus gerannt. Auch war er ja nie vorher alleine - hatte er doch, wenn die Mutter sich eine Auszeit nahm, immer seine Geschwister um sich rum. Und wenn der Mensch dann ein einfaches Durch-den-Türrahmen gehen entweder mit Wienerle „schönfüttert“ oder stundenlang mit ihm übt, so eine „schwierige“ Aufgabe zu bewerkstelligen, werden diese Hunde immer vorsichtiger. Weil sie ja da vom Menschen regelrecht darauf hingewiesen werden: "Uuh, da wird sich ja ungemein drum bemüht - ich liege also völlig richtig damit, dass der Türrahmen sehr gefährlich ist und mich erschlagen könnte“.

All diese kleinen Unsicherheiten werden stärker, wenn man sie denn als Mensch so beachtet. Und dem jungen Hund dann die Möglichkeit gibt, stehen zu bleiben und sich das ganze selbst und seinem Menschen immer unsicherer zu „reden“. Entweder hat man Zeit, und tut so, als würde man den Welpen nicht beachten. Er wird irgendwann neugierig, was denn wohl auf der anderen Seite des Türrahmens auf ihn wartet. Und du bist ja auch auf der anderen Seite und lebst noch. Irgendwann geht er einfach durch. Wenn du keine Zeit hast, er traut sich nicht durch, du möchtest ihn aber mitnehmen: Einfach ohne Worte oder Gemütsregung hochnehmen und auf der anderen Seite oder im Garten oder im Auto wieder absetzen. Am nächsten Tag dann klappt es bestimmt eigenständig. Oder in zwei Tagen. Es kann sein, dass ein Hund einfach nicht aus der Haustür in die weite Welt raus möchte. Weil er sich noch nicht sicher ist, ob der Himmel vielleicht auf ihn einstürzt. Dann verlange das eine Zeit lang auch nicht von ihm. Hochheben, raus ins Auto oder ein Stück die Straße lang tragen. Je mehr Eindrücke er da bekommt, je sicherer du ihm erscheinst, desto mehr wird er bald alles an deiner Seite erkunden.

Oder man stoppt sofort auf der Straße, wenn der Hund stehen bleibt, weil er wegen irgendeinem Gegenstand oder Geräusch unsicher wird. Nein, weiter, immer weiter, ist dein Leitgedanke. Meist ist das nur ein ganz kurzer Rucker, und Hund läuft bedenkenlos mit dir mit.

Wir wären bereit für die Welt

Ich geh schon mal vor

Je besser du da in der Umsetzung bist, desto schneller ist der Hund immer gerne an deiner Seite. Wird der Hund tagtäglich scheinbar ängstlicher oder furchtsamer, hau unbedingt nen Stopp rein!

Fang nochmal von vorne an. Er braucht nur eines: Deine Sicherheit. Dann wird so ein Hund später der beste Familienhund: Er will von sich aus keine Bäume ausreißen, lässt sich gerne führen und was sagen, geht Konflikten weitestgehend aus dem Weg und ist einfach nur gerne dabei. Das ist dann der angenehmste Familienhund, den man sich vorstellen kann.

Noch einmal andersrum gesagt: Wenn dein Welpe ein Hund ist, der sofort problemlos an alles ohne jegliches Zögern herangeht, ist dieser - auch aufgrund seiner Genetik - schwerer zu erziehen. Er kennt weder Furcht noch Zurückhaltung - das mag am Anfang echt toll sein. Bald aber ist es nicht mehr lustig, wenn er sich immer und überall behaupten will. Das sind Hunde für erfahrene Besitzer, die richtig mit dem Hund arbeiten wollen.

Als Familienhunde sind wir primaaaaaaaaaa!

Für Shinaiko damals gab es bei uns endlich (wieder) klare Grenzen und Regeln mit allem nötigen Durchsetzungsvermögen von mir und dem Rest meiner Familie. Daran kann sich der junge Hund super orientieren. Er hatte ja schon alle Weichen dafür von uns und seiner Mutter und der weiteren Hundegruppe gestellt bekommen. Aber, das kann, wie schon erwähnt, sehr schnell wieder unbewusst zunichte gemacht werden. Als dieser Rüde wieder bei seinen Leuten war, haben sie ihren „Klick" für den weiteren Weg mit einem Hundetrainer gefestigt. Auch glaube ich, dass die Wochen bei uns noch zu einer weiteren guten Veränderung beigetragen haben: Shinaiko war nicht mehr ganz so „kindlich". Damit konnte die Familie nicht so gut umgehen. Wir hatten viele, viele Jahre guten Kontakt, der Hund wurde erwachsen und lebte glücklich mit seiner Familie - und sie mit ihm. Hier hatten wir also auch schon erfolgreich mit der Familie und einem dort ansässigen Trainer zusammengearbeitet.

Somit nenne ich das verloren gegangene Bauchgefühl und die leider unbewusst herbeigeführte Ängstlichkeit des Hundes durch seinen Menschen, das „Shinaiko-Syndrom".

Lebensfreude pur – erzogene Hunde dürfen Freiraum genießen

DAS SHINAIKO-SYNDROM

Symptome:

Nicht zu erkennen, welche Regeln und Grenzen ein Welpe, Junghund oder auch erwachsener Hund im eigenen Reich kennen muss und was er aufgrund seines eben noch kindlichen Verhaltens oder mangelnder Erziehung noch nicht können kann.

Ursachen:

Verloren gegangene innere Eingebung des Menschen für die klare, wichtige Erziehungsgrundlage. Der Mensch lässt sich lenken und leiten, will allem und jedem gefallen und hat kein Gespür mehr für die Weitergabe von sinnvollen Regeln und Grenzen. Zudem wird er verunsichert durch ein Zuviel an unterschiedlichen, unverständlichen, falschen und nicht durchführbaren Hilfestellungen.

Therapie:

Mehrmalige Lese-Kur des „Klicks“: Einmal bevor ein Hund ins Haus kommt, vier Wochen nach dem Einzug, sechs Monate später und dann je nach „Einschleich-Macken“ gelegentlich alle paar Jahre. Unterstützende Begleitung einer gut geführten Hundeschule verbessert und beschleunigt die Heilung, die Dosierung kann nach einiger Zeit herabgesetzt werden.

Behandlungserfolg:

Sollte der Patient beim ersten Lesen den vollständigen „Klick“ noch nicht gefunden haben, wird es nach Lesen in den Abständen jedes Mal ein Stück „klickiger“. Einfach, weil er Hunde anders beobachtet, Zusammenhänge besser versteht und dies leichter verinnerlichen kann. So hat er mehr Ausstrahlung auf den Hund, dadurch mehr Sicherheit und fällt schnelle, klare Entscheidungen. Zusätzlich ist bei der Auffrischung nach einiger Zeit die Rückfallquote wesentlich geringer und der Weg wird wieder eben.

Nebenwirkungen:

Der Mensch und seine Umwelt haben eine entspannte, fröhliche, einfach gute Zeit mit dem Familienhund!!!

Wir festigen Erlerntes

Takeo ist jetzt elf Tage bei uns.
Heute war noch mal „Schwesterherz-Tag". Beide haben viel Quatsch gemacht. Ich ziehe vor jedem, der es schafft, zwei Welpen gleichzeitig zu erziehen, so dass sie wirklich gut folgen, den Hut. Ne, alle Hüte, die ich habe. Öhm, ich habe gar keinen einzigen Hut - auch keine Käppis... Trotzdem war es wieder spannend, die Zwerge zu beobachten. Ein paar Dinge haben sie schon eingehalten, die ich von ihnen wollte.

Keikos Frauchen saß beim Abholen noch hier auf der Terrasse, als der nächste Besucher kam: Unsere Ex-Hündin Alessi von Werths Echte, mittlerweile elf Jahre alt, kam für zehn Tage in Urlaubspflege. Alessi hatte ihre Zuchtbeurteilung erfolgreich bestanden, zwei wunderbare Würfe bei uns aufgezogen und insgesamt vier Jahre mit uns ihr Leben geteilt. Dann haben wir sie nach reiflicher Überlegung an eine Bekannte abgegeben, die eigentlich von uns einen Welpen wollte. Sich aber in Alessi verliebt hat, als sie diese zur Urlaubspflege hatte. Als Züchter ist es möglich, dass man sich aus Gründen mal von manchen Tieren trennt. Wenn man die richtige Familie gefunden hat, ist der Hund dort sehr glücklich. Was man als „Normalhundehalter" nicht wirklich glauben mag. Ich habe lange dazu gebraucht, das erste Mal diesen Schritt zu gehen. Auf die Abgabe eines erwachsenen Hundes gehe ich später nochmal genauer ein.

Bei dieser Hündin jedenfalls ist es so, wenn sie bei uns urlaubt, glaubt man, dass sie nie weg war. Sie weiß noch alle Regeln, fügt sich super in die Gruppe ein und alles ist schön.

Okay, bis auf ihren in unserer Hundegruppe schnellen „Belleinsatz". Das erfordert von mir immer in den ersten Stunden, wenn sie da ist, erhöhte Aufmerksamkeit und schnelle Abbrüche. Einzeln gehalten bellt Alessi kaum, da reizt ganz bestimmt auch die „Gruppen-Bewegung". Auch kommt es darauf an, wer welche Aufgabe innerhalb der Hundegemeinschaft übernommen hat. Der eine ist der „Warnhund", der nächste nur für „wichtige Aufgaben zuständig" und so weiter. Alessi erinnerte sich immer sofort, dass sie bei uns das Warnen übernommen hatte.

Angenommen hatte ich, dass Alessi die beiden Geschwister Takeo und Keiko gleich zurechtweisen würde, da sie eine unserer strengeren Hundemamas gewesen war. Gerade diese Hundemütter gehen mit Fremdwelpen oft etwas ruppiger um. Wo ich auch gleich anmerken will, dass es den „Welpenschutz" so nicht gibt.

Durchaus kann ein Welpe bei seinen ersten Spaziergängen eine Hundebegegnung haben, bei der er schon richtig in seine Schranken verwiesen wird. Auch wir Menschen neigen dazu, die Kinder (oder auch die Hunde) anderer viel strenger zu beurteilen, als die der eigenen Familie.

Achte mal bewusst drauf. Aber dies war bei Alessi nicht der Fall. Beide Welpen haben die Hündin sofort geachtet. Zwar versucht, mit ihr zu spielen, aber als sie nicht drauf einging, war es einfach okay. Einmal kurz hat Alessi ihnen einen Teil ihrer Zähne gezeigt. Das hat gereicht. Und ich fand das ganz toll von den beiden Jungspunden. Abends dann waren Candy, Jumi und ich mit weiteren Leuten und Hunden aus der hiesigen Hundeschule walken, ich ließ den Rest der Bande beruhigt zu Hause.

Einen Tag später.
Heute war Takeo wieder mit mir unterwegs, zusammen mit Roxy und seiner Mama. Da ich häufig unterschiedliche Wege gehe, war auch das wieder ein kleines Abenteuer für Takeo. Wir haben eine nette Pudeldame getroffen, die uns ein Stück mit Frauchen begleitete. Und ein böser lauter Traktor trieb auf einem Feld sein Unwesen. Da die anderen Wauzis das Ungetüm keines Blickes würdigten, versuchte auch Takeo gelassen zu bleiben und lief tapfer dran vorbei.

Als er dann aber unser Auto sah, fetzte er gaaanz schnell hin. Ich habe ihn noch mal zu mir gerufen. Er hat sich getraut, obwohl der böse Traktor ziemlich nah bei uns war. „Sssuuper gemacht" habe ich ihn dann gelobt, und ruuuhig gestreichelt, danach sind wir zusammen mit freudigem Gejauchze zum Auto gerannt.

Warum habe ich Takeo noch mal vom Auto zu mir gerufen? Ich hätte ihn doch einfach dort lassen können, da wollten wir ja eh hin, oder?

Der Hund soll lernen, dass er die wirkliche Sicherheit nur bei seinem Menschen hat. Wenn er bei seinem Menschen ist, ist er immer gut aufgehoben und kann entspannen. Nur sein Mensch bietet ihm den Schutz vor allen Begebenheiten, in denen er sich unwohl fühlt. Und nicht das Auto.

Takeo ist jetzt zwei Wochen bei uns.
Es gab keine bedeutenden völlig neuen Ereignisse. Ein wenig geübt, aber nur so „nebenbei", da ich viele andere Dinge zu tun hatte. Natürlich habe ich trotzdem immer wieder, über den Tag verteilt, kurz meine Aufmerksamkeit auf ihn gelegt. Sei es ein „Sekunden-Kämmen", dann mal was verboten, mal was erlaubt. Etwas später kurz mit der ganzen Gruppe im Garten gelaufen, alle ins „SITZ" gehen lassen, Leckerli gegeben. Und auch mal alle wachen lassen (bellen) bei Fremden, die vorbeilaufen. Versucht, nicht bellen zu lassen, als die Nachbarn heim kamen. Dies ist eines der wenigen Dinge, bei denen meine Hunde und ich nicht einer Meinung sind. Und verhandeln.

Ich hätte gerne, dass sie nur bei Fremden bellen - Teile von ihnen bellen aber auch bei Nachbarn, wenn die Gruppe draußen weilt, ich aber im Haus bin. Wenn ich raus gehe und von mir ein „SCHLUSS" und „danke, ich übernehme das" kommt, hören sie auf. Wenigstens was.

Als der Postbote kam, war ich zufällig mit draußen und die Hunde hatten demzufolge keinen Auftrag. Heißt, sie verbellen ihn nur, wenn ich im Haus bin. Komme ich jedoch dazu und sage „Vielen Dank ihr Hunde, jetzt rede ich mit ihm", sind sie ruhig. Sie verstehen natürlich meine Worte nicht. Aber den Tonfall. Ich sage es bestimmend, aber so, dass sie das Gefühl haben, es war in diesem Fall richtig, dass sie gebellt hatten. Jetzt aber bin ich da und regle das selbst. Ich weiß gerade nicht genau, wie ich das beschreiben soll - bitte mal ausprobieren, wenn es bei euch so eine ähnliche Gelegenheit gibt.

Klaro geht das bei euch alles „nicht eben nebenbei" - eure Beziehung ist ja erst am Entstehen und das ist schon ein richtiger Job, keine Frage. Takeo hatte ich bei ner Kaffeepause kurz auf den Schoß genommen und geknuddelt und geknutscht. Irgendwann ein paar Sekunden mit Zerrseil mit ihm gespielt, ich kann ihn damit, wie auch bei seiner Mama, schon ganz leicht in die Luft ziehen - mit einem „AUS" gibt er es her (natürlich, wenn er wieder auf dem Boden steht, sonst fliegt er womöglich) - und dann darf er es nochmal haben und gewinnen.

All dies ist übrigens auch möglich, wenn zu bestimmten Uhrzeiten gearbeitet werden muss. Entweder zuhause, oder im Büro, oder mit eigenem Laden. Es braucht nur eine andere Zeiteinteilung und manches - wie Futter, was ja wirklich wichtig ist für einen Hund (wenn man ihn nicht überfüttert oder sich von ihm an der Nase herumführen lässt, ne?!?), kann auch so verpackt werden: Ein befülltes, eingefrorenes, leckeres Futter-Spielzeug. Ausgestattet mit einer Schicht Leberwurst, eine Schicht Hüttenkäse, eine Schicht Nassfutter, eine Schicht Speiseeis..., hier gibt es für Hunde-Mägen und Zungen kaum Grenzen. Der Hund ist eine Zeit lang beschäftigt, genüsslich die gefrorene Kost ganz langsam mit der Zunge, eben wie bei einem Eis, rauszulutschen. In der Zeit kann man wunderbar mit Kunden oder dem Chef telefonieren, oder zum Kopierer gehen ohne jaulende Begleitung. Weitere Übungen sind in der Mittagspause oder später machbar. Das geht natürlich nicht zehnmal am Tag, er soll ja auch Ruhe finden und sich selbst genug sein. Aber ein wenig Abwechslung bereichert das Junghundeleben und eure Nerven ungemein.

Wenn man den letzten Schritt vor dem ersten macht

Man kann einen Hund, egal welchen Alters, nicht zur Ruhe auf eine Decke zwingen, in dem man ihn nur immer wieder dorthin zurückbringt - wenn ihm denn niemand beigebracht hat, was er da jetzt eigentlich tun soll.

Hier geht es eben nicht - wie ihr meintet - „ums Prinzip" und ... „der Mensch muss sich durchsetzen". Takeo konnte es noch gar nicht können.
Der entscheidende erste Schritt fehlt: Ihm vorher überhaupt beizubringen, dass man artig auf einer Decke warten kann. Ihr habt es gar nicht geübt. Wenn du eine neue Arbeitsstelle antrittst und du keinerlei Einarbeitung bekommst - wie mühselig und mit wie vielen Fehlern gespickt, ist das

Zurechtfinden für dich? Du sitzt vor dem Laptop deines Vorfolgers, dir sagt aber keiner der Kollegen das Kennwort – so kannst du niemals anfangen, richtig zu arbeiten.

Ein Weg für deinen Hund, auf der Decke irgendwann zu bleiben, kann sein: Einfach mal belohnen, wenn er sich „aus Versehen" auf die Decke setzt und das Wort „DECKE" sagen. Oder ihn auch EIN MAL! hintragen, ihm dort was Feines zum Kauen geben. Solange er es frisst, bleibt er auf der „DECKE". Du bist in der Nähe und hinderst ihn am Aufstehen. Er hat aufgefuttert. Dann DARF er – BEVOR er von selbst aufstehen und die Decke verlassen will – also ganz schnell handeln, mit einer Ansage von dir wieder runter. Das klappt zuerst nur wenige Sekunden. Ne Woche später schon Minuten – und dann ne Weile drauf schon Stunden. Es zaubert sich nicht einfach hervor. Und, was ist am Anfang vor so einer Übung noch wichtig?

Genau – der Hund sollte bewegt worden sein, nicht mehr aufs Klo müssen, langsam müde werden. Dann ist diese Übung wesentlich leichter durchzuführen und viel eher von Erfolg gekrönt.

Kleine Kinder gehören auch immer wieder beschäftigt. In einem Restaurant können sie nicht stundenlang brav am Tisch sitzen und nix passiert! So könnten sie malen, Karten spielen, Rätselspiele mit den Erwachsenen machen, zur Not in der heutigen Zeit eben auch mal mit nem Spiel auf Mamas Handy unwirkliche Mäuse mit Käse fangen oder, oder. Einfallsreichtum ist hier gefragt. Und das eben so lange, bis das Kind sich „wohlfühlt", und irgendwann ohne diese Beschäftigungen, egal worauf auch immer, „warten kann".

Warten kann ich übrigens nur ganz schlecht. Ohne dabei etwas tun zu können. Und sei es nur, in einem Wartezimmer beim Arzt Fische beobachten zu können. Da brauche ich auch meist mein Handy und kann Mails beantworten oder einfach mal nur Facebook-News lesen oder Fotos an Gott und die Welt verteilen.

Abends bei der Napf-Mahlzeit macht Takeo alles schon recht ordentlich, der Augenkontakt kommt immer früher. Super. Mittlerweile hat er sich angewöhnt, solange ich die Näpfe in der Hand halte, wie die Resthunde fröhlich zu hüpfen. Ja, meine Bande steigert sich da etwas rein – sogar Oma Roxy hüpft immer noch ein wenig auf und nieder. Diesen „Erwartungstanz" dulde ich (nur, solange ich den Napf in der Hand halte, sobald er am Boden steht, ist damit Schluss. Gebellt werden darf auch nicht). Ich bin mir sicher, dass unsere Althündin deswegen noch so gut gefressen hat. Der entsprechende Hund setzt sich hin, guckt mir in die Augen und nach nem „OKAY" DARF er fressen. Meine anderen Hunde warten auf ihren Napf, dürfen nicht zu einem der anderen gehen, solange noch in irgendeinem Napf Futter ist. Alte Hunde, wie unsere Roxy, können auch stehenbleiben, wenn sie Rücken haben. Sie wartete aber anständig auf mein „OKAY".

Hunde, die nicht zur hauseigenen Gruppe gehören, füttere ich immer getrennt. Futter hat einen großen Reiz – gerade bei Mehrhundehaltung immer wachsam sein. Und Streitereien um Futter werde ich tunlichst vermeiden. Gerade sonstige Einzelhunde werden unheimlich giftig, wenn sie weitere Hunde in der Nähe haben, die auch fressen. So manch ein „knirschiger" Einzelhund bei seiner Familie wird fast bestienhaft, wenn er sein Futter dann doch verteidigen möchte. Selbst dann, wenn er es gar nicht fressen will. Aber der da drüben bekommt nix! Einzelkindhund halt. Da können dann aber seine Besitzer nichts dafür, da er dieses Verhalten ja alleine überhaupt nicht zeigt, sondern eher gegenteilig eine Flappe zieht und seine Menschen anschaut, als würden sie ihm da gerade Pappe vorsetzen.

Ist Takeo an der Reihe, sitzt er schön auf seinem Popo und guckt ganz erwartungsvoll. Toll. Ich lege nur noch meine Hand vor seine Brust, er guckt in meine Augen und ich kann schnell auflösen. Ganz toll von ihm. Toller als toll. Er könnte alles, wenn ihr das Umdenken hinbekommt und die Veränderung durchführt.

Er kommt aber ja nicht fertig erzogen zu euch zurück. Ihr fangt leider ganz von vorne wieder an. Alles, was ich bei ihm durch meine Art, meinen Nachdruck, meine Körpersprache und meine Entschlossenheit erreicht habe, macht er so eben nur bei mir.

Ihr habt dann die Aufgabe, von vorne mit ihm üben. Aber, er weiß jetzt die einzelnen Schritte, die von ihm verlangt werden. Noch ist das frisch in seinem Hirn – und er würde euer Anderssein durchaus annehmen und achten. Sofort, wenn er wieder bei euch ist, weht ein anderer Wind. Er weiß jetzt wieder, was Frust ist, was lernen bedeutet, was für ein entspanntes Leben es ist, wenn er doch geleitet wird vom Menschen. Das macht ihr ihm ebenso klar, wie ich es getan habe. Das kriegt ihr hin!!!

Dann kann euch Folgendes gar nicht erst passieren. Ich habe ja schon vom kleinen Erkannix meiner Kundin erzählt. Sie kann ihm nichts aus dem Maul nehmen – er macht zu wie ein Krokodil. Sie lief einige Male, da in meiner Gegend spazieren – mit dem Hund zu mir: „Tun Sie ihm das raus, ich weiß nicht, was es ist und er macht bei mir nicht auf." Keine Ahnung, wie das jedes Mal möglich war, noch hierher zu kommen, ohne dass es der Hund schon geschluckt hatte. Ich hebelte ihm seine Schnauze auf und hatte einmal ne mumifizierte Maus und das andere Mal nen grünglibbrigen Leberkäse in der Hand. Na lecker.

Es ist ein sehr kleiner Hund – aber eben ein Terrier mit drin, die sind da schon nicht ganz so Friede, Freude, Eierkuchen und spucken bereitwillig alles aus. Er hat aber nicht hinterhergemault oder nachgeschnappt oder ähnliches. Ich sah nur ein „Sch….." in seinen Augen und er ergab sich seinem Schicksal.

Erkannix knurrt wie ein Irrer und schnappt auch schon mal nach seinem Frauchen, wenn sie ihn kämmen will. Ich hingegen kann ihn mit den Fingern in der Zupftechnik trimmen (macht man bei manchen Hundesorten, um das abgestorbene Fell zu lösen).

Vor einigen Jahren waren mal „Fremderziehungs-Trainingslager“ nenn ich das jetzt mal, in. Da wurden die Hunde für eine oder zwei Wochen hingegeben, und die Besitzer hatten die Hoffnung, dass das Tier bei der Rückgabe endlich folgt. Ja, richtig verstanden - die Besitzer waren da gar nicht mit dabei. Diese Hundebesitzer haben richtig viel Geld dafür hingelegt. Ein paar Tage, manchmal sogar bis zu zwei Wochen, war der Erfolg auch noch zu sehen - dann aber verfielen die meisten Hunde wieder ins alte Muster - da sich die Besitzer nicht geändert hatten und ein Hund eben nicht blöde ist. Wenn du dich nicht veränderst und nur glaubst, die Worte des Trainers zu wiederholen reiche aus, kommt ganz schnell die Ernüchterung. Auch der Hund kippt wieder um. Im Normalfall ist es so, dass dem Hund sehr schnell klar wird: „Mein Mensch hat mich immer noch nicht verstanden.“

Es soll auch Eltern geben, die erwarten, dass Lehrer ihre Kinder erziehen - manche können das in der Tat - die Kiddies schauen dann zu diesem Lehrer auf. Sind die Kinder dann von selbst auch zu Hause friedlicher und haben mehr Hochachtung vor den Eltern? Ganz bestimmt nicht. Ihnen fehlt - genauso wie den Hunden - die Führungsperson zu Hause. Man kann selbstverständlich so eine Schule im Urlaub mit seinem Hund besuchen - kommt aber nicht drum rum, dort Erlerntes zuhause immer wieder mal zu üben. So sieht es nun mal aus.

Ich wünsche mir, dass ihr gemeinsam ab nächster Woche euren Weg findet und den zweiten Anlauf von Anfang an wirklich nutzt. Und, wenn ihr merken solltet, dass es nicht klappt in den nächsten Wochen, oder ihr es auch nicht leisten wollt: Bitte sagt mir das, damit wir ihm gemeinsam eine neue Zukunft ermöglichen können.

Ist schon echt schön, so ein Familienhunde-Leben

Sicher ist schon, dass wir auf jeden Fall mit Takeos Tagebuch vielen verzweifelten Hundebesitzern, die auch am „Shinaiko-Syndrom“ leiden und das jetzt lesen, ein glückliches Leben mit Hund schenken können.

Wichtig ist, dass in Haus und Garten oder der Wohnung jeden Tag gilt, dass es Regeln und Grenzen gibt. Nur so lernt er, irgendwann auch draußen bei all den ganzen Ablenkungen wenigstens größtenteils zu folgen. Das im Haus und Garten beigebrachte „BLEIB“, „NEIN“, geknurrte „EH-EH“, „SUCH“, „AUS“, „PLATZ“, „SCHAU MAL“, „nach Ruf SOFORTIGES Kommen“, „OKAY“, „FEIIN“ ist die Möglichkeit, ihm die nötige Anerkennung euch gegenüber beizubringen. Sie ist schlicht und ergreifend nötig bei vielen weiteren Begebenheiten eures langen gemeinsamen Lebens, um mit Stolz über das Erreichte und einem glücklichen Hund die Welt zu genießen.

Und trotzdem nicht vergessen, dass es auch ein gewisses Maß an „Freiheit“ jeden Tag geben muss! Einfach mal Rennen, kein Wort der Verbesserung – keine Regel, keine Grenze. Wie das dann aussieht, wann man wieder ernst wird, welchem Hund was wie lange gut tut, gilt zu beobachten und auszuprobieren. Sekt oder Selters muss nicht immer sein – manchmal ist auch ein Cocktail genau richtig.

Jedoch nicht glauben, wenn ihr eine Veränderung beim Hund merkt, weil ihr euch verändert habt, dass ab dem „Tag des Klicks“ immer in eurer gemeinsamen Welt „die Wolken rosarot sind und die Blümchen gut riechen“. Manchmal ist es so, dass gewisse Dinge im Laufe eines Hundelebens wieder auftauchen. Das ist auch bei mir nicht anders, selbst wenn ich den „Klick“ im Kopf habe und weiß, wie es geht. Man wird eingefahren, lässt im Laufe der Zeit wieder was schleifen…das ist so menschlich. Und hündisch.

Störe unsere Kreise nicht

Ha, und wenn se alle gut hören und das prima klappt, dann bricht einer auf das einzige Stück Teppich im Haus, oder hat Durchfall oder seine Analdrüse ist voll – gewesen… Und trotzdem gibt es kein weiteres Tier für mich, das so wichtig ist. Und man alle Unannehmlichkeiten sofort wieder vergisst.

„Meine Hunde wissen genau, wo meine Schwächen liegen." Dies war übrigens einer der ersten Sätze, die der Hundetrainer von der Schule, von der ich so begeistert bin, zu mir gesagt hat. Das war für mich der Auslöser, dort mit meinen Hunden die Schulung zu beginnen.

Und trotzdem bin ich froh, kein Trainer zu sein - mir stinkt es ja selbst, wenn mal wieder was „schiefgeht", ich die Lage falsch eingeschätzt und die Hunde eben nicht im Griff hatte. Diese „fehlerhaften, aber menschlichen Leistungen" geben einem Hundetrainer, dem mal was mit seinem(n) Hund(en) nicht gelingt, sicherlich noch ätzendere Gefühle - es ist aber „das wahre Leben". Und ich ertappe mich gerade bei dem Gedanken „darf ich überhaupt dieses Buch schreiben, obwohl auch bei mir nicht alles funzt?"

So kam es auch bei uns vor, dass sich mal ein Hund nachts aufs Sofa schlich oder sie bellten (mir) zu viel in der Gruppe oder sie preschten trotz einem „FUSS und BLEIB" nach vorne auf einen anderen Hund zu. Oder ein junger Hund sprang doch mal einen Spaziergänger, den ich übersehen hatte, mit seinen Matschpfoten an oder ein Karnickel hüpfte vor uns auf und alle riefen nur „sind dann mal weg" oder versuchten, doch mal in die Küche zu gehen... und, und, und.

Nichts ist mehr wie vor dem Hund, es ist mehr Dreck, weniger Zeit für anderes, mal gibt es unvorhergesehene Überraschungen. Und trotzdem lohnt sich all die Mühe hier, da Hunde so viel Wärme zurückgeben und uns immer wieder ein Lachen auf die Lippen zaubern. Sie uns trotzdem lieben. Und wir sie. Und der eine nicht ohne den anderen kann. Es einfach schöne Lebensaufgaben geben kann. Wenn ihr es richtig macht und mehr Freude mit eurem Hund habt als Frust, dann werdet ihr immer wieder einen Hund haben wollen. Ich finde, mit Hund(en) sein Leben teilen zu dürfen, ist eine sehr große Freude. Hat man die Möglichkeit, dies kennenzulernen, ist man ein sehr reicher Mensch. Ich werde jetzt hier fast gefühlsduselig…

Also schreibe ich weiter und komme wieder zu Takeo zurück: Er ist schon gewaltig gewachsen, euer Junge. Sowohl in der Größe, als auch in der geistigen Reife. Sein Geschirr passt ihm nicht mehr. Er trägt voller Würde im Moment Jumis Halsband. Er läuft wunderbar ohne Zug an der Leine. Wir haben nur noch acht Tage.

Heute sind wir mal spazierengerannt

Es gibt noch einiges, was ich euch beim nächsten Mal zu schreiben habe - zum Beispiel die Stubenreinheit. Das habe ich bis jetzt ausgespart, damit ihr nicht zu viel Gewicht darauf legt. Ihr habt gedacht, bei uns ist da nie was passiert???

Nöhööö, weit gefehlt... das berichte ich euch im nächsten Kapitel. Bis dahin seid tapfer und lest euch nochmal die Anfänge hier durch - ist soweit alles klar oder noch nicht?
Viele Grüße

Simone

Nachdem ich diesen Teil - zu dem ich viel Zeit an meinem elektronischen Eingabegerät gebraucht hatte, da einfaches Erklären wollen echt nicht einfach ist - an Takeos Besitzer geschickt hatte, kam diese Mail als Antwort:

Hallo Simone,

mittlerweile sind die Freunde mit ihrem Hund da und für Takeo wird schon mal ein „Parfum" zur Begrüßung vorhanden sein. Wann sollen wir uns denn am Sonntag treffen? Und wie sieht es mit dem Futter aus, seid ihr nach wie vor beim Juniorfutter?

Ich nehme an, dass wir bis Sonntag ein Neues holen sollten. Wir haben am Freitag eine Feier, deshalb frage ich sicherheitshalber heute schon.

Viele Grüße

Takeo-Frauchen

Anmerkung der Redaktion: Häää??? Ich glaubs ja nicht. Ich schreibe mir hier nen Wolf, hoffe darauf, dass sie verstanden haben und ihre einzige Belastung ist das Futter??? Ruhig, Brauner. Ganz ruhig. Nicht schreiben, was du gerade denkst... auf der anderen Seite stimmt es ja, dass auch das Futter eine Rolle spielen kann. Hier dann meine Antwort nach ein paarmal Durchschnaufen noch am gleichen Tag:

Hallo,
ja stimmt, das Futter ist bald verbraucht. Ich habe Erwachsenenfutter mit nem noch vorhandenen Juniorfutter gemischt. Ihr könnt bereits ein Erwachsenenfutter für ihn kaufen.

Ein zu viel an Protein im Futter hat für so manchen Hund zu viel Energie, die er gar nicht benötigt. Das kann die schon bestehende Umtriebigkeit noch verstärken. Wir nehmen getreidefreies Trockenfutter (wegen möglicher Milbenkot-Allergie), extrudiert oder kaltgepresst. Wenn geht, nicht mehr als dreiundzwanzig Prozent Protein, eher darunter. Und immer mit einem weiteren Füllstoff, wie Gemüse, Kartoffel, Süßkartoffel, sollten im Sack enthalten sein. Auch Futter mit Reis ist in Ordnung - sofern der Hund es gut verträgt. Wir reden ja wie gesagt von einem Familienhund, keinem Arbeitshund, da füttert man etwas anders. Also: Gutes Fleisch im Futter ja, aber niemals nur pur für einen Hund. In vielen Futtersorten werden unterschiedliche eiweißhaltige Nahrungsmittel kombiniert, damit auch die Aminosäuren ausreichend vorhanden sind. Bei einem Allergiker, der nur eine seltene Sorte Fleisch fressen darf, werden Aminosäuren industriell hinzugefügt. Ein Hund kann als Allesfresser Proteine aus unterschiedlichen Fleischsorten, aber auch aus Gemüse ziehen. Bei einer Katze ist das anders, sie ist eigentlich ein reiner Fleischfresser. Kenne aber trotzdem viele Katzen, die jetzt hier laut aufschreien würden - auch unsere Shisha.

Mein Vorschlag, überlegt doch mal: Entweder treffen wir uns wieder an der Raststätte, dann aber schon am Vormittag. Ich kann nur nicht lange bleiben, da ja Muttertag ist und ich gerne wieder schnell daheim wäre. Was auch möglich ist, wenn ihr euch durchringen könntet, ganz bis zu uns zu fahren. Es gäbe dann Muttertagstorte von Annika und ich könnte euch ein paar nützliche „Takeo-Anwendungen" live zeigen.

Ihr würdet keineswegs stören. Denke morgen kommt noch mal ne Ladung Takeo-Tagebuch, wenn ich es schaffe, heute noch zu schreiben.

Viele Grüße Simone

Daraufhin erhielt ich diese Antwort, auf die ich erst beim Senden vom nächsten Teil schreiben konnte. Es musste etwas Zeit vergehen, sonst wäre es nicht „artgerecht" geworden:

Hallo Simone,
klar, dass du am Muttertag zeitig daheim sein willst. Für uns ist es kein Problem, vormittags an der Raststätte zu sein, dann machen wir es lieber etwas kürzer... wir werden uns nach Sonntag mit Sicherheit häufiger hören oder mailen. Was bekommst du denn an Geld für Futter, Tierarztkosten etc. von uns?

Viele Grüße

Takeo-Frauchen

Anmerkung der Redaktion: Hm, sie nehmen die Hand von mir nicht, um vor Ort nochmal über vorhandene Schwachstellen mit Hund zu reden... das ist doch nicht aus Rücksicht, weil ich Muttertag habe??? Wie, Geld für Futter und Tierarzt??? Hier sieht man nun deutlich die unterschiedlichen Auffassungen von richtig oder falsch. Von schwarz oder weiß. Vom Hundeneuling und vom Hundewissenden.

Am nächsten Spätnachmittag konnte ich dann antworten:

Hallo,
nun denke ich, sind wir beim letzten Teil des Tagebuchs angekommen. Habt ihr beide alles gelesen? Ist etwas unverständlich? Ist es in der gedanklichen Wahrnehmung da? Die wirkliche Anwendung folgt ja jetzt bald.

Seid ihr euch im Klaren, was richtig und was falsch gelaufen ist? Wie weit könnt ihr Takeo fordern? Was geht noch nicht, da Takeo noch kindlich ist und was sollte er doch schon wissen? Dann bitte, meldet euch. Nur nach dem „Klick" wird es mit euch und Takeo wesentlich besser funzen. Was das eigentlich kosten würde??? Meintet ihr damit das „etc." in eurer Mail? Es ist unbezahlbar. Ich habe mir hier echt viel Mühe gegeben, das alles so aufzudröseln.... Eine Einzelstunde bei einem Hundetrainer kostet mindestens, wenn nicht noch mehr - wenn ihr das mal hochrechnen wollt?

Ich will und werde aber auch keinem ehrenwerten Hundetrainer die Arbeit wegnehmen - im Gegenteil. Als langjähriger Züchter und Hundekenner mit viel Erfahrung ebne ich nur den Weg dorthin.

Ich hatte jetzt echt damit gerechnet, dass ihr diese letzte günstige Gelegenheit wahrnehmt und zu uns fahrt und wir ein paar Dinge durchgehen könnten. Morgen habt ihr ja eure Feier, ich wünsche viel Spaß.
Am Samstag werde ich mit Takeo das letzte Mal die Welpenschule besuchen. Danach bin ich mit Annika in Nürnberg beim Power-Shopping, Rolf wird hier zu Hause alles Getier hüten. Ich werde erst gegen Abend wieder weiterschreiben, die Zeit müsste doch reichen, um die Fragen zu beantworten? Ich hoffe es für euch und euren Hund. Ich möchte doch nur, dass ich Takeo beruhigt an euch zurückgeben kann und ihr euch bemüht, einen neuen Weg mit ihm zu gehen.

Das bisschen Futter fällt bei uns nicht ins Gewicht und die nochmalige Milbenbehandlung übernehme ich selbstverständlich. Hier noch im Anhang

Viele Grüße
Simone

Takeos Tagebuch – Klappe, die letzte

Volle Pulle

Nach einem entspannten Wochenende war der Montag ein „Volle-Pulle-Tag". Während ich das hier schreibe, ist Takeo fünfzehn Wochen alt. Annika war zwischenzeitlich mit ihm spazieren, sie ist gut klargekommen. Er begrüßt sie immer ganz erfreut, sie knuddeln und raufen ein wenig – beide sind mit Spaß dabei. Wird er zu heftig, rügt sie ihn kurz, lobt sofort und er wird wieder lammfromm.

Heute wird der Tag für Takeo etwas stürmischer, das ist durchaus auch mit einem jungen Hund möglich. Bitte dafür aber unbedingt das am nächsten Tag, mit viel Ruhe und ohne große Reize, wieder ausgleichen. Nach üblicher Haus- und Rahmen-Malerei-Arbeit war ich mit Roxy, Alessi und Lolli Gassi. Danach haben die drei jeweils was zum Knabbern bekommen, die anderen drei, also Takeo, Candy und Jumi, fuhren mit mir am späten Vormittag los in eine Stadt, die eineinhalb Stunden entfernt liegt. Dort habe ich alle paar Wochen einen Termin. Ich fahre immer zeitig los, damit ich mit den Hunden, die mit „dürfen", bevor sie im Auto dann auf mich warten, noch entspannt laufen gehen kann. Autofahren ist null Problem für Takeo, er rollt sich, wie die anderen Hunde, sofort ein und schläft oder döst.

Der Spaziergang in dem Wald dort war wieder sehr schön. Ich habe hier bewusst ständige Gängelung vermieden, Takeo nur ab und an mal zu mir gerufen, um ihn dann sofort wieder freizugeben und mit den anderen düsen zu lassen. Super war natürlich wieder, dass meine „Großen" den Weg nicht verlassen – so kam der kleine Wicht gar nicht erst auf die Idee, „fremdzugehen".

Takeo lernt von seinen Vorbildern

Nach dem Ausflug haben alle drei brav im Auto in der Tiefgarage auf mich über eine Stunde gewartet. Takeo war in einer Einzelbox und hatte eine kleine Schüssel Wasser zur Verfügung. Die Großen lagen entspannt in ihrer Box im Kofferraum daneben. Ohne die Hunde nochmal raus zu lassen, fuhr ich einen Umweg mit einem Zwischenstopp in unserer Heimatstadt. Mit meinem Stammtisch war ich zum Essen verabredet. Ja, stimmt, zwei Wochen sind schon vorbei.

Diesmal lag die ausgesuchte Gaststätte in der Nähe eines großen Parks. Dort gab es eine Frei-Auslauf-Fläche für Hunde. Das ist natürlich klasse, auf diesem Gelände trifft man immer viele Hundehalter mit ihren freilaufenden Wauzis.

Da Stadthunde gewohnt sind, ständig anderen Hunden zu begegnen, kommt es so gut wie nie zu ernsthaften Auseinandersetzungen. Sie denken nicht „gebietsbezogen", wie es oft bei „Landeiern" üblich ist. Bei einem ländlich lebenden Hund kommt es durchaus vor, dass er glaubt, alle umliegenden Felder und Wälder wären „seins", da er wesentlich seltener auf einen anderen Hund trifft. Die bröseln dann schon aus einiger Entfernung mal los.

Das Einzugsgebiet unseres Hovawarts damals waren gefühlte einhundert Hektar. Mindestens. Das war eine ungemein schwierige Aufgabe, sie davon zu überzeugen, dass ihr nicht jeder Grashalm gehört. Ich denke oft daran, dass die Hovi-Hündin Momo hier, wo wir jetzt wohnen, viel besser ausgelastet wäre. Über dreitausend Quadratmeter zu bewachen, hat schon einen anderen Wirkungsbereich, als knappe sechshundert. Klar kann es auch „durchgeknallte" Stadt-Hunde geben - nichts im Leben ist ohne Gefahr. Im Allgemeinen sind sie aber friedlich, da sie ständige Hundebegegnungen als völlig normal empfinden. Dort zeigte auch unsere Hovi-Hündin keine Verteidigungsbereitschaft - ich empfand die Spaziergänge auf solchen Hundewiesen mit ihr immer als sehr angenehm. Und mache das auch heute noch immer wieder mal - da es auch für meine Hunde recht spannend ist. Und sie verhalten sich wirklich gut.

Ich kann und konnte an solchen Orten in all meinen vielen Jahren mit Hunden nur selten eine ernsthafte Beißerei oder Niederträchtigkeit (alle gegen einen) beobachten. Trotzdem, auch wenn man gerade selbst plaudert: Seinen und die anderen Hunde gut beobachten, damit man ein Missverständnis schnell aus dem Weg räumen kann.

Grüppchenbildungen von Menschen mit ihren Hunden von weitem bereits beobachten. Wie verhalten sich die Hunde? Könnte deiner ein Opfer der bereits Verbündeten werden, indem sie nur ihn gemeinsam jagen? Dann Hund abrufen und schnurstracks sich entfernen.

Nach einiger Zeit kennt man schon die meisten der Gassigeher und ihre

Pfötler und geht die Sache schon verhältnismäßig gewohnheitsmäßig an.

Da ich am Vormittag ja absichtlich nur wenig Befehle gegeben habe, hatte ich am gleichen Tag beim nächsten Abenteuer trotzdem noch seine volle Aufmerksamkeit. So freute sich Takeo über ein paar aufregende hündische Erfahrungen mit kleinen und großen, alten und jungen Hunden. Mit Candy war ich, glaube ich, auch das erste Mal dort - Schande, Schande, hab ich das wirklich in anderthalb Jahren nicht einmal geschafft??? Jedenfalls fand sie auch alles seeehr spannend, hat sogar richtig „geschäumt" am Maul vor Aufregung. Hat alles gut geklappt dort, einige der Hundehalter erkannten die drei sogar als eine Rasse. Echte Anerkennung von mir, wenn man bedenkt, wie unterschiedlich die drei doch aussahen, die ich dabei hatte.

Wir haben immer wieder mal Small-Talk gehalten, die Hunde sich auch „unterhalten", und ich bin dort auf der Freifläche von Grüppchen zu Grüppchen gesprungen. Zudem konnte ich zwischendurch alle in Freifolge bei mir halten, sie sind nicht selbstständig zu den anderen Hunden gerast. Und Abrufen aus der Gruppe hat auch super geklappt. Schön wars. Fanden wir alle.

Begegnen, kurzes Innehalten, dann macht jeder wieder sein Ding

Merke aber gerade beim Lesen hier wieder, dass meine jetzigen Hunde das nicht mehr so können. Müsste ich auch mal wieder üben.

Wo ist mein „Tag X"?

Dann gab es am Auto Wasser für alle und Abendessen für Takeo. Wenn Blicke töten könnten – Candy war gar nicht damit einverstanden, dass nur der Kleene was bekommt. Da auch die anderen Großen zu Hause aufs Futter warteten, haben Jumi und Candy noch nichts bekommen. Frust. Aber ausgehalten ohne Gejodel und tatsächlich überlebt. Alle schliefen brav im Auto, als wir um einundzwanzig Uhr das Lokal verließen und nach Hause fuhren. Gleich nach dem Ankommen im Garten musste Takeo pieseln. Er bekam mit den anderen dann auch noch eine Kleinigkeit zu fressen. Er ist ja schließlich immer noch Kind, ne!?

Wie, ich hätte ihn ja mal wieder frustrieren können – jahaaa, hätte, wollte ich aber diesmal nicht! Muss man nicht ständig machen, das sollte euch jetzt schon das Bauchgefühl sagen. Tut es das? Ja genau, es war zwar viel Unterschiedliches an dem Tag für Takeo. Aber, er konnte immer wieder Pausen machen und tief und fest im Auto schlafen und das Erlebte verarbeiten.

Am nächsten Abend war ich zum Walken mit weiteren Hundebesitzern verabredet und wollte Candy und Lolli mitnehmen. Dass das noch nichts für Takeo ist, versteht sich schon von selbst, oder? Also wenn man richtig walkt. Alles andere ist ein netter Spaziergang, bei dem einem baumelnde Stöcke von den Armen hängen. Wenn man richtig walkt in einer Gruppe, sollten die Hunde an der Leine sein. Zuhause ein wenig üben, dann auch gerne auf einer Walkingstrecke. Es dauert ein wenig, bis der Hund den Rhythmus draufhat und nicht mehr ständig ein Stockende unters Kinn bekommt. Der Hund darf VORHER pinkeln, kackern und einen kurzen Spurt hinlegen. Dann aber hat er nichts anderes zu tun, als DEINEM Takt zu folgen. Nicht, ihn anzugeben.

Mit Alessi habe ich im Garten gespielt, fand sie voll toll. So hatte ich ja noch keine Beschäftigung an diesem Tag für Roxy, Jumi und Takeo – aber die konnte ich einfach in den Tagesablauf „einbauen". Ich musste vormittags in die Stadt was abholen und war auf dem Rückweg mit Annika auf nen Kaffee verabredet, sie arbeitete zu der Zeit dort in einer Firma in einem Einkaufszentrum im Büro. Also sind die drei noch nicht bespaßten Hunde mitgefahren.

Auf dem Weg habe ich am Wald angehalten. Wir waren nur kurz Geschäfte erledigen, denn Eindrücke gibt es nachher noch genug.

Weiter gings mit dem Auto zum Einkaufszentrum. Alle drei Hunde an ihre Leinen gehängt und zu der Firma gegangen, in der Annika zu der Zeit gearbeitet hat. Wir mussten einige Treppen rauf, die ersten offenen Stufen für Takeo. Und das bis ins dritte Stockwerk. Takeo hatte nur einmal kurz gestockt am Anfang – da Roxy, Jumi und ich aber weiterliefen, kam er sofort nach.

Das ist schon eine Überwindung für einen jungen Hund, da er ja ständig nach unten sehen kann. Runterwärts gings später schon ohne jegliche Schwierigkeiten. Klasse. In der Firma hatten sich alle Kollegen nebst Chef um die Hunde versammelt – jeder war entzückt. Sowohl die Hunde, als auch die Menschen. Dann waren wir nebenan im Café, alle drei Wauzis lagen artig zu unseren Füßen.

Kurz Gassi, danach gings in die Stadt zur Gewöhnung

Ja, und abends war ich dann mit den Resthunden beim Walken. Eyh, wir waren echt tapfer, zehn Kilometer in strömendem Regen, muss ich uns schon mal loben!

Natürlich habe ich es durch meine Hunde etwas einfacher als ein „Einzel-Hunde-Besitzer" mit der Erziehung. Durch ihr Verhalten lernt Takeo viel schneller. Meine Hunde laufen nicht einfach querfeldein, da ich es ihnen nicht erlaube. Unaufgefordert und wie selbstverständlich trappelt Takeo auch nur am Weg entlang. Legen sich meine Hunde im Café hin, macht er es auch so. Rufe ich meine her, kommt auch er sofort. Aber, bitte nicht vergessen, dafür musste ich (und müsste wieder) was tun, damit das so funzt.

Leider geht aber auch Schlechtes lernen – also, was wir nicht so gigantisch gut finden – ganz schnell. Also was wir Menschen als solches empfinden: Warnen, wenn ein Fremder am Garten vorbeiläuft. Da keiner meiner Hunde außerhalb des Grundstücks bellt, haben sie nur hier diese Möglichkeit. Mal lasse ich es zu (bei unbekannten Personen, die in unserer Sackgasse irgendwelche Flyer in die Briefkästen werfen), mal gehe ich raus und „verbiete" weiteres Bellen (sage ihnen eigentlich eher, dass ich jetzt da bin und das Aufpassen selbst übernehme). Oder, wenn ich keine Zeit habe, rufe ich alle rein – und zwar zackig. Was leider ab und an zur Folge hat, dass, wenn die Hunde ins Haus wollen und keinen Bock mehr auf Garten haben, sie einfach das Bellen anfangen - wie gesagt, die sind ja nicht blöd.

Übrigens hören unsere Nachbarn die Hunde allerhöchstens zwei Minuten!!! am Tag - nur so kann man eine angenehme Nachbarschaft erhalten, und in einer eng bebauten Siedlung züchten. Das ein kompletter Wurf dann beim Spielen etwas mehr quiekt ist logisch und für das Umfeld dann auch in Ordnung.

Takeo und sein Gefolge

Auch hier in unserem neuen Zuhause achte ich darauf, dass nur in Maßen gebellt wird. Ja, wir haben hier viel Platz und es würde oft gar nicht stören.

Im Sommer jeoch sind die Hunde mehr hinterm Haus im riesen Garten, damit sie nicht vorne die Kundschaft der Gaststätte oder der Ferienhäuser verbellen.

Im Winter sind unsere Hunde mehr vorne im Hof, da die Gäste ja da eher seltener im Biergarten sitzen.
Natürlich dürfen sie Fremdes auch Verbellen - jedoch auch ganz schnell wieder aufhören, wenn das böse, böse Eichhörnchen den Garten verlassen hat. Oder die Wanderer vorbei sind an unserem Grundstück.

So ist doch dann jeder zufrieden und das ist wichtig. Okay, außer das Eichhörnchen…

Wachsam, wenn es drauf ankommt

Ansonsten sehr relaxt

Auch spielen muss ich (darf ich?) kaum mit Takeo. Das übernimmt Candy mit einer Hingabe, dass ich jedes Mal zu nichts komme, weil ich die Beiden beobachte, denn es ist einfach zu schön. Sie verstehen sich so gut. Sie werden sich bestimmt vermissen.

Erzählen. Spielen. Klönen. Frechheit.

Kommen wir zur Stubenreinheit

Bitte – wenn nicht hart im Nehmen – das Essen mal kurz während des Lesens einstellen. Okay, die Stubenreinheit. Oder eben nicht, wie man nimmt. Ich hatte ja geschrieben, dass ich erst jetzt darüber berichten möchte, damit dem Ganzen nicht so viel Bedeutung beigemessen wird.

Zuerst einmal muss ich bekennen, dass ich es bei noch KEINEM - also wirklich noch KEINEM einzigen Welpen, der hier bei uns groß wurde (und das waren einige, auch unterschiedlicher Rassen) geschafft habe, dass er nicht mindestens eine Pfütze ins Haus gemacht hat. So. Jetzt ist es raus. Ich bewundere alle, die sagen, ihr Welpe habe nie ins Haus gemacht. Das wäre auch äußerst löblich von dir - ich möchte da nichts unterstellen - jedenfalls ist es mir noch nicht gelungen. Vielleicht ist es zu schaffen, wenn man einen Welpen erst ab der zwölften Woche übernimmt und wirklich nix anderes zu tun hat, als den Wicht ständig nach draußen zu bringen. Das klappt bei mir nicht, da ich immer wieder einfach die Zeit vergesse. Und trotzdem wurden alle stubenrein.

In der Regel gehen die Welpen unserer Würfe spätestens ab der fünften Lebenswoche vom Innengehege im Haus nach draußen ins Freigehege, wenn sie sich lösen müssen. Da haben sie aber auch IMMER den direkten Zugang, ohne Hürden, ohne riesige Wege, ohne große Ablenkung. Das klappte wirklich gut, bei allen Würfen. Nachts machen sie in eine mit Zeitung ausgelegte „Klo-Ecke“ im Welpenzimmer, das wird auch gut angenommen. Da aber alle fast gleichzeitig „müssen“, ist das Gedränge dort groß und der Züchter sollte schnell sein mit dem Säubern, sonst... bööh.

Es ist also bei den jeweiligen Würfen im Innenraum nicht der ganze Boden mit Handtüchern ausgelegt. Ne, sie haben da eine niedrige Plastikwanne, die mit Zeitungspapier ausgelegt ist. Hierzu kurz die Info, bevor es ne Demo gibt: Es gibt seit Jahrzehnten keine Druckerschwärze mehr, es ist nicht gefährlich für einen Welpen - oder ein Kleinkind - in diesem Buch in dieser Reihenfolge -, wenn es mal einen Fitzel davon isst. Hm - vielleicht wird das junge Geschöpf höchstens schlauer? Gut, das hängt dann womöglich wieder davon ab, welche Zeitung der Mensch liest - und welcher Artikel gerade gegessen wurde.

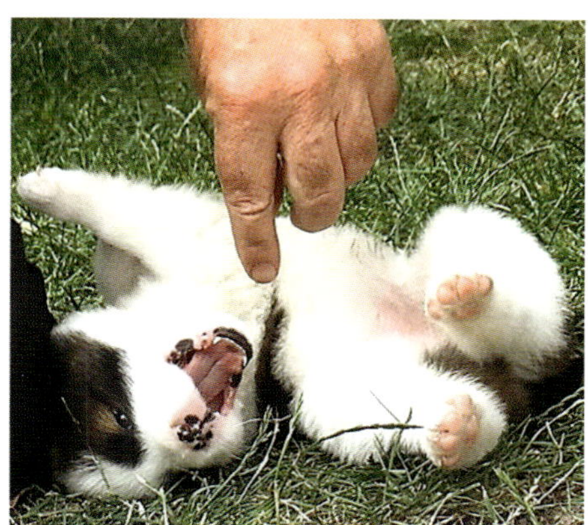

Stubenrein? Ja klar doch - wenn du schnell genug bist, hihi

Gehen wir davon aus, dass ein neun Wochen alter Welpe zu seinen neuen Besitzern zieht. Selbst wenn da immer die Terrassentür aufstehen würde, kann der Welpe so abgelenkt sein, dass er den weiten Weg nach draußen gerade nicht findet, zu spät merkt, dass er muss, oder, oder, oder... So kann es eben sein, dass der Kleine mal undicht ist. Sicherlich weiß jeder, dass ein Welpe ungefähr alle zwei Stunden nach draußen muss. Aber eben ungefähr. Das verschiebt sich, je nachdem, wann er was und wieviel gefressen hat oder er hat mehr getrunken oder lange gespielt... Hat er nach einem Spaziergang nur ne Stunde tief geschlafen und man geht mit ihm aus dem Restaurant, muss er. Auch eine Aufregung, die wir gar nicht als solche erkannt haben, kann Auslöser eines Bächleins sein.

Oder du brütest gerade über einem Fachbuch. Oder deine Freundin ist da und du bist mal eben abgelenkt. Welpe liegt draußen in der Sonne, aber ohne Bewegung und man ruft ihn rein – schließlich wusste der junge Hund ja nicht, dass es reingeht und hat demzufolge auch nicht draußen gepieselt. Das merkt er nun mal erst, wenn er drinnen ist und Mensch schon wieder ganz anderes im Kopf hat...aber er muss nun mal und es fließt. Hat er nun nachts durchgeschlafen oder vielleicht doch ne Zeit gespielt, dann muss er viel früher raus, da er sich ja bewegt hat...und, und, und.

Auch bei einem älteren Hund, der aus dem Ausland oder aus reiner Außenhaltung kommt, kann das durchaus ähnlich sein. Für den einen Hund ist es aus welchen Gründen auch immer, völlig klar, dass er niemals ins Haus macht. Unsere damalige Auslandsdalmatinerin hatte eher das Welpenverhalten. Aber schneller verstanden, dass man Ärger bekommt, wenn alle zwei Stunden ins Haus gepieselt wird, obwohl man gerade erst mit ihr im Garten war und man schon geklärt hat, dass es keine Blasenentzündung ist.

Nicht zu vergessen, die unterwürfigen Freudebächlein, wenn wir einen Hund zu überschwänglich begrüßen. Oder man ihn zu hart angeraunzt hat und er nicht verstanden hat, wo das Problem liegt. Eine Hündin hat unsere Tochter fast ein Jahr lang mit einem Bächlein begrüßt – das war dann schon ein See. Wegen Diskriminierung und dem Datenschutz nenne ich jetzt keinen Namen. Gott sei Dank konnten wir einfach die Haustüre aufmachen und den Hund zur Begrüßung nach draußen lassen – sonst sollte man ernsthaft überlegen, sich ein Schlauchboot anzuschaffen.

Auch hat man im Winter nicht immer die Tür auf, denn auch da gibt es Welpen. Welche übrigens, weil Mensch eben nicht ständig die Tür aufhat, schneller verstehen, wann sie dürfen und wann nicht. Auch gibt es Menschen, die sollen in Wohnungen leben und trotzdem Hunde halten dürfen (oft haben diese Hunde sogar mehr Abwechslung mit ihren Besitzern)... und – der Normalmensch – hat nicht vierundzwanzig Stunden rund um die Uhr Zeit, einen Blick auf den Welpen zu werfen, damit er ihn gleich rausbringen kann.

Dann telefoniert man mal, der Hund „guckt anders", schnüffelt kurz und schon... Oder man verhandelt gerade mit seinen weiteren menschlichen Mitbewohnern oder saugt oder räumt den Wäschetrockner im Keller aus. In dieser Zeit fällt dem kleinen Kerle ein, dass er muss. Er dreht sich ein, zweimal – ungesehen vom Menschen – um sich selbst. Dann kann er schon nicht mehr einhalten und schon wurstet es. Ein kleines Hundeklo in der ersten Zeit – mit dem richtigen Zeitungsartikel versehen – vor der Terrassen- oder Eingangstür oder auf dem Balkon, kann alles etwas erleichtern. Kann, muss nicht.

Es soll Hunde geben, die sich melden, wenn sie raus müssen. Nun, so richtig melden tun sich meine nicht. Unsere erste Hündin fing das Zittern an, wenn sie dringend musste und wir einen Gassi-Gang irgendwie verpennt hatten. Candy schlich ruhelos um uns rum und hechelte. Roxy meldete, aber nur nachts und in ganz seltenen Fällen, dann hatte sie den Spät-Abends-Pinkler ausgelassen, weil es geregnet hatte, denn Wasser von oben fand sie doof.

Lolli und Jumi merkte man gar nichts an, sie gingen halt einfach mit raus, wenn wir die anderen rauslassen. Ganz einfach. Nicht mehr, und nicht weniger. Keiko, die Schwester von Takeo, meldet sich, wenn sie raus muss. Sie setzt sich vor einen, guckt einen an, fiept ganz leicht. Tür auf, Hund rennt, macht ne Pfütze und kommt wieder rein. Auf Anweisung. So würde man es sich wünschen. Macht aber nicht jeder.

Takeo quengelt vor der Terrassentür. Einmal will er aber eigentlich draußen nur spielen. Beim nächsten Quengler, nur ein paar Minuten später, auch. Und dann aber, beim dritten Quengler, der genauso klingt wie die davor, und wir nicht aufstehen, pieselt er doch glatt vor die Tür. Zefix. Das war dann mal gestern Abend so.

Wir haben ja extra kein Klo für ihn aufgestellt, weil wir ja testen wollten, wie er sich in den unterschiedlichsten Gegebenheiten verhält. Am ersten Morgen, nachdem er damals bei uns ankam, stand ich nach dem Weckerklingeln auf, ging nach unten – und ich sah sofort das erste Häufchen. Schön fest geformt, eigentlich „noch warm".

Warum war das passiert? Den ganzen Tag hatten wir kein weiteres Problem, noch nicht mal ein Pfützchen. Artig hat er jedes Mal draußen gepullert und noch zweimal gekackert. Abends, als Rolf von der Arbeit kam, besprachen wir uns und glaubten, es erkannt zu haben: Rolf hatte am Morgen Takeo mit ins Erdgeschoss genommen, und wie gewohnt alle Hunde gleichzeitig in den Garten gelassen. In diesen paar Minuten kümmert er sich nicht weiter um die Hunde, die ja wissen, nun machen wir Morgen-Pipi. Wenn Rolf in die Arbeit fährt und bis ich aufstehe, ist Takeo nicht mal dreißig Minuten mit den Resthunden im Wohnbereich. So haben wir angenommen, dass Takeo draußen zwar schnell gepieselt, aber wegen den anderen Wauzis, die alle noch dabei waren, keine Zeit gehabt, oder „vergessen" hat, sein großes

Geschäft zu verrichten. Und, die Großen müssen um die Zeit noch nicht groß.

Also haben wir ab dem nächsten Tag es so gemacht, dass Rolf zuerst Takeo nur mit Roxy (da sie sich morgens nicht wirklich um den Kleinen kümmert) in den Garten gelassen hat. Waren die beiden wieder drin, durften die Resthunde nach draußen. Ab diesem Zeitpunkt hat es nur durch diese kleine Änderung wunderbar geklappt.

Takeo hatte so mehr Ruhe. Selbst an den Wochenenden hat das prima gefunzt, obwohl wir da viel später aufgestanden sind. Er hat brav durchgehalten. Also ich meine den Hund, natürlich. Nicht meinen Mann. Das zeigt wieder, dass man gewisse Unannehmlichkeiten durch etwas Nachdenken ziemlich einfach in die richtigen Bahnen lenken kann. Mittlerweile ist Takeo ja schon viel, viel älter – und hat sich selbst auch wesentlich besser in solchen Angelegenheiten im Griff. In den drei Wochen, in denen der Bub bei uns ist, hat er vielleicht – wenns hoch kommt – fünfmal ne Pfütze gemacht. Das ist noch im grünen Bereich. Sagte meine Tochter. Ich scheine bei jedem hier aufgezogenen Welpen drüber zu motzen, wie oft dieser denn pieseln muss – angeblich sage ich „das gibts doch nicht, sooft wie „xxx" pinkeln muss, musste doch noch kein anderer Welpe vorher". Und Annika antwortet – angeblich – immer: „Mama, das sagst du jedes Mal, bei jedem Welpen"... kann doch gar nicht sein ... müsste ich mich doch erinnern...??? Jedenfalls habe ich überhaupt kein Zeitgefühl. Ich „verliere" mich oft in Dingen, die ich tue und schwupps, ist es drei Stunden später – und eben mal wieder zu spät für einen jungen Hund. Ich soll mir doch den Wecker stellen? Jo – das klappt nicht bei mir…ich stelle den Wecker aus, mir fällt genau da ein, dass ich vorher noch schnell irgendwas eigentlich nicht sooo Wichtiges tun muss – und zack, habe ich schon wieder vergessen, dass ich eigentlich mit dem Wurm raus wollte.

In dieser Zeit hatten wir auch einen „Hektik-Schiss". Folgender Sachverhalt: Es passierte am sechsten Tag abends. Takeo war nach dem Fressen noch im Garten, ich hatte die Terrassentür bereits geschlossen. Die anderen Hunde waren alle mit mir im Haus, er hatte es irgendwie verpennt, mit den anderen reinzukommen. Ich setzte mich an den Computer, der gleich bei der Terrassentür stand und schrieb – bestimmt einen Teil dieses Tagebuches. Erst da habe ich gesehen, dass der kleine Wicht noch gar nicht im Haus war. Nun gut, dachte ich, mal schauen, was er denn nun macht. Takeo guckte und merkte dann, dass alle Hunde bereits innen waren und die Tür zu ist. Dann wollte er rein. Saß vor der Tür und quengelte. Bell. Bell. Bell. An die Scheibe gesprungen. Heul. Bell. Hechel. In allen Tonlagen. Er war wie wild. Er konnte nicht fassen, dass ich nicht mal mit der Wimper zuckte. Äußerlich. Boah, er war auf hundertachtzig. Mindestens. Nach – gefühlten drei Stunden – (naaa, kommt dir die Szenerie bekannt vor?) setzte er sich immer noch sichtlich erregt vor die Tür. Ich zählte ein paar Sekunden. Kein Ton von ihm. Dann habe ich die Tür geöffnet und ihn mit „Takeo, KOMM", reingelassen. Mich nicht weiter um ihn gekümmert. Und man könnte meinen, aus Meuterei und Empörung, hat er drei kleinere Spritzerchen im Laufen auf unserem Laminat verloren.

So. Viel wahrscheinlicher ist, dass es durch die Anspannung und Überbelastung hervorgerufen wurde. Es kann aber auch ein bereits erlerntes Verhalten sein. Heißt, der Hund bekommt dann von seinen Leuten die Aufmerksamkeit, die er haben wollte. Egal, ob diese gut oder auch schimpfend ausfällt. Kennt man auch von Kindern, die keine geordneten Verhältnisse haben und lieber nen wörtlichen Anschiss bekommen, als gar keine Beachtung. Möglich, dass er in den Wochen bei euch erfahren hat, dass man ja alle Aufmerksamkeit bekommt, wenn man sich nicht zu doof anstellt ... somit hat er das Enttäuschung-aushalten-können ganz schnell vergessen. Dass ich jetzt nicht sofort die Tür aufgemacht habe, also völlig anders gehandelt habe, als er erwartet hat, hat ihn gestresst.

Kommt das bei einem erwachsenen Hund öfter vor, der nicht krank ist und vorher stubenrein war, kann das schon ein Zeichen für plötzlichen, gewaltigen Stress sein. Hier ernsthaft überlegen, was kann der Auslöser sein, wie kann ich es abstellen. Auch in der ersten Hundeschulstunde kann es sein, dass ein Neuling vor lauter Aufregung Durchfall bekommt. Das legt sich aber schnell wieder. Nur so lernt man und wird bei guter Führung, mit viel Lob, selbstbewusst.

Jeder begegnet Stress anders – ich bekomme starkes Kopfweh, ein anderer hohen Blutdruck, und der nächste kriegt Magen-Darm.

Takeo hatte auch keine „Angst" in dem Sinne – er war „nur" ziemlich erregt. Das war aber auch das einzige Mal – bis heute. Dazu nachher mehr. Er wartet seitdem jedenfalls brav an der Tür, bis ich ihm aufmache – das haben wir natürlich öfter getestet. Allerdings ist „brav warten" bei einem frischen Schüler nur ganz kurz möglich. Also nicht glauben, er bleibt ohne Mucks jetzt ne Stunde da sitzen. Für den Kleinen ist eine halbe Minute! schon gaaanz viel. Und natürlich nicht vergessen – sobald man wieder Zeit hat – die Terrassentür auf lassen und wieder das „Nicht-einfach-rein-oder-rausdürfen" üben.

Nun ist es schon recht spät, ich werde morgen weiterschreiben. Und mein Mann möchte auch mal an den PC...

Anmerkung der Redaktion: Bei unserem jungen Mini-Schweinchen jedoch könnte ich beschwören, dass er einfach aus Stinksauerigkeit, weil er JETZT nicht auf den Schoß darf, oder glaubt, er müsse JETZT etwas zu Fressen bekommen, mal schnell auf den Boden pisst – um seine Vorstellung JETZT durchzusetzen. Aber auch ich bin hartnäckig – wir arbeiten gerade dran.

Der Nagerversuch

Einen Tag später, Takeos achtzehnter Tag bei uns.
So, ein neuer Tag, ein neues Glück - heute möchte ich ganz dringend noch meinen „Nagerversuch" anbringen. Vielleicht versteht ihr anhand dieser Tierchen und ihrer „Erziehung" auch, wie es bei einem Hund „funzt".

Meinen Meereber „Tschilly von der Pension Vilstal" hatte ich von einem Elo®-Züchter. Dort haben eine Bekannte und ich einen Welpen für sie ausgesucht. Mein Mann sagte vorher noch: „Bring ja keinen Hund für uns mit". Von einem Meerschweinchen hatte er ja nix gesagt...

Tschilly lebte seit vier Jahren bei uns, die meiste Zeit hundsgemeiner Weise ohne ein Zweitschwein. Aber, ich gab mich viel mit ihm ab, und er hatte im kompletten oberen Stockwerk Auslauf. Auch gibt es Schweinchen-Besitzer, die, weil man die putzigen Quieker ja „nicht allein halten soll", zum Beispiel drei Eberchen kaufen. Nach den ersten Raufereien werden sie getrennt, da das Zusammenleben nicht funzt. Sie sind nur am Streiten. Dem einen fehlt ein Stück Ohr, der andere hat eine Narbe an der Schnauze, der nächste am Hintern kein Fell mehr. Ende der Geschichte? Alle drei Schweinchen leben in getrennten Käfigen. Toll.

Selbstverständlich bin ich auch für Me(e)hrhaltung, wenn man sich nicht jeden Tag um die Tierchen kümmern kann, außer Käfig sauber zu machen und etwas zu Fressen reinzugeben.

Es dürfte ja dann eigentlich auch niemand einen einzelnen Hund halten. Denn auch Hunde würden - trotz aller Nähe zum Menschen - oft weitere Hunde als Sozialpartner vorziehen. Somit steht hier für mich außer Frage, ob man einen einzeln gehaltenen Hund jeden Tag acht Stunden alleine lassen darf. Aber, ich gehe jetzt hier nicht von Menschen aus, die sich nicht kümmern: Einzelhaltung von Kleintieren, MIT ausreichendem Auslauf und viel Menschenkontakt kann durchaus problemlos gehen und das Tierchen stirbt nicht an Kummer und ist zeitlebens fröhlich.

Auch ein Kaninchen unter Meeris oder umgekehrt ist für eine gewisse Zeit in Ordnung, wenn man sich genügend kümmert und sie sich vertragen. Irgendwann ist eine Farbmaus alleine, weil sein Kumpel bereits in die ewigen Jagdgründe gegangen ist. So ein Methusalem ist eben abends mal beim Fernsehschauen dabei, wird gekrault und klaut nen Flips aus der Schüssel. Da ja sein Leben lang zahm, geht das in meinen Augen schon. Anstatt ihm da was Junges, Ungestümes in den Käfig zu setzen. Im Moment versteht sich unser mittleres Pony wesentlich besser mit den Alpakas, als mit der Mutterstute. Racine ist manchmal ein wenig fies und drängt sie ab...das ist für Laziza dann tageweise etwas stressiger, als mal ne Zeit lang bei den Alpakas zu wohnen. Zurzeit sind Laziza, Cashino und Shamu im Offenstall und Weide, Racine mit ihrem Fohlen im anderen Teil des Offenstalls und weiterer Weide. Laziza ist total entspannt, die Alpakas auch. Nach einiger Zeit möchte Laziza aber doch zurück und ihre Teilzeitrolle als Loser-Pony wieder aufnehmen. Meist löst sie das ja recht geschickt. Diese ewigen Versager kann es überall geben, wo Tiere in einem Verband leben. Jo – beim Menschen gibts das auch.

Da all unsere Tiere hier direkt am Haus wohnen, ist es für sie auch nie langweilig. Immer ist was los. Es kommt Besuch, es wird gekrault, die Hunde melden Gefahr. Dann gucken die Alpis, ob das auch wirklich stimmt, die Ponys natürlich auch, usw.

Jetzt wieder zu den Meerschweinereien:
Das Tschilly-Meerschweinchen hier war also die erste Zeit bei uns alleine. Ihn hatte ich erzogen. Er kam auf Ruf sofort, lief mir hinterher, wie ein Hund. Er lernte schnell, auch durch nen Reifen zu hüpfen, war keine Schwierigkeit für ihn. Er wohnte die meiste Zeit mit unserer Kaninchen-Dame Snubba zusammen. Diese war sieben Jahre alt, hatte im Haus viel Auslauf und verstand sich prima mit den Meeris. Sie kamen gut klar. Dann kam irgendwann Blackfoot hinzu, ein Drittschweinchen von einer Familie, die von uns einen Welpen bekam. Blackfoot hatte im Grunde genommen nichts gelernt, war aber sehr neugierig, beobachtete Tschilly stets und machte ihm vieles nach. So lernte Blackfoot von Tschilly sehr schnell, wie man zu den unterschiedlichen Etagen im „Haus-Käfig" kommt, wie man von einer bestimmten Stelle im Schlafzimmer auf das Wasserbett hüpfen kann, und, dass man seine Beinchen echt zum Laufen hat – alleine ist Blackfoot nämlich nur ein „Sitzschwein". Sie ist sehr gesellig, neugierig und quiekt viel durch die Gegend.

Nun haben die drei Nager eine neue „Villa" im Garten bezogen. Das Ding ist riesig, mit einem höherliegenden Haus im zweiten Stock für alle. Super, sollte man meinen. Diese Villa kam in tausend Einzelteilen, die Annika und ich gestrichen, und Rolf dann zusammengebaut hat – dürfen – müssen.

Ich baute eine Rampe (mit Sicherungsgeländer, gell!!!), über welche die Nager in den unteren Käfigbereich, einen großen Freilauf, gelangen können. Und alle drei Tierchens sollten abends wieder selbstständig nach oben ins verschließbare Haus tappeln, um dort geschützt vor Mardern oder weiteren dunklen Gestalten, die Nacht zu verbringen.

Wie bringt man nun zwei Meerschweine und ein Kaninchen dazu, morgens auf Zuruf, wenn ich die Klappe öffne, nach unten in den Freilauf zu wackeln und spät abends, wenn ich sie wieder oben drin haben möchte, auf ne Ansage hin auch wieder rauf zu hoppeln?

Jepp, erst einmal mit Futter. Das kennt Tschilly ja schon, so habe ich ihm damals auch beigebracht sofort zu kommen, wenn ich ihn rufe. Er war leicht hungrig, bekam nur von mir aus der Hand sein Lieblingsfutter und er hatte es ganz schnell verstanden.

Am Tag des Einzugs in die Villa habe ich alle drei Nager erst einmal oben ins Haus gesetzt. Von dort aus sollten sie den Rest erkunden. So habe ich gerufen, ganz feines Nassfutter auf die Rampe gelegt und bereits nach ein paar Sekunden kamen erst Tschilly, kurz darauf auch Blackfoot, nach draußen und liefen die Rampe runter. Tagsüber verteilt habe ich Kleinigkeiten an Obst gefüttert... immer mit Rufen verbunden.

Dann habe ich direkt am Türchen vom Freilauf gefüttert, so dass sie nach kurzer Zeit von selbst dorthin gekommen sind.

So kann ich sie, möchte ich sie aus dem Freilauf nehmen, ganz einfach mit den Händen fassen und muss nicht jedes Mal umständlich in die Villa krabbeln und mich verknoten dabei.

Wenn sie dann selbstständig nach oben gelaufen sind, habe ich die beiden dort zum Türchen Nummer Zwei gerufen, sie bekamen eine kleine Leckerei und so haben sie das innerhalb von nur ein paar Stunden gemeistert. Genau so hatte ich mir das vorgestellt.

Die Schweinchen und ihre Kontrollettis

Kaninchen Snubba kam nicht. Sie blieb „schmollend“ im oberen Käfigteil. Ich habe überlegt. Sie einfach packen und nach unten setzen bringt nix, da sie dann mit größter Wahrscheinlichkeit auch nicht selbstständig wieder nach oben geht.

Wie gesagt, einige Ecken des Freilaufs sind für mich sehr schlecht erreichbar, aber, ich möchte ja nachts alle oben drin haben. Da Snubbas „Hirnwindungen“ nicht so trainiert sind wie die meines Meerebers, war es fast klar, dass es bei ihr länger dauern würde und ich eine weitere List anwenden musste.

So gab es zur Nacht oben in dem Häuschen eben nur Heu, Wasser und hart getrocknete Körnerbrotstückchen. Für alle. Morgens, wenn ich das Türchen aufmachte, habe ich gerufen, die Schweinchen waren ratz-fatz unten und bekamen erstmal getreidefreies Pressfutter verstreut im Käfig, das sie suchen durften (kennen wir das nicht irgendwo her???). Das Knörpseln hat das Karnickel natürlich gehört. Als Zweitfrühstück gab es lecker Löwenzahn – den legte ich so auf die Rampe, dass Snubba nur rankäme, wenn sie denn endlich ihren Hintern aus dem Käfigteil bugsieren würde. Sie machte nen langen Hals, aber hat sich nicht getraut. Um nicht komplett auf Grünzeug zu verzichten, bekam sie am Nachmittag zwei Blättchen vom Löwenzahn.

So ging das zwei Tage. Und plötzlich hüpfte Snubba auf die Rampe, fraß ihr erstes Gras – eeendlich wieder was Frisches... und hoppelte nach unten in den Freilauf. Und wieder hoch. Und wieder runter. Und nen Haken geschlagen – sie hat sich richtig gefreut über ihren Mut!!! Oder das Futter!!! Oder den Mehrplatz. Egal. Jedenfalls klasse!!!

Die Checker-Schweinchen Tschilly und Blackfoot

Die „blonde" Kaninchen-Dame Snubba hat es jetzt auch verstanden

Am selben Abend, nachdem alle einige Zeit vor dem Verschließen nichts mehr im Freilauf an Leckereien zu futtern bekommen hatten, hoppelte Hase hinter den Schweinen die Rampe rauf, um dort gemeinsam ihr Nachtmahl einzunehmen.

Wir haben diese Nagervilla übrigens immer noch. Aber umfunktioniert, zum Welpenhaus.

Und, wir haben ein neues Meeri-Haus. Und immer noch quiekende Bewohner. Sie gehen auch heute noch jeden Abend selbst und ständig ins schützende Haus. Sie lernen also auch durch Verknüpfungen.

Auch die jetzigen Meeris Filinchen, Manolito und Giovanni gehen jeden Abend selbstständig in ihr sicheres Haus

Bei Verknüpfung von A mit B ist dein Timing wichtig

Gestern wollte Takeo mit einem Gartenbewohner spielen. Er hat eine Weinbergschnecke entdeckt, die bei Regen auf dem Weg lief. Zuerst hat er sie angebellt. Dann mit der Pfote geschubst. Dann ins Maul genommen –

aber ganz vorsichtig. Das fand die Schnecke aber blöde und hat sich in ihr Haus zurückgezogen. Ich habe sie mit einem „AUS“ aus Takeos Maul entfernt, ihm dafür ein Leckerli gegeben und die Schnecke in die Hecke gesetzt. Wahrscheinlich wollte sie eigentlich auf die andere Seite – Pech.

Ne Weinbergschnecke?

Ähä

Kann man dir irgendwie helfen?

Nach links oder nach rechts?

Wann ist etwas verboten, wann erlaubt

Wir haben zusammen viele weitere spannende Sachen erlebt: Ich habe Unkraut gezupft. Takeo wollte helfen und auch Pflanzen ausreißen. Das habe ich ihm verboten. Die hätte ich nämlich gerne noch länger. Dann fing er an, im ausgerissenen Unkraut-Haufen zu spielen und die einzelnen Pflanzen quer durch den Garten zu verteilen. Habe ich das verboten?

Nein, er ist ein Kind und soll spielen dürfen – ich habe danach nur mehr Arbeit, alles wieder zusammenzusuchen. Aber genau diese feinen

Unterschiede sind wichtig für ein gemeinsames, entspanntes Leben. Wir waren glücklich.

Kurz drauf hat er im Haus an unserem Vorhang gezogen. Das habe ich ihm verboten – denn ich hätte den Vorhang gerne ohne Loch. Sofort rannte er in mein Büro und kam freudestrahlend mit dem Pfotenputz-Handtuch im Maul wieder – habe ich ihm das verboten? Nein, er ist ein Kind und soll spielen dürfen. Wenn da ein Loch drin ist, egal, und wenn er den Dreck von dem Handtuch im ganzen Wohnzimmer verteilt, habe ich nur mehr Arbeit. Sonst nichts. Und er ist glücklich. Und ich auch. Da muss auch jede Menschenmutter mit einem kleineren Kind durch. Wenn man alles einfach wegpackt, lernt auch ein Kind nicht, dass es Dinge gibt, an die Kind nicht darf. Aber, es muss auch mal Quatsch machen dürfen. Die gesunde Mischung machts. Ich erinnere wieder an das AK. Das wollen wir ja nicht. Und, dann natürlich auch keinen AH. Ich gehe jetzt davon aus, ihr habt AK nachgeschaut.

Als unsere Tochter Annika noch klein war, spielte sie mit dem Nachbarsjungen in unserem Wendehammer. Es war warm, aber regnete immer wieder zwischendurch. Annika hatte Gummistiefel an und spielte in einer Pfütze. Wir Mütter standen am Rand und haben „Wache gehalten". Dann fing Annika an, mit der Gießkanne das Pfützenwasser direkt in ihre Gummistiefel zu schütten. Zuerst wollte ich was sagen, hatte schon Luft geholt. Da aber hat Annika mich erblickt, hatte ein dickes, fettes Grinsen im Gesicht und ich sah in ihre Augen, die vor Spaß nur so leuchteten.

Ich habe sie weiterspielen lassen, sie hatte so viel Freude dran. Habe stattdessen den Fotoapparat geholt – mit diesem Gerät hat man früher Bilder gemacht – und das lustige Erlebnis festgehalten. Wir waren glücklich.

Glückliche Kinder

Das eine ist, wichtige Grenzen zu setzen, Frustaushalten üben und für das ganze Leben des Kindes Sicherheit vermitteln. In diesem Fall war es einfach nicht notwendig, ein „NEIN" auszusprechen. Eben mal darüber hinwegsehen, spielen lassen und fürs ganze Leben des Kindes Fröhlichkeit vermitteln – manches wird später noch ernst genug.

Einen Tag später:
Die Hunde haben – ich sag mal in einer Gemeinschaftsaktion – (echt jetzt, keiner hat den anderen verraten) – einen Bleistift geschreddert. Candy hatte übrigens solche „Anfälle" erst mit über einem Jahr. Ihre Leibspeise: Kugelschreiber. Dann weitere Artikel aus Plastik. Was das sollte? Keine Ahnung. Irgendwie schien ihr jemand gesteckt zu haben, dass sie als Welpe ja überhaupt nichts angestellt hatte und das nun unbedingt nachholen müsse. Hm, sicherheitshalber ließ ich dann einige Zeit keine Kugelschreiber mehr in Hundehöhe liegen – wo ich doch so ein schlechter Aufräumer bin. Dieser Plastik-Zeitraum hielt glücklicherweise nicht lange an. Es war so schnell wieder vorbei, wie es gekommen war.

Es gibt jedoch auch Hunde, die haben da ein wesentlich längeres Durchhaltevermögen. Gestern war es in meiner Abwesenheit mal schnell ein Stück Fußbodenleiste. Wer das bloß wieder angezettelt hat? Ich werde es nie erfahren. Ich war nicht glücklich. Aber, wo gehobelt wird, fallen Späne.

Ich habe ganz stark den Verdacht, dass dies auf irgendeine Art und Weise überliefert wird. Nachfolgende Kinder und Kindeskinder sind auch davon betroffen. Wir ziehen gerade eine Junghündin auf, von ihr ist Candy die Ur-Oma. Alles, was auch nur irgendwo ein winziges Teil aus Plastik an sich hat, ist vor ihr nicht sicher. Während ich das hier überarbeite, hat die Hündin, jetzt etwas über dreizehn Monate alt, einen Lackstift geklaut, die Kappe abgezogen und herzhaft ein paar Mal hineingebissen. Ja, sie bekommt genug zu essen!

Eventuell könnte es aber auch daran liegen, dass ich früher meine Hunde doch besser ausgelastet habe? Man weiß es nicht genau. Ein paar der bei uns aufgezogenen Junghunde haben irgendwann mal irgendwas angestellt. Eine Sitzbank hat immer noch die Zahnabdrücke von Milou an der Querstrebe. Tschakka hat mal herzhaft in vier Ecken unserer Wohnzimmerwände gebissen. Yaponi war bis zu ihrer ersten Läufigkeit eine Meisterin im Spüllappen klauen und diesen in kleine Fetzen zu reissen. Eigentlich hat sich das noch bis zur zweiten Läufigkeit gezogen. Nur die Abstände des Klauens wurden größer. Und kaum hatte man sich in Sicherheit gewogen, holte Hund zum Gegenschlag aus. Dann kam dann noch Schuhe klauen hinzu. Ich habe Hofschlappen, Hausschlappen, Gartenschlappen und Stallschlappen. Sobald ich welche auszog, um zu wechseln, waren sie schwupps auch schon verschwunden. Diese wurden dann gepierct und auf unserem echt großen Grundstück irgendwo verteilt. Von überall, wo im Angebot, kaufte ich wieder Ersatzschlappen. In immer kreischenderen Farben, damit ich sie schon auf Entfernung beim wieder Einsammeln sehen konnte. Nachhaltig - nochmal - war das nicht. Erst mit ihrer dritten Läufigkeit hörte das auf. Schlagartig. Dies mal so zum Nachdenken, was die Hormone so alles bewirken. In diesem Jahr hat sie nur noch meinem Mann die angesäten Chilis und Paprikas geklaut...das ist auf jeden Fall eine deutliche Verbesserung.

Glaubt ihr kein Wort! Alles Lügen!

Kürzlich hatte ich einen jungen Setter zu Gast. Dieser ist im Garten auf den Liegestuhl gestiegen, hat Männchen gemacht und die Zweige einer Birke abgerissen. Wenn sich die Hirnwindungen erweitern und die Hormone sortieren, dann haben die armen Tiere gar keinen Einfluss auf das, was sie tun. So kann man das besser ertragen - und spart sich das Schimpfen im Nachhinein, da es ja - dank fehlender Verknüpfung - überhaupt nicht beim Tier ankommt.

Tja, auch der weitere Vormittag war irgendwie gar nicht so, wie sonst. Takeo hat zweimal kurz hintereinander einen „Hektik-Schiss" und zwei kleine Pfützen gemacht. Im Esszimmer. Beide Male an fast gleicher Stelle, als ich gerade nicht im Raum war. Beide Male habe ich es kommentarlos entfernt. Gott sei Dank hatten wir wenigstens keinen Teppich. Dann grübelte ich kurz über die Begebenheit nach. Ich kam zu keinem eindeutigen Ergebnis. Unsere Ex-Hündin Alessi ging heute wieder in ihr neues Zuhause. Ob sie etwas mit dem „Schiss" zu tun hatte? Und ihm kurz noch ihre Meinung gesagt hat? Keine Ahnung. Echt.

Habe dann einfach diese Schublade zugemacht, nicht weiter sinniert und lieber nach vorne geguckt.

Heute war Takeo wieder der Alte. Prima. Als ich diese Zeilen hier niederschrieb, hörte ich hinter mir ein Hüpf-Geräusch. Gnädiger Herr lag doch plötzlich auf dem Sofa! Natürlich habe ich Takeo sofort von dort verbannt. Hat mich schon etwas Überwindung gekostet, gebe ich ja zu. Hat er mich doch voll Stolz vom Sofa aus angeblickt „darf ich doch, ne!?" - NEIN. Bei uns darf man als Hund nur nach Ansage aufs Sofa - ohne Wenn und Aber. Gut, manchmal passiert es heimlich nachts. Das können wir seit unserem neuen Sofa anhand des Stoffes eindeutig erkennen, da man nach dem Glattstreichen jeden Pfotenabdruck sieht. Solange sie nicht frech drauf liegen, wenn wir rein kommen, ist das okay. Selbst Higgins weiß, dass er nur aufs Sofa darf, wenn ich es erlaube. Es funktioniert, bin ganz stolz.

Übrigens habe ich noch nie einen unserer Hunde dabei erwischt - Rolf und Annika schon. Ich habe aber schon mal einen hopsen hören, ich war aber noch nicht in dem Raum.

Wir haben ab und an einen Urlaubshund von Bekannten hier. Der hat so eine nette Art, dass wir ihm erlaubt haben, auf unserem Sessel zu schlafen. Selbst unsere Hunde sind damit einverstanden - keiner von ihnen will ihm diesen Platz streitig machen. Das finde ich schon bemerkenswert. Aber auch die Katze darf ja einfach rein und raus bei uns und muss nicht an der Türschwelle warten. Oder es kommen Freunde mit Hunden, die dürfen auch rein und raus, sie kennen ja diese Regel nicht. Unsere Hunde halten sich trotzdem dran. Ich bin selbst gespannt, ob ich das mit der Türschwelle auch bei Higgins hinkriege. Somit können die Hunde Regeln einhalten, die andere Tiere bei uns nicht haben. Und bis jetzt haben sie Katze, Schwein und Gasthunde nicht zerfleischt. Auch hatte ich mal die Grasfresser im Haus. Da waren dann die Hunde doch etwas irritiert.

Jetzt gehts lohoos...

Es war vorher noch keiner der Grasfressern in einem Haus. Wenn die Tiere entspannt sind und dem Menschen vertrauen, ist fast nix unmöglich.

Ich klickte noch auf „Senden“ meines Zweitagesberichtes an Takeo-Besitzer. Postwendend kam am gleichen Tag, kurz nach zwanzig Uhr, folgende Nachricht, das erste Mal von Takeos Herrchen(!) geschrieben:

Guten Abend Simone,

vielen Dank für diesen Teil des Tagebuchs – du kannst getrost davon ausgehen, dass wir beide alle Teile davon gelesen haben. Ich weiß nicht, woher du diese Unterstellung nimmst, widerspreche ihr aber vehement!! Meine Frau hatte in ihren letzten Mails immer wieder bezugnehmend auf deine Schilderungen Fragen zur praktischen Umsetzung gestellt, da dies ganz klar der Kernpunkt ist. Die Beantwortung von rhetorischen Fragen bringt uns dabei nicht weiter. Im letzten Teil des Tagebuchs ist dir der Praxistransfer gut gelungen, da waren Aktionen sowie Ziel und Zweck klar erkennbar und gut erläutert. Wir sind diesbezüglich auch schon intensiv mit Hundetrainer Collin im Austausch und werden mit ihm und Paul zusammen an der Praxis weiterarbeiten – gleich Anfang nächster Woche beginnend.

Wir sehen uns dann am Sonntag um elf Uhr an gleicher Stelle wie beim letzten Mal.
Bis dahin alles Gute
Takeo-Herrchen

Ich war geplättet. Ziemlich sogar. Hier zeigt sich endlich, dass sie wach werden – und sich die Vermutung bei ihnen einschleicht, möglicherweise doch was falsch gemacht zu haben. Und wahrscheinlich spielt die Aufregung, dass ihr Hund bald wiederkommt, auch eine Rolle. Bin gespannt. Sehr gespannt. Glaube, wir sind auf dem richtigen Weg zum „Klick“. Ja, stimmt, gerade zicken wir Menschen uns etwas an. Aber, für beide Seiten ist der Ausgang ja noch nicht klar, und das wühlt auf.

Morgen ist Freitag, da kommt nun endlich „Shinaiko-Syndrom-Frauchen“ mit ihrem Kawaii vorbei. Das wird bestimmt auch weitere wichtige Eindrücke geben.

Genau so war es auch. Ich meldete mich ein letztes Mal bei Takeo-Leuten, denn vielleicht lesen sie es ja irgendwann noch einmal und können – durch die eigene Erfahrung, wenn Takeo wieder dort ist – auch weitere Hintergründe verstehen. Und der „Klick“ im Kopf erweckt ein warmes, neues Bauchgefühl.

Hallo,

hier noch die Erzählung einer weiteren Hunde-Besitzerin, die noch nicht ganz verstanden hatte, wie ihr neuer Freund so einzuschätzen ist. Ihr seht, dass ihr bei Weitem nicht alleine seid – und dass alles einfach zu lösen ist.

Und das Mensch-Hund-Team weiter zusammenwächst und beide Seiten miteinander entspannt und glücklich werden.

Viele Grüße

Simone und Takeo

Kawaii ist da

Takeos vorletzter Tag bei uns.
Die zweite „Tagebuch-Anwärterin“ parkte vor unserem Haus. Ich ging schon mal bis zum Tor, unsere Hunde nebst Takeo ließ ich im Haus. Sooo ein hübscher, puscheliger, kleiner Kerl. Ganz arg niedlich. Kawaii eben. Kawaii = „niedlich“. Und ein sehr nettes Frauchen.

Kawaii war an der Leine, als er mit Frauchen auf unser Grundstück zulief. Er wurde unsicher, ist stehengeblieben. Frauchen auch. Aha, dachte ich. „Lauf bitte einfach weiter zu mir“, sagte ich zu Frauchen. Sie machte, es gab nur einen klitzekleinen Rucker an der Leine, und schon lief Kawaii aufmerksam mit. Eigentlich war schon nach ein paar Sekunden für mich klar, dass er noch einfacher im Wesen ist, als Takeo.

Wir begrüßten uns. „Hai, ich bin Simone.“ „Hai, ich bin Kawaii-Frauchen.“

Ich bat, Kawaii die Leine abzunehmen. Sofortige Unsicherheit im Gesicht vom Frauchen. Da wir aber ja eingezäunt sind, konnte gar nichts passieren – außer, dass er vielleicht bei Ruf nicht her kommt. Kawaii schnüffelte erst einmal alle Ecken ab. Bei unbekannten Geräuschen (eine echt laut rumpelnde Mülltonne hatte ich gemeiner Weise über unser Kopfsteinpflaster gezogen, um sein Verhalten zu testen) hat er sich kurz verzogen, kam aber sofort wieder, um genau zu gucken, was denn da so einen Radau machte. Nach dreimaligem Mülltonne-schieben hat er für sich „nen Haken“ dran gemacht und ich konnte vorbeirattern, so viel ich wollte. Es hat ihn einfach nicht mehr interessiert – keinen Wimpernschlag hatte er mehr für die laute Tonne übrig. Super.

Nacheinander habe ich dann meine Hunde zu ihm in den Garten gelassen. Das nacheinander ist schon wichtig. Wie würde man sich als Mensch fühlen, wenn eine ganze Meute unbekannter Menschen direkt auf einen Einzelnen laut redend zustürmt? Bleibt man da entspannt? Nein, man bekäme ein mulmiges Gefühl.

Da Kawaii nun keinen angriffslustigen Eindruck machte, sondern einfach nur neugierig aus der Wäsche schaute, habe ich zuerst unseren jüngsten Hund zur Begrüßung raus gelassen. Diese Reihenfolge verwende ich meistens, wenn ein Neuling unseren Garten betritt. Wohlgemerkt schaue ich schon, was das für ein Fremdhund ist, ob er forsch ist oder eher zurückhaltend. Der Jüngste zuerst ist erst einmal kein Feindbild. Er ist noch unterwürfig und zeigt das deutlich. Eine der Hundemamas könnte sofort mal Eindruck machen wollen – und den Junghund maßregeln. Das ist im

Falle von Kawaii nicht angebracht und würde unserem Tun nicht entgegenkommen. So sehen die älteren Hunde schon, dass alles in Ordnung ist, niemand auf Krawall aus ist und sie die Dinge einfach laufen lassen können.

War alles wie immer, wenn ein fremder Hund, den ich vorher als sozialisierten, offenen Typ eingestuft habe, in unseren Garten kommt.

Erst ganz am Schluss habe ich Takeo dazu geholt, der übrigens ganz artig ohne einen Mucks drinnen gewartet hatte! Sie haben sich abgeschnuffelt, versucht, den anderen einzuschätzen.

Wir haben sie etwas toben und spielen lassen, was auch mit „Spielbellen" begleitet war. Nach zehn Minuten sind wir ins Haus gegangen. Das heißt, meine Hunde, Takeo und ich. Kawaii-Frauchen stand draußen, hatte ihn ja nicht mehr an der Leine. „Der kommt jetzt nicht einfach mit", sagte sie. Ich bat sie, ohne Zögern reinzukommen, ohne nach ihm zu gucken. Sie tat wie ihr geheißen, und Kawaii lief an ihrer Seite wie selbstverständlich mit ins Haus. Da standen dem Frauchen schon einige Fragezeichen überm Kopf.

Ich packte die mitgebrachte Blume aus, wir tranken Kaffee und aßen den mitgebrachten Kuchen. Danke, danke.

Wir redeten viel, Kawaii-Frauchen hatte das Tagebuch ausgedruckt dabei. Die Fragen, die sie noch hatte, haben wir gemeinsam mit verschiedenen Beispielen „erarbeitet". Sie hat schnell verstanden.

Alle sechs anwesenden Hunde hatten sich zwischenzeitlich zur Ruhe begeben. Takeo und Kawaii lagen nebeneinander bei uns unter dem Tisch und schliefen tief. Schön.

Es sind wirklich Winzigkeiten, die von beiden Seiten falsch gedeutet werden können – und schon haben Mensch und Hund ein Problemchen.

Kawaii hat uns besucht

Looos, wir spielen wilde Kerle

War das ein Spaß, Mama

Danach gingen wir noch mal in den Garten. Zuerst nur mit Kawaii. Frauchen wollte mir zeigen, wo für sie die Schwierigkeit liegt, nicht unterscheiden zu können, wann es noch Spiel ist und wann Kawaii sich zurücknehmen müsste. Kawaii hat aber „leider" wunderbar mit ihr gespielt, es gab keinerlei Anzeichen, dass er zu forsch wird. Frauchen war in der Hocke, Kawaii saß vor ihr und fing an, vorsichtig an ihren Fingern zu knabbern. „Das meine ich zum Beispiel, das darf er doch nicht, oder? Das hat mir ein Hundetrainer gesagt. Ein Welpe darf dem Menschen nicht in die Finger zwicken, er darf meine Hand doch nicht ins Maul nehmen."

Au weiah. Aber es gibt doch einen Unterschied zwischen „Zwicken" und „Beißen". Welpen erforschen alles mit dem Mäulchen. Und da wachsen irgendwann auch Zähne, und die ersten sind eben spitz. Da kann es passieren, dass er aus Versehen mal etwas „zusticht". Auch, wenn man mit der Zerrkordel spielt, dass er dabei knurrt und auch mal im Eifer des Gefechtes statt dem Kordelende ein Stück Finger erwischt. Klar tut das weh. Ist aber nicht gewollt und keinesfalls ernsthaft angreifend! Für manch andere ist das alles klar und selbstverständlich - aber manchmal gibt es eben auch Hundebesitzer, die diese „Auslegungsgabe" noch nicht besitzen. Er zeigt so einfach seine Zuneigung. Eine Hundemutter „knabbelt" auch an ihren Kindern. Wenn ein Hund das bei uns Menschen macht, tut das echt weh - da sie bei uns ja gleich die blanke Haut erwischen, bei den eigenen und auch mal anderen Artgenossen ist meist noch Fell da, welches als Puffer dabei dient. Also, alles gut!

Und auch gibt es Hundetrainer, die noch nie über längere Zeit eine Mutterhündin mit ihrem Wurf beobachtet haben. Da können dann auch wichtige Dinge falsch vermittelt werden. Wer weiß, wo das stand, ob es falsch aufgefasst wurde oder es der Einfachheit halber gesagt wird - oder auch der Welpenbesitzer nur mit einem Ohr zugehört hat und Wichtiges nicht mitbekommen hat.

Eine Welpen-Interessentin sagte hier mal, als wir beide im Welpengehege saßen und die Kleinen an uns rumknabbelten, dass ihr ein Trainer mal gesagt hätte, der Züchter sei schuld, wenn Welpen in Hände zwicken. Aha. Wohlgemerkt, wir befassen uns hier mit einem freundlichen, angehenden Familienhund, der eine hohe Reizschwelle haben sollte. Klar, es gibt da ein paar Vertreter, die etwas derber von Natur aus sind - das muss man natürlich unterscheiden lernen. Da sollte dann auch der Mensch unbedingt eher sehr entschieden abbrechen.

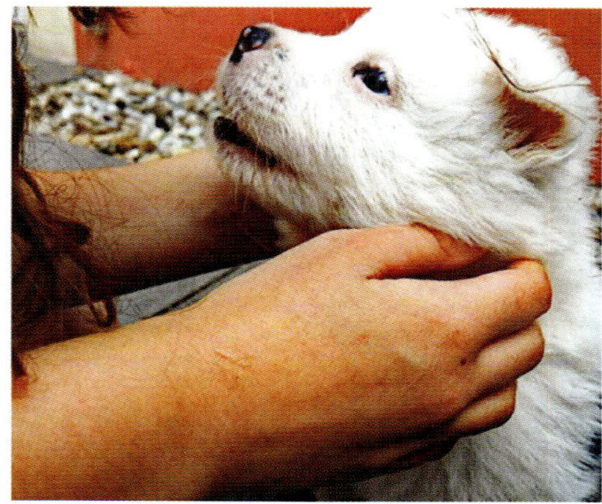

Positive Menschengewöhnung in den ersten Wochen ist sehr wichtig

Ein Hund ist körperlich und gebraucht nun mal auch sein Maul, um etwas auszudrücken. Natürlich muss man aufpassen, je nachdem, welche Rasse oder Typ Mischling man sich ins Haus geholt hat. Aber, wir reden ja von einem netten Familienhund. Es ist ein himmel- nein, sind mindestens zwei himmelweite Unterschiede, ob der Hund ärgerlich zubeißt, oder seinem Menschen etwas „sagen" will und dir nahe sein möchte. Wenn man eine Mutterhündin mit ihren Kindern - und diese untereinander - beobachtet, sieht, hört und fühlt man dann selbst, was Spaß oder Ungestümtheit oder Liebkosung oder eben ernst gemeint ist. Das müsste eigentlich nach dem Lesen des „Klicks" schon ganz gut klappen.

Sollte sich die Sachlage hochschaukeln, merkst du als Besitzer: „Jetzt muss ich abbrechen, da er sich gerade reinsteigert" ...und dann aber wirklich abbrechen. Schlagartig, blitzschnell, entweder mit Worten blaffen, schnell aufstehen und sofort gehen, kurz unterm Kinn festhalten, oder auch nur mit nem heftigen „Au" - je nach Wesen des Welpen und deiner unwillkürlichen Handlung nach Bauchgefühl.

Das geht aber nicht, wenn man erst überlegen muss: „Was soll ich jetzt nochmal tun?" Schon zu spät, alles vorbei - nachträglich abstrafen, auch wenn es nur ein Mü zu spät ist, führt zu ordentlichen Missverständnissen beim Hund. Deswegen möchte ich ja euer Bauchgefühl wiedererwecken - mit dem Klick im Kopf als Schalter. Es sollte einem der gesunde Menschenverstand sagen, was ist noch okay und was nicht. Ist aber bei so manchem Hundebesitzer nicht so. Weil die Reife fehlt. Oder die Erfahrung.

Oder die Erziehungshilfe. Oder der Spürsinn. Oder die Beobachtung. Oder das Bauchgefühl. Oder der „Klick“ im Kopf - oder alles zusammen, auf den Wegen zum Familienhund.

Kawaii-Frauchen war drei Stunden da, eine gefühlte äußerst kurzweilige Zeit mit den Beiden. Sobald Kawaii verstanden hat, dass sein Frauchen nun „hündisch“ kann, werden beide „nur“ noch durch seine Pubertätswellen müssen und das gemeinsame Leben wird mehr aus fröhlichen Stunden, als aus Frust bestehen. Und das funzt mit „Tag X“ beginnend. Wenn sich Kawaii-Frauchen zeitgleich noch eine gute Hundeschule sucht, wird der Erfolg sich noch eher zeigen. Denn, dann bleibt man dran, am „Nachdrücklichen“.

Die beleidigte Leberwurst

Auf keinen Fall darf man einen Hund den ganzen Tag „verstoßen“, wenn er mal Mist gebaut hat und der Halter gefrustet ist. Wir haben doch hoffentlich alle von unseren Eltern beigebracht bekommen, dass man Ärger auch mal ertragen muss? Ohne sich zu „rächen“. Das bekommt man zurück. Von seinem Kind, viele Jahre später, weil es dann genau so bei ähnlichen Gegebenheiten handelt. Oder von seinem Hund, der keinerlei Verknüpfung erkennt und unsicher wird, da er dich nicht deuten kann und das für ihn unberechenbar ist.

Stundenlanges Schweigen, völliges Übersehen eines Kindes, weil ein Erwachsener!!! sich über es geärgert hat - ist eine furchtbare, ja wirklich grausame Strafe, das greift aber ganz tief die Gefühle an.

Hier können wir Menschen vom Hund wirklich lernen:
Der junge Hund wird unsicher und - wenn er der einzige Hund im Haushalt ist - auch unausgeglichen, da er Ansprache und Spielen zum Lernen-und-Leben-Begreifen braucht. Er hat keine Ahnung, warum er plötzlich nicht mehr zu leben scheint. Er kann das null nachvollziehen, was sein Mensch ihm damit sagen will. Die vorausgegangene Tat hat für ihn nichts damit zu tun und er steht völlig verloren unter gewaltigem Stress. Ein Kind auch!!!

Eine erfahrene Hundemama bestraft schnell, kurz und manchmal laut, danach ist aber SOFORT alles wieder gut. Das sollten wir Menschen untereinander, vor allen Dingen bezogen auf unsere Kinder, unbedingt wieder übernehmen! Ich bin mir ziemlich sicher, dass unter anderem diese Haltung als Eltern dazu beigetragen hat, dass wir uns über all die Jahre mit unserer Tochter so gut verstehen.

Kurz, aber ganz klar sagen, was gerade nicht in Ordnung war, dann aber zügig wieder zu erkennen geben, dass schon wieder alles gut ist. Probiere es mal aus, ist gar nicht so schwer und das Ergebnis wirklich erstaunlich.

Da ich „erfahrene Hundemama" geschrieben habe: Bei einer Hundemama, die ihren ersten Wurf hat, kann es durchaus sein, dass ihre Pflege und Erziehung noch nicht richtig funzt. Roxy war zum Beispiel bei ihrem ersten Wurf auch noch - ja, würde echt sagen - zu nachlässig mit dem Grenzen setzen. Sie hat sich da noch viel mehr gefallen lassen. Beim zweiten Wurf wurde das anders. Wunderbar ist da das Beobachten, wenn man als Züchter mehrere Hunde hält. Bei uns war es damals so, dass die erfahrenen Mamis den Erstgebärenden geholfen haben. Das ging vom Saubermachen der Kleinen des ersten Wurfes von Alisha bis dahin, dass die erfahrene Mutter Lolli (sehr klein), Milch bekam und die Kleinen (sehr groß, für ihre Verhältnisse) mit säugte.

Beim nächsten Wurf dieser Hündin ein Jahr später, wurde Lolli allerdings von Alisha untersagt, wieder helfen zu dürfen. Was Lolli erst nach einer heftigen Zurechtweisung von Alisha (es floss kein Blut) verstanden hat. Als die Welpen dann laufen konnten und auch schon viel im Freigehege waren, durften Lolli und auch Roxy wieder helfen. Da es durchaus triebbedingt vorkommen kann, dass die ranghöhere Hündin die Welpen der in ihren Augen „falschen Mutter" töten könnte, lassen wir die anderen Hunde erst zu den Welpen, wenn diese eigenständig laufen können und wir über Wochen das Verhalten aller Hunde genau beobachtet haben. Sicher ist einfach sicher.

Dann gibt es noch das „Keine-Beachtung-Schenken" (also noch nicht einmal hinsehen!), wenn der Welpe quengelnd, obwohl er vorher am Klo war und Zuwendung hatte, aus seinem Laufstall möchte... genau um den „Klick" geht es. Welche Situation ist nun fürs Nicht-auf-den-Hund-Eingehen geschaffen und welche nicht? Ohne viel drüber nachdenken zu müssen, da wertvolle Zeit für den richtigen Zeitpunkt des Einschreitens verstreicht und es vom zu Erziehenden falsch aufgefasst wird.

Auch Hunde bewältigen solche Gegebenheiten völlig unterschiedlich:
Während der eine Hund das für ihn gerade nervige „ich will mit dir spielen" einfach regungslos über sich ergehen lässt, blafft der andere Hund sofort. In beiden Fällen kommt es aber zum gleichen Ergebnis: Der Welpe lässt es sein, wendet sich ab.

So kannst auch du, je nach Gegebenheit, einmal so und einmal anders Abhilfe schaffen. Dein Hund bellt dich im Haus fordernd an: Hier kannst du das schlichtweg einfach übergehen, so lange, bis der Hund aufhört zu bellen. Dann aber wird SOFORT mit ihm kurz gespielt, oder er wird gestreichelt. Wenn dein Hund gleiches aber in einer Gaststätte oder bei einem Seminar macht: Da ist es unhöflich und unmöglich, das einfach zu übergehen. Hier wird SOFORT eingewirkt. Entweder einmal versuchen, ihn kurz abzumahnen (nur mit einem Wort, oder zur Verstärkung kurz unterm Kinn packen) oder du stehst auf und verlässt mit ihm den Raum. Je nach Sachlage kannst du versuchen, wieder zurückzugehen. Meldet er sich wieder, ist es deine Aufgabe, mit dem Bellerhund wieder das Lokal zu verlassen. Ja, dann musst du in Kauf nehmen, dass das Schnitzel nun kalt wird oder der Salatteller warm und welk.

Sicher darf der Racker nicht in Hosenbeine zwicken, gar dran zerren und schütteln – und sich nicht wild keifend auf Hände stürzen. Das schreit nach Grenzen und Regeln, jeder andere Hund, mit dem er so spielen würde, hätte ihm sofort und sehr eindringlich gesagt und gezeigt „so geht es nicht, Kleiner". Das tut auch eine Hundemutter. Ganz schnell, scharf. Das sollte jeder erwachsene Mensch auf die Reihe kriegen und sich das keinesfalls gefallen lassen. Bei Kids ist das etwas schwieriger, vor allen Dingen, wenn sie es am Anfang lustig finden und schreien, quietschen, rennen. Dann aber, wenn die erste Jeans ein Loch hat oder das Kind wegen dem Welpen am Bein stolpert, sieht es bald schon anders aus.

Das darf nicht verwechselt werden mit „Balgen", bei dem sich spielende Hunde gegenseitig „totschütteln", auf dem anderen rumspringen, auch knurren und Zähne zeigen, sich gegenseitig am Bein packen, um den anderen umzuwerfen – aber eben mit eingehaltenen Regeln. Auch Spielknurren kann für ungeübte Ohren und Augen furchtbar kampfesfreudig klingen und ernst aussehen – ist aber nur ein „spielend das Leben lernen". Beobachte deinen Hund und finde heraus, wann es wirklich ernst wird.

Der will nur spielen – stimmt hier tatsächlich

Es ist wichtig, dass ein Hund sicher – nu ja, ich bin auch mit „ziemlich sicher jedenfalls" einverstanden – abrufbar ist. Das geht mit so einem kleinen Wurm nicht, wenn er draußen abgelenkt ist von der großen weiten Welt. Oder auch mit einem älteren Hund, der bisher seinen Namen noch nicht kannte und dachte, er heißt „Nein".

Begonnen werden muss zu Hause, in den eigenen vier Wänden. Ohne Ablenkung. Dann im Garten. Weiter auf einer Wiese ohne Ablenkung (der Städter weiß, wie ich das meine).

Danach mit Ablenkung. Klappt das noch nicht, geht man nen Schritt zurück. Das hängt vom Wesen des Hundes, seinem Alter, seinen Entwicklungsmöglichkeiten und von der Einstellung des Menschen ab. Und wenn er euch zwischendurch testen will - in einer pubertären Phase, oder auch erst nach Jahren: Dann ist mal wieder eine zeitlang Leine angesagt - und man muss mal wieder etwas mehr einfordern. Der Erfolg wird dann nicht lange auf sich warten lassen. Ich wusste auch, dass ich mit meinem Hundehaufen zusammen genau zwei Umstände hatte, bei denen es beim Abrufen meines Glücks-Kleeblattes kein „ziemlich sicher jedenfalls" mehr gibt. Nachher erzähle ich darüber mehr - freut euch - aber wir arbeiten dran! Versprochen. Immer wieder mal.

DasVorbild wird von mir gerufen

Sofort rennen die Welpen mit

Dann rufe ich Avicii zu mir

Und schon ist er da

Ein Übungsbeispiel: Zuerst sitze ich mit einem Welpen im Wohnzimmer am Boden. Ich nehme ein Leckerli zwischen meine Zähne, lass den Welpen das beobachten. (Wer sich hier traut, Nassfutter zu nehmen, hätte ich gerne ein Foto davon.) Vegetarier nehmen einfach Käse - ein Veganer darf erfinderischer sein - vielleicht ein Stück Holz? Der Hund darf mir das

Leckerli - das kann auch ein kleines Stück Wurst sein (wenn du dir denn sicher bist, dass der Hund deine Lippen dranlässt) - nun abnehmen. Ich unterstütze das noch mit „SCHAU MAL".

Doch, das geht, auch wenn man den Brocken zwischen den Zähnen hat. Wer seinen Hund noch nicht gut genug kennt, auf jeden Fall nur das Leckerli in der Hand halten, in sicherer Entfernung VOR deinem Gesicht! Der Hund guckt mir dadurch ins Gesicht, ich fange den Bruchteil der Sekunde auf, in der er mir in die Augen schaut (wie beim Futternapf). Er darf mir das Leckerli aus dem Mund nehmen. Am nächsten Tag rufe ich im Garten zwei-dreimal seinen Namen in Verbindung mit „SCHAU MAL" und bin in der Hocke. Natürlich nicht, wenn er gerade nen Kilometer von mir weg ist und den Ameisenhaufen bestaunt.

Ja, unser Garten war nicht so groß. Wer mich kennt weiß, dass ich eine Freundin von Übertreibungen bin. Mittlerweile haben wir ja wirklich einen sehr großen Garten, aber ein Kilometer wird es dann doch auch hier nicht ganz.

Sondern, wenn er leicht gelangweilt in der Nähe ist und meine Handlung ihn neugierig macht. Und wie schnell der dann da ist. Am nächsten Tag auf einem Spaziergang. Ohne Ablenkung, versteht sich. Ablenkung können, wie wir ja wissen, bereits ein weit entfernter Radfahrer oder ein Traktor oder blökende Schafe sein. Und auch nicht, wenn er gerade an einem interessanten Grashalm schnuffelt. Könnt ihr das schon selbst beantworten, was in eurer Umgebung - da die Umwelterfahrung fehlt - Ablenkung ist für den Hund?

Auffrischung für später

Beim Spaziergang gehe ich genau dann, wenn wenigstens einer meiner Hunde in meine Richtung schaut, in die Hocke. Und breite dabei die Arme aus. Leckerli sind dabei. Diesmal Käse. Und Zack rasen alle auf mich los…und stoppen Gott sei Dank vor mir ab. Jeder bekommt seine Belohnung aus meiner Tasche (alles andere wäre Bestechung, ne!?) und schon hat man Spiel und Spaß und Sinn:

Meine Hunde gucken sich immer mal in Abständen zu mir um. So kann ich sie jederzeit - außer, sie würden zum Beispiel bereits hinter Wild herrennen - auch aus brenzligen Lagen abrufen. Gehe ich in die Hocke und breite die Arme aus, kommen sie angerannt, als ginge es um ihr Leben. Manchmal gibt es was Feines. Nicht mehr aus dem Mund, sondern aus der Tasche (danach!). Manchmal lobe ich nur kurz und schicke sie wieder los. Oder wir machen einen kleinen Spurt zusammen. Und, wenn ich sie herrufe, haben sie ein wohliges Gefühl. Das Gefühl bleibt, die Leckerlis werden weniger. Hören aber nie ganz auf. Ich schaffe es nun mal nicht, dass meine Hunde alles nur für MICH tun.

Bevor ich mich da ewig abquäle, oder die meisten Anfänger damit sowieso riesige Schwierigkeiten haben – wenn es mir mit Hilfe von Futter leichter fällt, warum nicht? Wir freuen uns doch auch über eine Belohnung – egal, ob es ein Kuss, eine Umarmung, nur mündliches Lob, was Feines zu essen oder gar ein paar Euronen für geleistete Arbeit sind. Bitte wieder an die Unterscheidung von Belohnung und Bestechung denken.

Ein Weg zum Rückruf kann so aussehen

Ein Kleinkind bekommt einen Lutscher, wenn es was gut gemacht hat. Später gibt es ein Zubrot zum Taschengeld, wenn es ausnahmsweise mal ne richtig gute Note nach Hause bringt. (An alle Einser-Kinder-Eltern: Nehmt das nicht immer als gegeben hin – denkt euch ab und an was Schönes für das „Wunderkind" aus.)

Da Hunde nun mal kein Geld verdienen, beziehungsweise damit nicht wirklich was anfangen können, ist Futter eine willkommene Belohnung nach erfolgreich getaner Arbeit. Sicher, der Hund soll gute Dinge FÜR MICH tun und nicht für das Futter. Das ist schon richtig. Aber diese Erkenntnis hilft keinem Hundebesitzer, wenn er es nicht umsetzen kann!!!

Daher verwenden wir hier kleine Futterbröckchen – erst sieht der Hund das Leckerli vor der Übung bzw. wird die Übung damit erlernt. Kennt der Hund dann sicher die Ansage, wird nur ab und an noch ein Leckerli gegeben, und dies wird auch erst NACH der richtigen Ausführung der Anweisung aus der Tasche gekramt! Nicht bestechen, das ist ganz wichtig! Deswegen wiederhole ich es auch immer wieder, bis es „klickt".

Das Futter oder Spielzeug sollte für den Hund also wie der Lutscher, das Geld oder auch eine schöne Unternehmung sein. Er muss Lust verspüren, für dieses Futter sich anzustrengen, sich etwas Mühe geben zu wollen. Und das geht nicht, wenn ein ständig gefüllter Fressnapf dasteht, oder er „nebenbei" mit Leberwurstbroten oder Käsekuchen vollgestopft wird.

Anmerkung der Redaktion: Jetzt, wo ich das überarbeite, fällt mir auf, dass ich das schon lange nicht mehr so gemacht habe. Somit werde ich die Übung ab jetzt wieder öfter in einen Spaziergang einbauen. Ich schwör! Ich glaube, mit unserer jüngsten Hündin habe ich das noch gar nicht gemacht – wird höchste Zeit, schließlich sind wir schon mitten in der Zuchtbeurteilung… somit weißt du jetzt auch, dass sie schon lange kein Welpe mehr ist. Jessas, wie schnell das geht, in einem gewissen Fahrwasser zu schwimmen und manches echt total in den Hintergrund gerückt ist – dabei ist es so wichtig. Ergebnis: Ich muss den „Tag X" finden. Auch ich müsste mir selbst den neuen „Klick" im Kopf hier gelegentlich durchlesen und mir an die eigene Nase fassen.

Aber echt – wird mal wieder Zeit für den „Tag X"

Annika und ich hatten auch unserer Katze beigebracht, sofort zu kommen, wenn wir ihren Namen rufen. Wir saßen in einiger Entfernung auseinander auf dem Wohnzimmer-Boden. Erst habe ich Shishas Namen gerufen und etwas vor mir rumgefuchtelt, damit sie einen Anreiz hatte, zu kommen. Dann roch sie den kleinen Brocken Nassfutter, den sie von einem Löffelchen bekam. Hatte sie es verputzt, hat Annika mit ihrem Löffel mit etwas Futter nach Shisha gerufen. Innerhalb von wenigen Wiederholungen und höchstens drei Minuten waren wir damit „durch". Sie kommt jetzt (fast) immer, wenn wir sie rufen. Ja, zugegeben, ein Spiel mit einem Blatt konnte sie noch so ablenken, dass es nicht klappte. Machte sie aber trotzdem schon super, wie wir fanden. Und, manchmal bekommt sie noch was fürs Herkommen. Sie hat aber nicht, wie sonst bei Katzen üblich, ständig Futter zur Verfügung. Nein, sie bekommt es zweimal am Tag. Und, Trockenfutter ist bei uns „nur" Leckerli.

Zwischenzeitlich brachte uns Shisha kleine Stanniolkügelchen, die wir extra dafür formen (welch ein Aufwand, und wie viele Ferrero-Küsschen wir deshalb essen müssen, ganz schrecklich). Shisha gab uns die Kügelchen bis in die Hand, damit wir werfen und sie hinterherfegen konnte. Dies hat schon unser erster Kater Merlin bestens beherrscht (dessen Buch-Manuskript ja noch ungedruckt auf dem Dachboden liegt). Mittlerweile ist Shisha schon etwas älter. Im Winter beeindruckt mich immer, dass sie gefühlte Tage auf ein und demselben Fleck auf dem Sofa aushalten kann. Im Sommer ist sie schon öfter draußen unterwegs, wobei sie sich auch in unserem Garten nicht wirklich total verausgabt. Sie kommt, wenn man sie ruft. Sie weiß, was ein „NEIN" bedeutet. Von wegen, man kann Katzen nicht erziehen. Das wird häufig einfach nur so hingenommen und man probiert es gar nicht aus. Weil man es schon immer so gehört hat. Versuche es, überlege. Nur weniges muss man als so gegeben hinnehmen. Überzeuge dich selbst.

Shisha hat sogar unsere Hausmäuse, die einen Winter lang bei unseren Kaninchen am und im Stall und in unserem Rollokasten lebten - und irgendwie immer mehr wurden - in Ruhe gelassen, weil ich es ihr verboten hatte, sie zu essen. Sie hat sich erstaunlicherweise daran gehalten. Oder nur welche gemopst - oder eher gekatzt - wenn ich es nicht gesehen habe. Ooh, und als da dann bereits kleine Enkelkindermäuschen da waren, musste ich doch alle fangen (war etwas mühselig, aber alle erwischt) und habe die ganze Bande etwas weiter entfernt an einen geheimen Ort, aber mit einem Haus, umgesiedelt. Und Futter habe ich ihnen auch mitgegeben. Gelegentlich holt Shisha sich ne Zusatzmaus. Meist aber Feld- und Wühlmäuse, die ich aber nicht vorher persönlich kannte. Es läuft irgendwie immer aufs Gleiche raus, ne?

Du brauchst, wenn du dir jetzt etwas Mühe gibst, später nicht tatenlos - oder auch brüllend - (beides gleich schlimm) mit anzusehen, dass alle gucken, nur dein Hund nicht. Und dieser sich gerade selbstständig macht und bei Patschwetter auf dem Weg ist, jemanden anzuspringen oder gar versucht, einen Fahrrad-Fahrer zu stellen.

Er kennt die Spielregeln genau, da er sie ja zu Hause gelernt hat. Mit Grenzen die ihm gezeigt haben, was ein „NEIN" bedeutet, sei es durch gewisse Verbote im Haus, die noch andere lohnende Nebeneffekte-Auswirkungen haben und einem „Nachfragen", wenn er dir in die Augen blickt.

Halali, die Jagd ist eröffnet

Manches wird nie tausendprozentig funzen. Ist so. Manche Hunde fragen nicht mehr, wenn ein Hase direkt vor ihnen aufspringt. Wenn man Glück hat und schnell ist, und die Hundis in unmittelbarer Nähe sind, KANN es klappen, sie durch ein „NEIN" aufzuhalten. Ansonsten sind sie hoffentlich ganz schnell - innerhalb weniger Sekunden - wieder da. Es kommt mit drauf an, ob ein oder mehrere Hunde zusammen gehen, welche Rasse(n) die Genetik des Hundes bestimmen und das Jagen einfach im Blut liegt. Und so kommen du und ich dem „Klick“ im Kopf zum Hundeglück immer näher.

Hier noch kurz erwähnen möchte ich, dass Hunde, die „nur“ direkt vor ihnen aufspringendes Wild kurz verfolgen, ein Segen sind. Wer schon mal gesehen hat, wie richtig jagende Hunde direkt von einer Spur aus losfetzen oder bereits meilenweit entfernte, sich bewegende Punkte ausmachen und zack wech sind, wird mir zustimmen.

Ich habe ja meist mehrere Hunde beim Spaziergang dabei. Und die verständigen sich leider sowas von fix untereinander, dass Mensch (in diesem Falle ICH) manchmal nix mehr dagegenhalten kann. Sicherheitshalber achte ich auf die kleinsten Kleinigkeiten in der Bewegung, Köperhaltung und Ohrenstellung. Ein kleines Zucken am rechten Ohr kann andeuten, jetzt geht der Hund gleich ab auf den Spurt – wenn man dann noch schnell genug ist als Mensch, kriegt man ihn – vielleicht oder auch hoffentlich – durch seine Stimme und deren Tonlage.

Kürzlich waren wir zu vier Personen, zwei Ponys und nur einem Hund unterwegs. Uns liefen plötzlich direkt vor uns aus dem Wald Rehe über den Weg. Ich rief die Hündin, die dem Wild noch verklärt nachschaute und überlegte, ob sie nun hinterher soll, oder nicht, eher „mit freudiger Stimme“ – und tatsächlich kam sie zu mir. Ein kurzes Spiel, ein Leckerli geliehen – und ein Aufatmen war in unseren Reihen zu hören.

Bei so manchem Hund ist es besser, streng zu verbieten, ein anderer lässt sich lieber durch eine freundliche Stimme, die sonst immer ein Spiel oder ähnliches ankündigt dazu verleiten, sein Vorhaben zu unterlassen. Aber trotzdem weiter auf der Hut sein, sonst ist er einfach ein paar Sekunden später hinter dem Onkel des Feldhasens von vorhin her. Sollte es mal passieren, auf jeden Fall an der Stelle, wo der Hund ab ist, stehen bleiben. Normalerweise kommt der Hund auf seiner Spur wieder zurück. Ist er nach zehn Minuten nicht wieder da, per Handy Helfer herbeirufen, die zum Auto geschickt werden, ob der Hund dorthin zurückgelaufen ist. Ist man von Zuhause aus los, den Nachbarn fragen, ob der Hund vielleicht schon vor der Tür sitzt. Und, den Hund ab da früh genug mit der Leine sichern, sollte man wieder an der Stelle vorbeilaufen, wo das Hasentier zum Vorschein kam. Erstens weiß das der Hund noch und zweitens stehen Hasen drauf, immer zur gleichen Zeit am gleichen Ort zu sein.

Die „wildreichen“ Zeiten in den frühen Morgen- und dämmernden Abendstunden zu meiden, ist auch eine gute Hilfe. Es bringt leider nichts, den Hund an eine Schleppleine zu nehmen, aber NICHT mit ihm zu üben. Sondern egoistisch sorglos nun seinen Trott eben mit Hund an der Leine läuft.

Der Hund wird seine Renngedanken wesentlich erweitern in der Zeit - es gibt ja sonst nichts für ihn zu tun. Und wehe, er wird nach ein paar Wochen wieder losgelassen - so schnell kannst du gar nicht gucken, und er ist ab durch die Mitte. Auch, wenn noch gar kein laufender Grund da war - den kann man ja auch im Rennen noch finden.

Wir haben nur noch diesen einen Tag zusammen. Wir haben ihn genossen. Annika, Rolf, ich und die Hunde. Takeo ist nicht mehr der kleine „Schelm" von vor einundzwanzig Tagen. Er ist erfahrener geworden, nicht mehr so ungestüm. Auch das wird euch, bei seinem weiteren, neuen Weg, helfen. Damals, bei Shinaiko, war es auch so. Die Pause hatte allen gut getan. Das Hirn ist gereift. Auf beiden Seiten. Sozusagen „angeklickt". Durch den Abstand war damals der Neuanfang eindeutig leichter. Und, wie ihr seht, gibt es einige Wege zum anständigen Familienhund.

So, dann schließe ich hier mal ab und harre der Dinge, die da kommen.
Viele Grüße

Simone (noch) mit Takeo.

Ich musste unbedingt mit Collin telefonieren - weiß ich doch nicht, wie sich ab morgen alles entwickelt. Hoffe nur.

Takeo ist nicht mehr da. Er fehlt.
Da kam es sehr gelegen, dass sich „Shinaiko-Syndrom", Klappe die Zweite, zur Ablenkung gemeldet hat:

E-Mail von Kawaii-Frauchen:

Hallo Simone,

ich wollt mich erst noch mal bei dir bedanken für deine Zeit, die du dir extra für mich und Kawaii genommen hast!! War sehr schön bei dir und du hast mir noch einmal sehr viele Tipps und Anregungen mitgegeben, die ich gerne umsetzen möchte und hoffentlich gelingts mir auch. Habe am Samstag schon wieder so eine komische Situation gehabt und mit einem tiefen „GRRRRR" und schnell in die Seite stupsen probiert – leider hat er mich durchschaut – er hat weiter gemacht. Das muss ich eben noch ein paar Mal so richtig „böse" machen – bin wahrscheinlich noch nicht sehr überzeugend.

Glaube, der lacht sich innerlich voll einen ab und findets amüsant. Auf jeden Fall kann ich mir das sehr gut vorstellen! Kawaii war übrigens am Freitagabend nach dem Besuch bei dir so platt – der hat es sich gleich auf seinem Platz gemütlich gemacht und ist eingeschlafen – wie süß.
Ich wünsch dir eine schöne Woche und bis bald ja, ich melde mich wieder.Wie war denn die Abgabe von Takeo? Schlimm???
Lieben Gruß von Frauchen mit Kawaii
PS: Noch mal ganz herzlichen Dank!!!

Meine E-Mail-Antwort an Kawaii-Frauchen am gleichen Tag:

Juhuuu Fräulein Kawaii,

bitte bitte, freu mich doch, wenn es euch beiden zusammen ganz einfach besser geht. Mit deinem „neuen Verständnis" wird es bei Kawaii bestimmt bald klicken. Es gibt endlich Regeln, die er einhalten muss - und dann wird alles um ein Vielfaches einfacher sein. Nur nicht vergessen, dass er noch durch ein paar Pubertätswellen muss, es wird noch einige Zeit ein Auf und Ab geben.

Tja, was soll ich sagen. Takeo hat sich gestern bei der Übergabe sehr gefreut, seine Leute wiederzusehen. Das war schon mal beruhigend für mich. Jeder Auseinandersetzung mir gegenüber sind Beide aus dem Weg gegangen. Takeo durfte auch gleich wieder wie wild an der Leine ziehen - da war ich schon wieder zweifelnd. Aber gut, das jetzt gleich richtig zu machen, ging wahrscheinlich nicht. Beide Seiten waren einfach ein wenig nervös. Am Dienstag haben sie eine Trainingsstunde einzeln in der Hundeschule, sagten sie mir. In vier Wochen weiß ich hoffentlich mehr. Hätte es so gerne, dass es für Takeo einfach in Ordnung wird.

Grüßla und viel Glück euch beiden, sehen uns bestimmt mal wieder.
Simone

TAKEOS Tagebuch endet hier

Mittlerweile sind einige Wochen ins Land gegangen.
Ich hatte mit Takeos Hundetrainer Paul gesprochen, da sich seine Familie immer noch nicht bei mir gemeldet hatte. Er erzählte mir, dass er eine Einzelstunde bei der Familie zu Hause abgehalten hatte. Sie hatten sich über ein paar „häusliche" Dinge unterhalten.

Dann sagte er ihnen, dass sie den „ganzen Rest" in den Gruppenstunden lernen würden. Takeo war entspannt. Paul meinte, dass er im Großen und Ganzen ihnen Ähnliches erzählt hatte, und noch weiter tun wird, wie auch ich es im Tagebuch gemacht hatte. Nur, dass Takeo eben jetzt wieder eifrig neben seinen Besitzern steht, und nicht hier bei mir zu Hause ist.

Paul fand, sie waren am Anfang noch leicht betroffen, hörten sie doch eigentlich das vorher Gelesene noch mal von ihm. Die letzten Zweifel fielen, sie hatten verstanden. Paul meinte, dass man es in ihren Köpfen richtig hat arbeiten hören. „Klick, klick". Er ist sehr zuversichtlich, dass es mit den Dreien klappt. Wir waren alle auf einer Wellenlänge. Schön. Sehr schön.

Die Menschen brauchen die Kraft und den Mut, sich zu ändern. Der Hund ist das Spiegelbild.

KAPITEL 4
Shinaiko-Syndrömser und gefundene Wege

Zur Erinnerung noch mal die Diagnose des Shinaiko-Syndroms:

DAS SHINAIKO-SYNDROM

Symptome:
Nicht zu erkennen, welche Regeln und Grenzen ein Welpe, Junghund oder auch erwachsener Hund im eigenen Reich kennen muss und was er aufgrund seines eben noch kindlichen Verhaltens oder mangelnder Erziehung noch nicht können kann.

Ursachen:
Verloren gegangene innere Eingebung des Menschen für die klare, wichtige Erziehungsgrundlage. Der Mensch lässt sich lenken und leiten, will allem und jedem gefallen und hat kein Gespür mehr für die Weitergabe von sinnvollen Regeln und Grenzen. Zudem wird er verunsichert durch ein Zuviel an unterschiedlichen, unverständlichen, falschen und nicht durchführbaren Hilfestellungen.

Therapie:
Mehrmalige Lese-Kur des „Klicks": Einmal bevor ein Hund ins Haus kommt, vier Wochen nach dem Einzug, sechs Monate später und dann je nach „Einschleich-Macken" gelegentlich alle paar Jahre. Unterstützende Begleitung einer gut geführten Hundeschule verbessert und beschleunigt die Heilung, die Dosierung kann nach einiger Zeit herabgesetzt werden.

Behandlungserfolg:
Sollte der Patient beim ersten Lesen den vollständigen „Klick" noch nicht gefunden haben, wird es nach Lesen in den Abständen jedes Mal ein Stück „klickiger". Einfach, weil er Hunde anders beobachtet, Zusammenhänge besser versteht und dies leichter verinnerlichen kann. So hat er mehr Ausstrahlung auf den Hund, dadurch mehr Sicherheit und fällt schnelle, klare Entscheidungen. Zusätzlich ist bei der Auffrischung nach einiger Zeit die Rückfallquote wesentlich geringer und der Weg wird wieder eben.

Nebenwirkungen:
Der Mensch und seine Umwelt haben eine entspannte, fröhliche, einfach gute Zeit mit dem Familienhund!!!

Ursachen-Forschung und es „klickt" im Kopf

Zur Verdeutlichung des „Shinaiko-Syndroms" hier ein paar verschiedene Fallbeispiele mit Hunden und ihren Menschen unterschiedlicher Arten, Altersgruppen, Begebenheiten. Zur Beobachtung „leihe" ich mir schon lange immer wieder mal Hunde von Freunden aus. Wie reagieren die Hunde auf unsere Hunde und weiteren Tiere. Wie verhalten sich unsere Hunde gegenüber den anderen. Erkennt man schnell rassetypische Eigenheiten. Lassen sich unsere Hunde pushen oder bringen sie den „Neuen" in andere Sphären. Es ist für mich sehr interessant, wie das alles zusammenhängt. Sonst wäre der „Klick" im Kopf wohl auch nicht erschienen. Und, wenn die eigentlichen Besitzer sich dann noch gleichzeitig eine Auszeit oder gar einen Flugurlaub oder mal über einige Wochen eine Kur gönnen können, ist ja auch allen ganzheitlich geholfen. Jedoch müssen die Fremdhunde oder auch unsere ehemaligen Welpen nach spätestens einigen Tagen hier „mitlaufen" - da ich das sonst nicht in meinen Alltag einbauen kann.

Ne Schafherde is nu mal nicht

Ab und an hatte ich einen wunderbaren jungen Hütehund bei uns. Seiner Aufgabe, zu der er ursprünglich gezüchtet wurde, konnte er bei seinem Herrchen nicht mehr nachkommen. Der Jungrüde ist spritzig, energiegeladen, seine Augen leuchten immer voller Lebensfreude und Wissensdurst. Herrchen liebt seinen Kumpel abgöttisch, hat ihn zum Entspannen von der Arbeit angeschafft. Hund ist mit in der Werkstatt dabei, dreimal am Tag sind ausgiebigste, zum Gedanken-freien-lauf-lassen-Spaziergänge die Erfüllung des Herrchens.Und endlich mal ne Aufgabe für den Hund? Ne, los is da nix - jaaa, mal ein Stöckchen werfen - das wars dann schon. Also muss er selbst was los machen. Siehst du schon, wo das Problem liegt? Ja, genau - ein junger Hund erzieht sich nicht selbst zu einem späteren angenehmen Weggefährten.

Da der Kerle kam in größeren Abständen und immer nur für ein paar Tage zu uns kam (der Besitzer musste auswärts arbeiten, ohne Hund, die Lebenspartnerin des Herrchens nahm den Schnösel nicht mehr), musste ich dem Rüden jedes Mal wieder sagen, wie es im Hause Wagner (das sind wir) läuft.

Das war jedes Mal wieder aufs Neue anstrengend, da der Junge, je älter er wurde, immer hartnäckiger versuchte, „sein Ding" durchzubringen. Nach drei Tagen hatte ich ihn dann wieder soweit, dass er die Hausregeln befolgte und auch draußen nicht mehr an der Leine zog wie bekloppt - und einen Tag später holte ihn sein Herrchen freudestrahlend wieder ab.

Mir hingen Zunge und Schultern am Boden, da er in seinem Alter zu Hause sehr viel durfte und hier ALLES hinterfragte, manches mehrmals, und einfach zu viel Zeitraum zwischen seinen Besuchen bei uns lag. Und ich deswegen immer wieder von vorne anfangen musste. Der Hund brauchte keine Ausdauer-Spaziergänge, sondern Kopfarbeit. Dringend.

Beim letzten Mal, als Herrchen ihn brachte, sagte er: „Der Bub hat jetzt zwei neue Eigenarten. Er geht ständig ins Wasser, sobald ich ihn ableine, rennt er schon los. Da nützt kein Rufen mehr von mir. Er wird gar nicht mehr trocken und ich bekomme sein Fell nicht mehr durch. Wenn ich ihm Futter zeige, kommt er auch nicht mehr. Ach ja, und er ist so tollpatschig – ständig läuft er mir aus Versehen vor die Füße und ich stolpere fast."

Vier Tage später: Zwischenzeitlich hatte ich den müffelnden Hund (da ja das Fell nicht mehr trocken wurde, durch sein ständiges Schwimmen, wenn er mit seinem Besitzer ging) gebadet. Vorher den Filz, der nicht mehr durchkämmbar war, herausgeschnitten, und den Resthund gründlich gekämmt. Auch die „Tollpatschigkeit" ist ihm bei mir zweimal „passiert". Er hütet. Ganz einfach. Das war ja mal die Aufgabe seiner Vorfahren. Es liegt ihm im Blut. Er läuft seinem Herrn in den Weg und hütet ihn. Jetzt versuchte er es bei mir. Ich habe ihn zweimal weggeschubst. Nicht geschoben und auch nicht brutal durchs Haus geschleudert – nur geschubst. Und siehe da, die „Tollpatschigkeit" verschwand für die letzten Tage. Er hat verstanden, dass ich kein Schaf bin. Seinem Herrchen habe ich versucht, auf die Sprünge zu helfen. Also nicht erklärt, WIE er etwas umsetzen muss, nur DASS er dies tun muss, sonst kann ich seinen Vierbeiner nicht mehr „hüten".

Und nein, wir stellen uns keine drei Schafe in den Garten zum Hüten – das kann er erstens gar nicht mehr richtig und zweitens sind die Schafe bei dem Stress dann sehr schnell tot. Okay, können ja gut schmecken. Wenn ein Hund zuhause nun mal Narrenfreiheit hat, ist es wesentlich schwieriger, so einen „gemachten Racker" für ein paar Tage in ein ordentliches Gefüge einzugliedern. Er nimmt sich immer wieder zu viel heraus. Hier war es so, dass sein Herrchen ihn dann in eine Pension gegeben hat, die extra Bereiche für Pflegehunde hatte. Ist ja auch völlig in Ordnung, denn auch so waren alle Beteiligten zufrieden.

Hier hat keiner Hüteambitionen

Ich bekam für zwei Wochen eine „Notfall-Hündin" über eine Freundin in Obhut. Die Hündin war mittelgroß, acht Jahre alt. Frauchen sagte mir bereits am Telefon, dass die Hündin „nicht ganz einfach" sei. Sie wäre faul, würde ungern weite Strecken laufen. Außerdem würde sie kaum etwas fressen. Hm, klingt schon nach „krank" dachte ich. Habe noch recht klug was von „vielleicht hat sie ein Schilddrüsenproblem" gefaselt... ich würde es ja dann sehen.

Und sah auch: Frauchen kam mit allen wichtigen Hunde-Gerätschaften bepackt bei uns an. Wir unterhielten uns eine Weile, natürlich besprachen wir auch die Fressunlust. Nur ein spezielles Dosenfutter würde die Hündin - und das auch nur widerwillig - noch fressen. Selbstverständlich war das Futter dabei, neben unzähligen Leckerchens (betont wurde für alle Hunde) - und einem riesigen Stück eingeschweißtem Käse. Den würde die Hündin, wenn gar nichts mehr geht, gerade noch gnädig nehmen. Gouda mittelalt. Nur dieser Käse würde den Hund also am Leben erhalten, wenn gar nichts mehr ging. Aha. Schönen Urlaub.

Die Hündin hatte das Fell geschnitten, von den eigentlichen ca. zehn Zentimetern dieser Rasse waren wieder zwei Zentimeter Länge vorhanden. Es war Sommer, in dieser Zeit wirklich sehr warm. Frauchen dachte, der Hündin so die Hitze erträglicher zu machen.

Das Fell war allerdings zur Haut hin filzig, teilweise richtig verklebt (durch Schwimmen der Hündin, was ja voll in Ordnung und auch gut ist, allerdings sollte man VOR dem Schwimmen mal frisieren). Was Frauchen jedoch „vergessen" hatte: Ihrem Hund die Unterwolle auszukämmen. Es kam keine Luft an die Haut. Vor lauter Hecheln, um die „innere Hitze" auszugleichen, hatte sie keine Kraft und auch keinen Bock mehr, noch lange Spaziergänge zu machen.

Also kämmte ich die Unterwolle aus. Natürlich ziepte das ein wenig, weil sie so verfilzt war. Und das Mädel dachte, wenn sie die Zähne fletscht und nach mir zwickt, würde ich das wohl lassen. Das hatte nämlich beim Frauchen gefunzt, wie ich später erfahren hatte. Neee, bei mir nicht. Was ich gemacht habe? Nun, ich habe ihr mit dem Kamm einen versehentlichen Klaps unters Kinn gegeben. Es war ein Reflex. Ich hatte nicht damit gerechnet, dass sie herumfährt und die Zähne fletscht. Und genauso verdutzt hat auch sie auf meine schnelle Reaktion reagiert. Seitdem waren wir immer einer Meinung.

Nach fast drei Stunden war ich fertig, die Hündin hat - nach unserer kurzen Meinungsverschiedenheit - ganz brav stillgehalten und entspannte zusehendst. Aus dieser gewonnenen Unterwolle hätte man mindestens drei weitere Hunde stricken können. In ihrer Zeit bei uns kämmte ich das Mädchen noch zweimal, jedes Mal kürzer und mit wesentlich weniger „Ausbeute".

Nach dem ersten Auskämmen hatte die Hündin nach Rippentest - wo waren die denn noch mal...??? noch ungefähr zwei bis drei Kilo zuviel. (Habe ich auch, allerdings sind es fünf bis zehn Kilo bei mir, aber ich arbeite dran…immer wieder mal.)

Aha. Aber der Hund frisst ja so schlecht...??? (Das behaupte ich ja von mir gar nicht.)

Am ersten Abend stellte ich der Hündin mal kurz das Futter unter die Nase (vorsorglich sehr wenig, da ich schon ahnte, was kommt). Sie hat es nur kurz angeguckt und ging weg - Bingo. Also sofort wieder weg damit, Candy hatte sich sehr drüber gefreut, sie war auch die Schlankste in unserem Hundehaufen.

Ich hatte keinen „Erziehungsauftrag", benutzte auch den ganzen Tag keine Belohnungshappen. Am nächsten Morgen stellte ich unserem Gast wieder den Napf hin. Mit ganz wenig Futter. Aus dieser Dose. Sie wollte hin, hatte also schon leicht Kohldampf nach einer Nacht Fastenkur. Ich ließ sie NICHT zum Futter, sondern „SITZ" machen. Ich guckte in leicht ungläubige Hundeaugen, sie tat aber, wie ihr geheißen. Dann gab ich ihr die Erlaubnis, dass sie fressen DARF. Genau, sie DARF fressen - sie MUSS nicht. Noch war es nicht die ganze Menge, die sie von mir bekam. Ich wollte ja, dass sie auffraß. Und das hat geklappt. Am gleichen Abend setzte sie sich schon erwartungsvoll hin, als ich den Napf in der Hand hielt. Schlaues Mädchen. Es gab nur den Rest der Dose. Am nächsten Morgen dann, bekam sie eine Hand voll Trockenfutter in den Napf, welches ja „gar nicht bei ihr geht".

Ich sagte „OKAY", sie stand auf und fraß innerhalb kürzester Zeit alles auf. Bingo. Die Hündin ging übrigens tagsüber ohne Probleme - trotz Hitze - mit mir mehrere Kilometer im Wald traben… ihre Geschwindigkeit war ihrem Alter entsprechend völlig normal.

Nach der ersten Woche gab es dann für „gute Taten" ab und an einen KLEINEN Belohnungshappen - in Form von Käsestückchen. Ich habe aus dem riesen Gouda lauter klitzekleine Stücke geschnitten. Den größten Teil davon erst mal eingefroren. Diese Würfel reichten dann mehrere Monate für alle Hunde bei uns. Dann fing die Hündin auch noch an, mit meinen Hunden in unseren „Freude-übers-Futter-Hüpf-Tanz" einzustimmen.

Die Hündin hatte wieder viel Lebensfreude, hörte besser auf meine Anweisungen, freute sich auf jeden Spaziergang, hatte dann auch in der Zeit bei uns abgenommen und war wie ausgewechselt. Das hielt auch noch einige Zeit an, als sie wieder bei ihrer Familie war. War das jetzt unzumutbar für den Hund? Hm.

Wenn dein Hund dich schon länger kennt, weiß er auch, wie du handelst. Da kann er dich schon mal etwas länger „schmoren" lassen. Aber keine Angst, er verhungert nicht - spätestens am dritten Tag ohne Futter wird es klappen. Kann auch mal fünf Tage dauern. Also durchhalten! Ich meine dich und nicht den Hund.

Nun haben „wir" - also du und ich - die Besitzer der Welpen Takeo, Shinaiko und Kawaii mit dem „Klick" geheilt. Somit hast du jetzt den gedanklich richtigen Weg schon mal eingeschlagen. Jetzt brauchst du nur noch dein Wissen mit dem Hund in die Tat umzusetzen. Und die richtige Konsequenz an den Tag, beziehungsweise an den Hund, zu legen.

Warten der Raubtiere auf die Fütterung

Ein Auslandshund sucht Besitzer

Von meiner Freundin auf Mallorca ereilte uns ein Ruf. Eine furchtbar liebe, aber völlig unerzogene Junghündin braucht dringend ein neues Zuhause. Sie wurde angebunden an einem Baum gefunden, konnte aber nicht bei dieser Familie bleiben. Ein Bekannter von uns sagte, wir sollten die Hündin mitbringen. Er würde die Hündin „alltagstauglich" erziehen und dann einen guten Platz für sie suchen. Wir schauten uns also im Urlaub die Junghündin an. Wir schätzten sie auf etwa sechs Monate, ein Mischling, die aussah, wie ein Dalmatiner. Sie war wirklich sehr, sehr lieb und fröhlich. Nachdem sie bereits tierärztlich untersucht war und als gesund befunden wurde, haben wir sie auf dem Heimflug mitgenommen.

Unser Bekannter, der gerade seine Ausbildung zum Hundetrainer machte, kam mit seinem unkastrierten Labrador zum Flughafen, um Fenja - wie wir sie zwischenzeitlich getauft hatten - abzuholen. Fenja stieg aus der Flugbox aus - und war läufig. Toll. Ganz toll. Wahrscheinlich hatte der Stress die Läufigkeit ausgelöst - und sie war wohl etwas älter, als gedacht. Hm - so haben wir überlegt. Und was kam bei raus? Genau - Fenja kam mit zu uns, da es keine Labratiner- oder Dalmador-Welpen geben sollte.

Fenja blieb bei uns vier Wochen. Wir brachten ihr das „Einmaleins des Benimms" bei. Wir sind in dem Fall meine Hunde und ich gewesen. Das war echte Arbeit für mich. Ich muss aber immer wieder lachen, wenn ich an das Tüpfeltier zurückdenke. Wie selbstverständlich stand sie auf jedem unserer Tische oder auch auf der Küchenarbeitsplatte. Quer übers Sofa und den niedrigen Tisch ging die Post ab bei ihr. Sie war unglaublich lieb und schmusig, aber auch unglaublich wild. Sie kannte es einfach nicht, wie man sich benehmen muss. Jedoch hatten wir dicke, dicke Fortschritte mit ihr gemacht. Auch sie hatte mir wieder viel beigebracht. Wir konnten Gott sei Dank viel Zeit im Freien verbringen, da es zu der Zeit Sommer war. Und im Haus gezielt den „Knigge" beibringen.

Fenja lernt Etikette

Nachts war sie im Haus an einer kurzen Leine, da sie sonst keine Ruhe fand. Dank der Leine legte sie sich sofort hin und schlief die ganze Nacht. Einige Zeit später ging das Schlafen ohne Leine, sie hat es verinnerlicht, dass Hund mehrere Stunden am Stück Ruhe braucht. Während dieser Zeit suchte ich schon mit Hilfe von meiner Hundeschule nach einem geeigneten Besitzer. Diese Person fanden wir auch, nicht weit entfernt von uns.

Seit vielen Jahren begleitet sie jetzt schon ihr Frauchen. Wir haben sie auch besucht, mittlerweile sind wir in losem Kontakt. Fenja hat mit ihrem Frauchen in WGs gewohnt und war mit in der Uni dabei. Sie ist ein wunderhübscher, artiger Dalmatiner-Mischling geworden. Und wenn sie nicht gestorben sind, dann leben sie noch heute.

Wie sieht es nun in dir aus
Du möchtest immer noch einen Familienhund? Super, das wird nun eine wichtige, aber glückliche Zeit werden.

Dann mach dich mal auf die Suche - mit allem Ernst, der wichtig ist, genau deinen Hund zu finden. Und mit all deinem Herz und Bauchgefühl, welches sagt, das ist jetzt genau der richtige Zeitpunkt und der richtige Kamerad für dich.

Du weißt jetzt, was bei deinem Hund schiefgelaufen ist? Prima, dann seid ihr zwei ein großes Stück weiter und könnt gemeinsam neue Wege gehen.

Ein neues Leben mit oder für meinen Hund

Du hast schon einen Hund und bist dir jetzt bewusst, dass du etwas ändern musst, damit dein Hund sich ändern kann? Hat es „geklickt“? Welchen weiteren Weg möchtest du nun einschlagen? Du kannst dich noch nicht entscheiden?

Hast du die Möglichkeit, deinen Hund für ein paar Tage zu einem erfahrenen Hundehalter zu geben? Zum Beispiel zu seinem Züchter? Auszeit kann wichtig sein. Sowohl für den Hund, der nun „Urlaub macht“ und einen anderen Haushalt kennenlernen darf. Und erleben kann, wie es ist, mit einem oder sogar mehreren Hunden zusammenzuleben.

Und du kannst überdenken: Ja, wir starten gemeinsam neu. Du kannst dir deine „neue“ Verhaltensweise in aller Ruhe - vielleicht gleich mit einem „Menschen, der sich damit auskennt“ - überlegen und immer wieder in Gedanken durchspielen.

Damit du die Schnelligkeit schon erreicht hast, wenn es im richtigen Leben losgeht. Sobald der Hund wieder da ist, geht es los - „Tag X“ ist also JETZT. Nur Mut, mit einem Ziel vor Augen in einer gewissen Zeitspanne, die man sich zurechtlegt, wird es klappen.

Sei härter, forscher, entschlossener - für dich und deinen Hund. Auch kann es in der Auszeit sein, dass du den Hund gar nicht so vermisst. Und merkst, er ist doch nicht so passend für dein Leben oder eben jetzt die Zeit noch nicht reif.

Urlaub machen bei guten Freunden

Und wo ist der Uzou?

Oder es ist wirklich die falsche Art Hund für dich. Dann werden beide Seiten niemals glücklich und entspannt zusammen durchs Leben gehen können. Das ist sehr anstrengend und sollte nicht das Lebensziel sein – weder für dich, noch für diesen Hund.

Hier an alle, die es immer stark verurteilt haben: Es ist für einen gut aufgewachsenen, gefestigten Hund überhaupt kein Problem, sich an eine neue Lebenssituation zu gewöhnen. Selbstverständlich muss die neue Familie gut ausgesucht werden, damit beide Seiten eine glückliche Zukunft haben können. Es ist ein riesiger Schritt für den Menschen, der wieder abgibt, damit sein Hund eine neue Chance auf ein besseres Leben bekommen kann. Das verdient, wenn es richtig gemacht wird, Hochachtung, finde ich. Denn der Mensch hat damit ein wesentlich größeres Problem, als der Hund. Das hat auch etwas mit dem Eingestehen von Versagen zu tun. Jedoch ist es das gar nicht! Es passt nur nicht zusammen.

Schon schön hier, ne Kind? Ja, Mama. Ja.

In der Regel verkraften Hunde eine Lebensveränderung gut. Sehr gut sogar. Viel besser, als man glaubt. Ist eben wieder menschlich gedacht, „der arme Hund wird abgegeben". „Es ist furchtbar für das Tier, ohne seine jetzige Familie leben zu müssen." „Hast du gehört? Die Nachbarin gibt ihren Hund wieder ab - das ist unmenschlich."

So denkt der Mensch. NICHT DER HUND! ... in sehr vielen Fällen. Ein Hund lebt immer im „hier und jetzt" und stellt sich sehr schnell auf eine neue Lebenslage ein. Auch würde das ja automatisch heißen, der neue Besitzer ist „schlecht" - dabei ermöglicht er ja dem Hund ein sorgenfreies, neues, besseres Leben. Ich weiß, dass ist schwer zu verstehen, wenn man in der Situation nicht ist. Ein sogenannter „Scheidungswaise" hat es in einer Familie mit Zeit wesentlich besser, als bei den beiden jetzt getrennten Besitzern, wo der Hund täglich stundenlang wartet, dass mal was passiert. Auch habe ich schon einige erwachsene Hunde abgegeben. Bisher hat es bei allen ausnahmslos ganz toll geklappt. Aber man braucht schon Zeit und es macht Mühe, die richtige Familie zu finden.

Ich gebe ab und an Hunde ab, weil ich weiß, dass es derjenige Hund dort noch besser hat, als bei uns. Behalten könnten wir alle - Platz ist ja genug da. Aber darum geht es uns nicht. Manchmal haben wir für einen Hund nur den zweitbesten Platz der Welt. Manchmal ist ein Tier noch so jung und ich kann ihm ein noch erfüllteres Leben gönnen. Nicht jeder Hund erhält auch mit 18 Monaten, nach etlichen Untersuchungen, die Zuchtbeurteilung. Das fällt uns allen nicht leicht, das kannst du glauben. Wir machen immer erst eine Probezeit von vier Wochen, die wir vertraglich fixieren. Und beide Parteien den Hund entweder zurückfordern, oder zurückgeben können.

Und dies hat nichts mit Abgaben zu tun, die leichtfertig gemacht werden, weil man sich keine Gedanken gemacht hat, als man sich einen Hund geholt hat. Nein. Er ist weder kaputt erzogen, noch wurde eine gesundheitliche Beeinträchtigung bewusst unterschlagen. Wir haben und hatten zu all unseren Abgabehunden und den Familien ein Leben lang Kontakt (Ausnahme bestätigt die Regel). Und sehen uns auch, oder einer der Hunde verbringt mal seinen Urlaub hier. Und jeder unserer ehemaligen Hunde geht mit seiner neuen Familie freudig wieder mit.

Ausnahmen sind traumatisierte Hunde, oder solche, die wissentlich - oder auch ohne es zu wollen - „abhängig" gemacht wurden. Und ein paar Sorten, die sich an eine einzige Person besonders binden. Ich gehe ganz eindeutig davon aus, dass es sich der vorherige Besitzer nicht einfach gemacht hat mit der Entscheidung. Ganz klar ist auch, dass es aufwändiger ist, einen Hund abzugeben, der schon ein paar „Macken" hat. Dies jedoch zu verschweigen, ist für mich nicht akzeptabel. Derjenige hat den Hund zwar „los", jedoch auf Kosten anderer. Auch ein Hund mit "Macken" findet seine neue Familie - jemand, der sich mit nicht einfachen Hunden auskennt und weiß, auf was er sich einlässt.

Ein beurteilter Zuchthund darf bei uns – zum jetzigen Stand - im Verein bis zum vollendeten siebten Lebensjahr maximal fünf Würfe aufziehen. In zwanzig Jahren haben wir einige Hündinnen und einen Rüden aus unterschiedlichen Gründen abgegeben. Mit acht Monaten, ein, drei und vier Jahren, eine Hündin war sechs Jahre alt. Die ging aber zu Freunden, die sie schon gut kannte. Fast alle Familien kannte ich schon vorher, bzw. sind Freunde. Oder wurden Freunde. Es hat überall ausnahmslos wunderbar geklappt, wir haben und sehen die Wauzis immer wieder mal. Früher haben wir die Familien besucht, jetzt mit unserem Zoo hier, kommen die Familien zum Kaffee oder es bleiben die Hunde auch mal zum Urlaub machen hier.

Unsere letzte Abgabe ist noch nicht lange her. Eine beurteilte Zuchthündin, sie hatte einen Wurf bei uns. Tschakka hatte jetzt nach der letzten Augenuntersuchung, die wir alle zwei Jahre durchführen müssen, einen Befund. Sie ist nicht erkrankt, es kann auch sein, dass es nie zum Ausbruch einer Krankheit kommt – jedoch ist sie nach unseren jetzigen Vereins-Kriterien aus der Zucht. Wir hatten keinen Gedanken an Abgabe.

Dann aber rief eine Welpen-Interessentin an, die sich über unseren nächsten Wurf erkundigen wollte. Und je mehr sie erzählte, desto mehr hatte ich den Gedanken, dass das ein Traumplatz für Tschakka wäre. Genau ihr Ding. Ein cooles Frauchen, die die Hundeerziehung sieht, wie ich. Hat auch bereits Hundeerfahrung. Sie muss aus Gesundheitsgründen täglich spazieren gehen. Und macht gerade eine therapeutische Ausbildung und wird danach von zuhause aus arbeiten. Und Tschakka darf ihr dabei helfen. Traumhaft für sie. Wir haben uns kennengelernt, gut verstanden, Hundeerfahrung war bereits vorhanden.

Ein paar Tage Nachdenken für beide Seiten, dann kam das Pärchen wieder. Wir waren spazieren, danach haben sie Tschakka mitgenommen. Natürlich ist das ein Risiko – aber manchmal muss man etwas wagen – und nach meinem Bauch war es richtig.

Nach vier Wochen „Probe“ sind Annika und ich hingefahren, waren spazieren, haben sie im Haus mit ihrer Familie beobachtet und was soll ich sagen – besser geht nicht. Tschakka ging auch sofort mit ihrer neuen Familie ins Haus, während Annika und ich noch im Hof am Auto standen.

Nie im Leben hätte ich gedacht, dass ich diese Immer-gute-Laune-Hündin jemals abgeben werde…und doch haben wir es für den Hund geschafft. Und für ihr neues Frauchen. Wir wünschen ein langes, harmonisches, gemeinsames Leben. Wie immer bleiben wir dran. Und bekommen auch regelmäßig Fotos. Am Anfang darf auch ich noch nicht zuviel darüber nachdenken, dass dieser Hund nicht mehr unser ist. Aber, nach einiger Zeit, und wenn man sieht, wie toll es beiden zusammen geht, entsteht ein Lächeln.

Tschakka mit Tochter Yaponi und Samba

Viel Liebe im neuen Leben

Vom Durcheinander zum Aufgeräumten

Und es kann sein, dass man auch nach längerem Mühen nicht wirklich zueinander findet. Einer unserer Welpen war knapp ein Jahr bei einer sehr lebendigen Familie mit zwei Kindern. Nach meinem Bauchgefühl und viel Beobachtung wollte ich ihnen eigentlich eine andere Hündin geben (die - mittlerweile erwachsen - ein einfacher Junghund war und jetzt eine sehr anständige Dame ist). Anstatt Ruhe in das häusliche Gewusel zu bringen, hat die „getauschte“ Hündin das leider angenommen und wurde nervös, hibbelig, laut.

Zweimal kam sie zu einer Auszeit hierher zu uns. Beim ersten Mal war es noch recht einfach, ich musste nur ein wenig Frustübungen machen, sie Regeln hier befolgen lassen und bereits nach zwei Tagen war sie „wiederhergestellt“. In diesem jungen Alter hielt das dann auch einige Wochen in ihrem Zuhause. Die Familie hat mit ihr geübt, sie verbrachten die Ferien zusammen und alle hatten Spaß.

Dann aber im Alltag schlichen sich die alten Verhaltensmuster wieder ein. Zuerst bei der Familie, dann aber auch ganz schnell beim Hund. Manchmal ist das halt so. Und man hat es sich einfacher, entspannter, anders vorgestellt. Beim zweiten Mal, als die Hündin hier war, musste ich schon mehr Arbeit leisten, um sie wieder auf einen belastungsfähigen, einwandfreien Ist-Zustand zu bringen. Hier merkte ich dann genau, wie wichtig die Einflüsse im ersten Lebensjahr eines Hundes sind. Dieses Mal aber hielt es bei ihrer Familie nicht lange, bereits nach ein paar Tagen begann sich die Lage wieder zuzuspitzen. Es war zu keinster Zeit irgendjemand gefährdet. Aber für alle Beteiligten mehr anstrengend und nervig, als schöne Zeit.

Die Familie hat sich dann – für die Hündin! – entschlossen, sie wieder abzugeben. Das fand ich bemerkenswert gut. Das ist ihnen nicht leicht gefallen. Es war auch für alle zu diesem Zeitpunkt wirklich das Beste. Da ich im Kaufvertrag das Vorkaufsrecht ausgewiesen hatte, kam das Mädel wieder zu mir.

Wir beide übten, teilweise ging das ganz leicht für mich in den Tag einzubauen – wie bei Takeo. Teilweise hatte sie in Sachen Alleinebleiben schon fast eine Panik entwickelt. Wir suchten gleichzeitig nach einer neuen Familie. Und das hätten wir solange gemacht, bis es wirklich diesmal passte. Wir haben unsere Webseite genutzt, auch unser Verein half mit einem Aufruf mit. Einige hatten sich schon gemeldet. Wir trafen unsere erste Wahl und machten einen unverbindlichen Besuchstermin bei uns aus. Der Interessent kam, wir gingen als erstes zusammen spazieren. Die Hündin war wie ausgewechselt. Sie hörte auf jegliche Anordnung des Mannes – und konnte ihren Blick gar nicht mehr von ihm lassen. Das war echt unglaublich, ich staunte nicht schlecht.

Ihr neues Leben wurde genau gegenteilig, wie das davor: Keine laute Familie, sondern ein ruhiger Mensch. Die Hündin sollte dem Mann eine Begleiterin auf langen Spaziergängen werden. Er ist sehr hundeerfahren, hatte schon einige unterschiedliche Hunde in seinem Leben. Er ist bereits in Rente und hat viel Zeit für sich und den Hund.

Der Mann brachte seinen Hunden alles „nach alter Schule" bei. Das ist nicht unbedingt verkehrt – und in diesem Fall genau das richtige für die Hündin: Kurze und knappe Ansagen, das was gesagt wird, muss eingehalten werden. Die Hündin darf verschiedene Dinge nicht, zum Beispiel nicht ins Bett, nicht aufs Sofa, muss an einer bestimmten Stelle warten, bis ihr Futter zubereitet ist. Läuft mal frei auf den Spaziergängen, aber es wird auch an der Leine „FUSS", „SITZ", „PLATZ" geübt. Lob und Streicheleinheiten gibt es selbstverständlich, am Anfang gab es auch viele Leckerli. Jetzt braucht sie das nur noch selten, aber für die Erwartungshaltung und bei neuen Übungen wird das immer noch genutzt. Ganz kurz übte der neue Besitzer Dinge im Haus, dann draußen, dann mit Ablenkung. Es klappte super. Um das Alleinebleiben zu üben, ist der Mann zig Mal hintereinander aus der Haustür rausgegangen und nach einer Minute wieder zurück. Jedes Mal kam er aus dem Keller mit einer Kartoffel wieder zurück. Nach einiger Zeit wurde das der Hündin zu blöde, sich jedes Mal zu freuen und aufzustehen oder zu quengeln, dass sie nicht alleine bleiben will. Am nächsten Tag blieb sie bereits nach der Hälfte der Zeit einfach im Wohnzimmer liegen. Und hat überhaupt kein Problem mehr, wenn sie alleine bleiben muss. Gewusst, wie.

Das meine ich, mit Nachdenken und nach Lösungen suchen. Der Mann sagte auch, dass es der bisher einfachste Hund ist, den er je hatte. Beide sind glücklich. Genau so soll es sein. Nicht mehr, und nicht weniger. Und es ist so toll, alle Fortschritte mitverfolgen zu können. Mittlerweile waren beide zusammen bereits hier bei uns zu Besuch. Wundervoll war es zu sehen, wie glücklich die beiden über sich sind. Die Hündin war ruhig und entspannt. Donnerte trotzdem fröhlich und ausgelassen mit ihrer Schwester und Mutter und dem Rest hier durch den Garten. Und kam dann zurück, um sich neben ihr Herrchen zu legen. Einfach toll. Manchmal muss es wohl Umwege geben, um sein Glück zu finden. Die vorherige Familie ist an Info interessiert und freut sich, dass es dort jetzt gut klappt. Und wer weiß, wie es bei ihnen mal weiter geht. Zurzeit ist es für die Eltern ohne Hund einfacher. Die Kinder haben es auch verstanden und verkraftet. Was gerade nicht sein soll, kann ja ein wenig später durchaus noch werden.

Ich möchte jetzt hier keinesfalls den Eindruck erwecken, dass man leichtfertig wieder einen Hund abgibt, weil man gemerkt hat, dass es Arbeit ist, einen Hund zu erziehen. Aber, dies soll und kann aufzeigen, dass es manchmal nötig ist, einem Hund ein neues Leben zu gönnen und dieses dann einfach schöner ausfallen kann. Oder man bisher engstirnig andere verurteilt hat, ohne die genauen Hintergründe zu kennen.

Solltest du jetzt feststellen, ohne Hund wäre doch alles leichter, und du bist der Meinung, dein Schatz hat ein „besseres, anderes Leben" verdient:
Scheue dich nicht, ein neues Zuhause für ihn zu suchen. Ohne schlechtes Gewissen. Für den Hund. Natürlich mit aller Sorgfalt, die irgend möglich ist, und aller Zeit der Welt, die eben nötig ist. Und bitte niemals ohne einen Vertrag abgeben.

Servus, grüezi und hallo

Hunde mit Job

Auch so kann ein Weg eines Familienhundes aussehen, ohne dass er einen Knacks bekommt. Sonst könnte er folgende Aufgabe später gar nicht meistern, wie schon vorher kurz erwähnt: Ein Welpe, der für eine Spezialaufgabe vorgesehen ist, kann im ersten Lebensjahr bereits bei drei verschiedenen Familien gewesen sein. Dies sind dann die sogenannten

Assistenzhunde. Bevor er – nach erfolgreicher Ausbildung mit mindestens einem Jahr – sein viertes, endgültiges Zuhause kennenlernt.

Zuerst ist er dort, wo er geboren wird. Mit seiner Mutter, seinen Geschwistern, vielleicht weiteren Hunden und einer Menschenfamilie, die schon eine gute Vorarbeit geleistet hat. Je nach Rasse oder auch Land bis zu seiner zwölften Lebenswoche. Dann geht er in eine Art Pflege- oder Patenfamilie. Manchmal bleibt er auch beim Züchter und wird dort die nötige Grunderziehung bekommen, die vom Assistenzhundetrainer vorgegeben wurde.

Wenn der Junghund immer noch für seine Zukunftsaufgabe geeignet ist, übernimmt ihn mit ungefähr einem Jahr ein(e) Assistenzhundetrainer(in). Diese(r) vermittelt dem Hund intensiv seine späteren Fertigkeiten. Ja, und erst, wenn seine spätere Aufgabe sitzt – das ist frühestens mit eineinhalb Jahren der Fall – kommt er zu seinem neuen Besitzer. Hier wird geguckt, ob Mensch und Hund zusammenpassen und dem Patienten gezeigt, wie er den Hund lenkt. Eine Zeit lang begleitet der Assistenzhundetrainer noch den Weg der beiden. Das sind also vier unterschiedliche Familien, in denen der Hund lebt.

Manchmal wird der Hund also vorher ausgebildet und kommt dann zu seinem neuen Besitzer, da werden dann die Aufgaben zusammen mit dem Assistenzhundetrainer gefestigt. Oder der Welpe gehört bereits dem Kunden und es läuft die Ausbildung zu einem Assistenzhund zeitgleich, dies sollte die Hundeschule auch wissen. Die Art der Erziehung sollte im Großen und Ganzen eine ähnliche Vorgehensweise haben, wie die vom Trainer für den Assistenz-Job. Oder, es gibt bereits einen Hund in der Familie, eine bestimmte Krankheit, wie Diabetes ist nun aufgetaucht und der Hund wird nun als Hilfe ausgebildet.

Manche Hunde zeigen von sich aus bereits Auffälligkeiten beim Menschen an – sei es zum Beispiel Epilepsie oder Diabetes. Mit Unterstützung eines Assistenzhundetrainers und einer Abschlussprüfung, kann er dann als Diabetikerwarnhund, Epilepsiewarnhund, Blindenführhund oder auch PTBS-Assistenzhund (Posttraumatische Belastungsstörung – hier sehe ich allerdings Grenzen, je nach Störung, die der Mensch hat), eingesetzt werden. Es gibt auch die Sparte der Mobilitätshunde für Menschen mit Bewegungseinschränkungen. Autismushunde oder Signalhunde für Gehörlose und so weiter. Je nach Wohnort und Einsatz des Trainers kann es möglich gemacht werden, dass der Hund seinen Menschen auch zum Einkaufen, zu Behördengängen oder auch in die Arbeit, Schule, im Flugzeug etc. begleiten darf.

Wahnsinn wirklich, was ein Hund alles lernen kann. Und dann diese Aufgabe – nach solider Ausbildung – auch richtig ernst nimmt.

Anspannung ist anstrengend

Das Leben hat nun mal auch stressige Zeiten. Das ist durchaus okay, sowohl positiver, als auch negativer Stress, muss ab und an mal ausgehalten werden. Von uns Menschen und auch von den Tieren.

Wenn gerade mal „dicke Luft" in der Familie herrscht, bekommt das ein Hund sofort mit. Gerade ein junger oder neuer Hund in der Familie, kann damit große Probleme haben. Er bezieht das Gezanke oder laute Gerede auf sich oder bekommt einfach diese Missstimmung mit und gerät dadurch unter Dauerstress. Oder es ist allgemein immer sehr laut und unruhig in der Familie. Manche kommen damit klar, andere nehmen die schlechte Stimmung auf und sind sehr durcheinander, unruhig und überreizt. Das kann sich sowohl in Stubenunreinheit, als auch in plötzlicher Zerstörungswut äußern. Ebenso wie Kinder haben Hunde da ein feines Gespür und reagieren darauf - mal mehr oder weniger - stark.

Ein Pärchen, das sich eigentlich nur noch stritt, hatte sich als „Versöhnung" einen zweiten Hund geholt. Immerhin noch besser, als ein „Versöhnungsmenschenkind", damit wird in der Regel die Trennung nur um einige Monate hinausgezögert. Jedenfalls hielt auch bei diesem Pärchen die Versöhnung nicht lange an und der Streitmodus gewann wieder die Oberhand. Die ältere Hündin konnte damit ganz gut umgehen. Der Junghund allerdings quittierte diese äußert miese Stimmung unter anderem mit Kackahäufchen auf dem Sofa. Die zudem auch noch recht dünnflüssig durch den Stress waren. Das Sofa hat dann weder der eine, noch der andere Teil nach der Trennung behalten.

Die ältere Hündin blieb bei einem Partner, der Junghund wurde erst einmal „aufgefangen", wieder „eingenordet" und bekam dann ein langes, sehr schönes Leben bei einer neuen Familie.

Also, auch diesen Aspekt nicht ganz außer Acht lassen, wenn es mit dem Hund gerade nicht so ganz rund läuft.

Mein Hund soll bei mir bleiben

Du möchtest deinen Hund behalten, jedoch soll ab jetzt ein „anderer Wind" wehen? Prima, dann lese bitte weiter. Wenn du deinem Fellfreund keine „Auszeit" geben kannst: Nicht sofort und hoppla hopp irgendwelche Verhältnisse ändern wollen. Nein, erst einmal ein paar Tage denken. Wie gehe ich welche Sache an? Was sollte ich in welchem Verhältnis ändern? Was wäre wohl richtig, zuerst umzusetzen? Welche Möglichkeiten habe ich, die zu mir, meiner Familie und meinem Hund passen?

Und dann gibt es den „Tag X". Ab da wird ALLES, was du dir vorgenommen hast, jawollja, umgesetzt. Schritt für Schritt, und so bedächtig, wie es nötig ist. Allein wenn du die übliche Pinkelrunde einmal andersherum gehst, oder anders abbiegst, ist das schon eine erste Veränderung. Auch für dich ist das schon eine gewisse Art der Überwindung - denn Gewohnheit ist unheimlich stark. Oder, sollte dein Hund bereits das „SITZ“ vor dem Futternapf mit Blickkontakt beherrschen, hier nur mal ein „PLATZ“ einfordern - schon wirst du merken, wie die Beamtenseele in einem schlummert und damit echt gefordert ist...ja, und hier meine ich nicht nur die im Hund. Lass ihn nicht gewinnen, du gehst anders. Wenn du dich nicht veränderst, bleibt alles beim Alten - oder wird schlimmer.

Beobachte deinen Hund viel. Irgendwann kannst du anhand aller möglichen Anzeichen (der Körperhaltung, den Ohren, seiner Art zu laufen...) im Vorfeld schon erkennen, was er gleich tun will und dementsprechend schneller handeln. Das wird dir anfangs erstaunte Blicke von deinem Hund bringen. Und dieses Erstaunen wandelt sich, wenn du auf den neuen Wegen weitergehst, irgendwann in Ruhe und Aufmerksamkeit um. Du kannst bestimmte Dinge mal erlauben - oder, aus welchen Gründen auch immer, den gleichen Sachverhalt ein anderes Mal verbieten.

Mit einem „NEIN“ unterbindest du den gerade „angedachten“ Sprung vom Hund in den Bach - da du gleich wieder zurück ins Büro musst, die Nase des Chefs nicht allzu sehr reizen und das helle Kostüm der Kollegin nicht schokofarben sprenkeln möchtest - okay, vielleicht schon möchtest, aber es käme nicht gut. Schließlich ist es ja wundervoll, dass der Hund mit in die Arbeit darf. Am Samstag allerdings, ein schöner Spaziergehtag, du kommst an einem Teich vorbei. Der Hund blickt dich an - und mit einem „OKAY“ darf er sich in die Fluten stürzen.

Mit einem Labrador wäre das hier hohe Kunst

Wenn irgend geht, so freudig wie möglich erziehen. Beobachte mal Hundebesitzer. Wie oft fällt das Wort „NEIN“- und leider meist wenig das „FEIIIN“.

Auch ganz wichtig, das wird so oft nicht gemacht und tut doch so gut: Lobe deinen Hund auch mal, wenn er gerade „einfach brav ist“: Wenn er artig wartend neben dir sitzt. Oder entspannt auf seiner Decke liegt und dich ansieht. Oder wenn er gerade vor sich hin döst. Das wird nämlich immer als selbstverständlich hingenommen. Und nur gemotzt, wenn was nicht gut läuft. Hier denke ich auch gerade wieder an die Menschenkinder! Zum Hund dann auch mal hingehen und streicheln. Beim Menschenkind kann man das auch so tun, manchmal reichen da auch Worte. Aber ne Umarmung wäre viel besser.

Hunde sehen schnell ein Lob als „Auflöse-Zeichen“ - weil wir Menschen oft missverständlich sind: Der Hund wird gelobt, gleichzeitig beharrt der Mensch aber nicht auf das Weiterführen des vorher erteilten „auf die Decke“. Heißt für Hund: „Supi, hab ich gut gemacht, jetzt kann ich los.“ Meist lobt Mensch den Hund dann nicht mehr, da Mensch den Zusammenhang gar nicht erfasst hat. Also: Bitte weiter loben, aber gleichzeitig auf die richtige Ausführung der vorherigen Ansage bestehen! Sonst glaubt der Hund, das Lob wäre das Auflösezeichen, okay!?

Wäre doch so schade. Auch ein Kind freut sich, wenn es gelobt wird, weil es gerade ohne zu Nörgeln von selbst die Hausaufgaben macht. Oder ich mit nem Bussi an meine Tochter bemerkt habe, dass sie ohne Aufforderung die Spülmaschine ausgeräumt hat. Ja, ich weiß, eine Hundemutter lobt nicht.
Sie ist aber auch viel durchsetzungsfähiger bei ihren Welpen. Und ein wenig unterscheiden wir uns ja doch vom Hund.

Brüllaffen braucht kein Hund
Es ist nicht nötig, einen Hund anzuschreien. Weil man glaubt, die Lautstärke zeigt, wie ernst es gemeint ist. Nö. Viele laute Hunde werden unter ihresgleichen gar nicht ernst genommen. Trotzdem, es liegt in der Natur vieler Menschen, laut zu sein. Auch in mir. Bin schon laut bei ganz normalen Gesprächen, alle die mich kennen, können ein Lied davon singen. Tja. Also bin ich auch einer der Brüllaffen. Die Hundeohren gewöhnen sich aber auch daran. Das merke ich auch beim Autofahren. Wenn im Radio ein Lied kommt, das mir besonders gefällt, drehe ich auf. Richtig auf. All unsere Hunde steigen trotzdem immer wieder freudig ins Auto ein. Wauzis, ihr seid klasse.

Einer unserer Welpen ging zu einem jungen Pärchen. Der Mann hat eine wirklich laute, tiefe, sehr tiefe, Stimme. Der Welpe war während der Besuche etwas unsicher - die Stimme von ihm klang in den Welpenohren bestimmt ärgerlich und bedrohlich. Das hatte sich aber bereits nach nur ein paar Tagen im neuen Heim prima eingespielt. Wat mutt, dat mutt. Du lässt dich nicht von der Stimmung des Hundes „anstecken“. Du nimmst NICHT seine Unsicherheit an, sondern bleibst entspaaannnt. Du lässt dich NICHT von seiner plötzlichen Unruhe beeindrucken. Wenn er mit dir spielen will, hast du mal keine Lust – liegt er faul in der Ecke, ermunterst du ihn dafür zu einem Spiel, weil du das gerade möchtest. Dein Hund KANN dein Gefühl annehmen. Und, wenn du dann doch mal Trübsal blasen solltest, dann darf ER dich trösten oder du dich gerne von seiner guten Laune anstecken lassen.

Es geht hier nicht darum, dass der Hund doch alles bekommen soll, was er denn möchte. Natürlich könntest du ihm alles geben. Das wäre gleichzusetzen mit einem Kind, dessen Eltern ihm jeglichen Wunsch erfüllen, aber sich sonst wenig kümmern. Ist so ein Kind glücklich? NEIN. Denn, ihm fehlen ganz wichtige Gefühle, die sich nicht entwickeln können. Entbehrungen erleben. Vorfreude auf etwas ganz Besonderes haben zu können. Einfach glücklich sein. Stolz auf eigene Leistung sein zu können. Misserfolge aushalten. Trauer und Wut aushalten. Dankbarkeit empfinden. Regeln und Grenzen erfahren. Sich um etwas bemühen müssen. Vertrauen aufbauen zu können. Sich sicher fühlen.

Und später werden das AK, AE und AH. Falls du immer noch nicht nachgeschaut hast: www.hundeerziehung-familienhund-welpe.de unter dem Reiter „links", 1. Zeile, steht die Auflösung.

Wir stehen auf sicheren Beinen im Leben

Gemeinsame Hobbys

Suche dir gemeinsame „Hobbys mit Hund". Vielleicht möchtest du in einem gemeinnützigen Verein mit deinem Hund arbeiten. Du kannst ein Lächeln auf die Gesichter älterer Menschen in Pflegeheimen zaubern, nur, weil sie deinen Hund streicheln dürfen. Oder steige in die Rettungshunde-Arbeit ein. Auch kann man in Schulen mit einem freundlichen, entspannten Hund den Kindern die Angst nehmen und ihre vielen Fragen beantworten. Auch Mantrailing ist eine spannende Herausforderung. Bitte frühzeitig klären, wieviel zusätzliche Zeit diese neue Tätigkeit mit Hund verschlingt. Oder dich vor anderer Arbeit, wie Fenster putzen rettet - wie auch immer. Nur nicht zu ehrgeizig werden, damit die sportliche Aktivität nicht in eine Sucht umkippt.

Möglicherweise gefällt dir ein „Clicker-Training". Vielleicht ist das genau das Richtige für dich - genau dann, wenn du das Gefühl für richtiges Timing nicht hast - falls es das ist, was dir besonders schwerfällt. Spätestens hier hast du dann vom Click den „Klick" im Kopf und verstehst, warum ein Hund diese schnelle Verknüpfung braucht, um lernen zu können. Um zu spüren, wie so eine Verknüpfung funktioniert, ist es sehr interessant - und auch sehr lustig - am Anfang in dem Training mit und an seinen Mitmenschen im Kurs das Clickern zu üben.

Daneben könnte auch eine Art von Hundesport für dich ansprechend sein, und du förderst so die Bindung ab dem „Tag X"?

Grundkurse werden in vielen Vereinen und auch Hundeschulen angeboten. Allerdings würde ich dann „privat" mit meinem Hund ab und an aus Spaß üben - sei es im eigenen Garten oder auch im Wald. Dort kann man all die natürlichen Hindernisse nutzen. Ich persönlich halte nichts von einem Hundesport, bei dem man irgendwelchen Pokalen hinterherhetzt und den Hund als Sportgerät missbraucht. Hier wirklich aufpassen, denn alles, was zu krampfhaft und im Übermaß betrieben wird, ist auf jeden Fall für den Hund und seine Gesundheit schädlich.

Mittlerweile gibt es Gott sei Dank auch Kurse, die auch die Bestimmtheit der zu erledigenden gemeinsamen Aufgaben in einem Hundesport nahebringen, aber trotzdem den Spaß an der Sache nicht aus den Augen verlieren. Das Longiertraining ist ein hervorragendes gemeinsames Hobby. Manche Hunde lieben und brauchen Kopfspiele - du auch? Dann viel Spaß zusammen. Gerade die Hunde, die körperlich sehr „bewegend" sein möchten, sind hier gut aufgehoben. Auch Tricks lernen Hunde gerne.

Im Winterurlaub - vorausgesetzt es liegt Schnee - gibt es in vielen Gebieten gespurte Loipen, wo man einen Hund mitnehmen darf. Auch Hundehotels (also wo nur Menschen mit Hunden urlauben) sind nicht nur im Sommer sind eine gute Wahl. Man ist unter „Gleichgesinnten", die dort anwesenden Hunde sind (meist) gut erzogen, es gibt Kursangebote und so weiter, und so fort.

Und, bei all dem immer im Hinterkopf behalten: Alles, was man übertreibt, ist nicht gut!!! Die Mitte ist nicht von ungefähr golden.

Es MUSS aber nicht zwingend ein Sport sein. Ein „gemeinsames Hobby" kann aber auch nur ein anderer, abwechslungsreicher Spaziergang oder eine Stadtbesichtigung mit Pieselpausen sein. Vielleicht eignet sich als gemeinsame Aufgabe etwas in Richtung Therapie oder Besuchshund - da gibt es so viele schöne und sinnvolle Tätigkeitsfelder. Schon damit schaffst du für ihn und dich gemeinsame Erlebnisse. Pilze suchen geht nur einige Wochen im Jahr. Aber, gemeinsam quer durch den Wald, über Stock und Stein ist doch cool. Da das nur eine gewisse Zeit möglich ist, könntest du ja noch mit Hund zusammen Heidelbeeren pflücken. Was ist aber beim Durchqueren mit Hund im Wald wichtig? Genau - immer an der Leine führen. Jetzt fehlen nur noch gemeinsame Unternehmungen für Frühling und Winter. Überlege einfach, was euch beiden zusammen Spaß machen könnte. Vielleicht wäre „Traumprinz-Suchen" eine Option?

Oh, schau mal Pookie, ein Frosch!

Küss ihn, das wird ein Prinz!

Bäääh - und, wo isser?

Blöde Kuh

He he, mega - jeder fällt drauf rein

So kann es besser laufen

Selbstverständlich darf man auch mit anderen Leuten quatschen und den Hund „nebenherlaufen lassen". Das ist ganz wichtig, nicht immer offensichtlich auf den Vierbeiner zu achten. Er soll ja auch lernen, nicht ständig im Mittelpunkt zu sein, sondern einfach „nur da zu sein". Aber natüüürlich siehst du, solange der Hund in sich noch nicht gefestigt ist, mit deinem dritten Auge, wenn der Hund gerade dran denkt, eine vermeintliche Unaufmerksamkeit auszunutzen.

Du gibst während des Gespräches einfach ein kurzes „EHEH" oder „LAAANGSAAAM" oder „STEH" etc., wenn es eingehalten wird, wirfst du ein ein kurzes „SUPER" hinterher und redest weiter. Klappt das noch nicht und der Hund macht einen auf taub, dann weißt du, woran und wie ihr Beide noch arbeiten müsst. Danach dann wieder nach Gemeinsamkeiten suchen und diese auch fühlen. Okay?!?

Nicht den Hund zuerst handeln lassen, und dann erst als Mensch darauf reagieren. Das sollte umgekehrt sein. Du bist der erste, der eine Handlung zeigt, eine Ansage macht, eine andere Richtung einschlägt - und Hund hat sich nach dir zu richten. Genau das möchte er von dir. Und wird sich sehr gerne dran halten, wenn du es richtig machst.

Klar ist das alles am einfachsten, wenn sich die erwachsenen Erziehungsberechtigten einig sind. Dann ist ein Ausspielen - seitens des Kindes oder des Hundes - nicht möglich. Es ist schon anstrengend für einen Teil, die Erziehung alleine machen zu müssen.

Wenn der Partner der Auffassung ist: „Ich bin nicht auf der Welt, um meinem Kind/Hund das Leben schwer zu machen." Jo. Derjenige macht es sich schon einfach. So gehen Partnerschaften auseinander, Kinder und Hunde machen, was sie wollen - sie sind nicht glücklich, da sie kein Vorbild haben und nicht wissen, wie man später im Leben klarkommen soll. Wenn sich hingegen ein Eltern- oder Besitzerteil raushält und nicht ständig dazwischen funkt, ist das noch gut zu bewerkstelligen. Aber sich ja nicht ausspielen lassen - weder vom Hund, noch vom Kind - in unserem Fall jetzt.

Grundsätzlichkeit aber ist ein „MUSS", wenn die Hausherrschaften in einem gemeinsamen Reich zusammen mit dem Jungvolk wohnen. Du fragst dich jetzt, wie du alle weiteren Familienmitglieder überzeugen kannst? Tja - wenn es schon länger bei euch allen keine Einheit mehr gibt, ist das natürlich anstrengender, da man keinen Rückhalt hat. Jedoch kann ein Hund auch unterscheiden, bei wem er sich wie geben kann. Wie ein Kind, das auch genau weiß, dass bei Oma und Opa manches nicht so eng gesehen wird. Oder du erkennst jetzt gerade, dass ein Rundumschlag in alle Richtungen notwendig wäre? Prost Mahlzeit, das wird hart. Ist aber nicht unmöglich, wie du ja spätestens jetzt weißt. Jedoch - ständiger Streit und

Herumgebrülle sind die größten Feinde der Hundeseele. Und der Kinderseele.

Muss ein Hund immer aufstehen, wenn jemand vorbei möchte? Nö. Muss nicht. Wenden wir in unserer Familie nicht an. Wenn für mich gerade nichts dagegenspricht, steige ich über die Schlafenden. Bin ich aber in Eile, spratzeln meine Hunde sofort in Deckung, da sie einen Zusammenprall mit mir gerne vermeiden würden. Auch werfe ich mal ein Stück Pizzarand nem Hund ins Maul - solange er nicht sabbernd nervend, und pfotenstupsend bettelt, sondern anständig in angemessener Entfernung die Unschuld vom Land ist. Und, die Betonung liegt auf „mal". Das ist ungefähr alle vier Wochen einmal. Höchstens.

Wenn es dir ab dem „Tag X" leichter fällt, den Hundealltag so zu verändern: Ab jetzt gehe ICH zuerst durch die Tür, ab jetzt darf er NICHT mehr aufs Sofa, ab jetzt esse ICH zuerst, ab jetzt gewinne ICH jedes Spiel - ist auch das eine Maßnahme. Es sind nicht diese Handlungen, die eine Veränderung im Gehorsam hervorrufen, sondern schlichtweg, dass ETWAS verändert wurde UND man auf die Ausführung besteht. Wir sind wieder bei den Regeln und Grenzen. DAS macht ihn aufmerksamer, neugierig und sicher. Und er erfährt endlich eine Geradlinigkeit. Du bist für ihn endlich klar!

Ach ja, dann gibt es noch ganz alltägliche Hausgeräusche. Den Staubsauger zum Beispiel. Nein, ich stelle ihn nicht erst tagelang in den Raum und bewege ihn nicht. Nein, ich lege kein Leckerli drauf zum „Schönfüttern". Nein, ich sauge nicht nur, wenn die Hunde nicht anwesend sind. Nein, stell dir vor, ich sauge einfach!

Die meisten Hunde mögen das nicht wirklich. Jeder Hund verhält sich anders, während ich mit dem Ungetüm durch die Gegend sause. Manch ein Hund weicht lieber aus - das ist auch überhaupt kein Problem, da sie ja bereits nach kürzester Zeit den immer wieder gleichen „Sauger-Fahrweg" kennen. Eine Hündin hätte es lieber gehabt, ich sauge um sie herum - nö, ich schick sie weg. Eine würde gerne mit dem Ungetüm kämpfen - da reicht aber ein Blick von mir, und sie trollt sich.

Da gibt es ja jetzt so Teile, die ohne mich zu brauchen, allein im Haus rumfahren und alles schlucken, was so am Boden liegt...mein Hundehaufen, passt auf, denn es könnte sein...

Ne, glaube, da träume ich noch lange weiter von. Denn, dieser Saugroboter wäre ständig voll oder verstopft von lauter Blättern, Unterwolle, Ästchen und keine Ahnung, was hier so alles im Haus am Boden rumliegt. Er würde sich nur übergeben und wäre ständig kaputt - oder würde selbstständig zum Nachbarn laufen. Er müsste entsprechend groß sein - aber dann saugt er hier womöglich Säugetiere ein - das möchte ich nicht.

Unser Katzi-Neuzugang hatte sich die erste Zeit beim Staubsaugen in der Küche in unserem Drehkarussell-Schrank versteckt. Ich wusste bis dahin gar nicht, dass es eine Möglichkeit gibt, da hineinzukommen, wenn die Tür zu ist - also, die gibt es. Allerdings hatte ich schon überlegt, was Shisha wohl macht, wenn sie nicht mehr durch die kleine Öffnung passt...hätte ich gar nicht überlegen brauchen. Mittlerweile sitzt sie einfach etwas erhöht und sieht mir beim Saugen zu. Und brüllt wahrscheinlich: „Weiter liiinks ist noch was - vergiss nicht, unter dem Sofa auch…und an der Lampe hängt noch ein Staubfaden…und wenn du fertig bist, dann steige ich in den Blumentopf…"

Und bitte, wenn du dieses Buch nur „einfach so liest", und erkennst, dass alles zwischen dir und dem Vierbeiner stimmig ist - verändere jetzt nichts, was du nicht möchtest! Es läuft einfach gut und problemlos...so soll es auch bleiben. Super, sei stolz auf dich und deinen Familienhund.

Wir sind stolz auf uns

Ab und an mal ein wenig Klarheit schaffen, auch mal was ganz Neues auszuprobieren, kann natürlich in kleinen Prisen nicht schaden.

Hunde und Kinder (genau in dieser Reihenfolge) folgen immer dem, der klare Regeln aufstellt, Grenzen absteckt und vor allen Dingen auf die Einhaltung bedacht ist. Wenn ich zu Hause bin, bin ich diejenige, welche (muss ich jetzt hinzufügen „natürlich nur beim Hund???"). Geben Rolf oder Annika irgendeine Ansage, gucken die Hunde erst einmal mich an. Etwas entrüstet. „Muss ich jetzt auf diese Anweisung echt was machen? Bist nicht du, Frauchen, anderer Meinung und ich brauch das jetzt nicht zu tun? Büddeee." „NEIN!"

Bei uns läuft auch einiges nicht „glatt“. Trotzdem bin ich stolz auf meine Hunde und mich, da wir zusammen wesentlich mehr gute, als schlechte Zeiten haben. Ein guter Chef kann unberührbar sicher Anweisungen weitergeben, nimmt sich aber auch mal zurück. Er lässt seine Mitarbeiter eigenständig arbeiten, lobt in Form von spendiertem Kuchen, Anerkennung und packt auch mal mit an, wenn Not am Mann ist. Super natürlich, wenn er es sich leisten kann und sich mit ein paar Euronen mehr erkenntlich zeigt. Er hat ein Team von Kollegen, die ehrgeizig und zuverlässig an jedem neuen Vorhaben arbeiten - weil es glücklich macht und jeder Einzelne wichtig ist und es ihm auch anerkennend gesagt wird. Und dadurch ein wertvoller Teil des Ganzen ist. So ist auch ein Donnerwetter schnell verflogen und trübt nicht wochenlang den Alltag.

Jeder Hund hat bei uns seine Aufgabe gefunden - nicht immer ganz zu unserer Zufriedenheit. Wenn ich Pflegling Jumi mal wieder nen Tag hatte und sie meinte, jeden Pups verbellen zu müssen, bin ich natürlich nicht erfreut. Wenn sich hingegen aus mehreren Straßen Hunde lautstark „unterhalten“ und meine zur gleichen Zeit artig ohne jegliche Regung im Garten liegen, bin ich sehr dankbar.

Stimmts, wir sind die Besten

Auch wenn ich mir überlege, wie viele verschiedene Worte ich für ein und denselben Befehl habe, schüttle ich oft genug über mich selbst den Kopf: Ich möchte, dass Hund zu mir kommt: Mal pfeife ich, mal schnalze ich mit der Zunge, mal mache ich mein berühmtes „Mäusefiepsen“, mal sage ich nur den Namen, oder rufe „KOMM“... aber, es funzt. Meistens. Das ist die sogenannte „mehrsprachige Erziehung“.

Wenn ich mit allen Hunden gleichzeitig laufe, alle frei, und einer geht doch verbotener Weise mal ein Stück ins Maisfeld: Normalerweise müsste ich vor dem „Rauswurf" den Namen dazusagen, damit der Hund auch weiß, dass er gemeint ist. Schaffe ich nicht. Das kann ich mir noch so oft vornehmen. Ich sage - okay, manchmal brülle ich - nur „RAUS". Erstaunlicherweise ändert nur der Hund, der gerade im Feld ist, seine Handlungsweise und geht sofort wieder auf den Weg. Die Resthunde zucken nicht mal mit der Wimper - liefen ja auch alle anständig auf dem Weg.

Witzig ist auch, wenn ich einen Hund bei etwas sehe, was er gerade nicht tun soll. Meist reicht ein Räuspern von mir, und schon bekomme ich einen schnellen Blick des Hundes und er lässt seine Unternehmung. „Shit, sie hat es wieder bemerkt".

Leere Drohungen

Unsere betagte Roxy tat so, als wäre sie taub (ein wenig Hörverlust hatte sie schon, keine Frage). Jedoch, wenn man das mit Chipstüten-Rascheln testet, weiß man die Wahrheit. Roxy nahm ihr Alter gerne als „Vorwand", hier jetzt weiter marschieren zu wollen. Ab und zu durfte sie das ja auch. Einmal aber lief ich ihr hinterher, musste mal kurz am Fell zupfen und sie wieder in meine Richtung bugsieren. Sie hörte danach wieder „sehr gut". Das ist wirklich wichtig: Nicht nur „androhen" und dann ablassen, sondern nachdrücklich einfordern.

Es kann auch sein, dass man bei einer Begebenheit zig Male zu seinem Hund hingehen muss, um ihm klar zu machen, dass man etwas nicht möchte. Nicht nur antäuschen, sondern wirklich hingehen. Oder den halbstarken Möchtegern direkt anleinen, wenn er über die Stränge geschlagen hat. Dann aber bitte nicht herumsäuseln, weil du ein schlechtes Gewissen hast, weil ja der arme, arme Schatz so sauer auf dich ist, dass er dich nicht mehr mag. Das klappt nicht und du ärgerst dich lange Zeit mit deinem eigentlichen Kumpel nur herum. Das ist dann ein „Stoß-mich-zieh-dich" - bis du den „Klick" wieder gefunden hast.

Wenn Eltern im Biergarten gemütlich mit Freunden sitzen, das Kleinkind am Spielplatz gerade dem Kumpel daneben die Schüppe übern Kopf zieht, ist der Satz „Wenn du nicht brav bist, gehen wir sofort heim" völlig fehl am Platz. Wenn das Kind dann das Elternteil herausfordernd grinsend ansieht, und gleich noch mal draufhaut, hat man verloren. Denn, man müsste sofort sein Kind packen und nach Hause fahren. Aber die Freunde sitzen ja da. Mist, man will ja gar nicht gehen. Und das Bierglas ist noch voll... und zahlen müsste man auch noch... Das weiß dieses Kind natürlich längst, wie immer ist es nur eine leere Drohung. Man wird unglaubwürdig. Entweder also wirklich SOFORT gehen, oder einfach so tun, als hätte man dies gar nicht gesehen.

Neiiin, natürlich nicht! Sondern, die Schaufel abnehmen und in einer anderen Ecke des Spielplatzes mit dem Kind „neu anfangen".

Und sich selbst mit ihm beschäftigen, da der Kleene gerade bockt. Und auf jeden Fall wäre noch ne kleine Entschuldigung beim Opfer und seinen Eltern einfach nett.

Gerade ein Pubertier kann da auch hartnäckig sein. Und wenn es da noch nicht erfahren hat, dass du hältst, was du versprichst - egal, ob positiv oder negativ - wird es immer schnöseliger werden.

Noch ein „Menschen-Teenie-Beispiel"

Annika war sechzehn, und wir beide zusammen in der Stadt. Schuhe wollte sie sich kaufen. Wir kurvten gerade im ungefähr hundertsten Geschäft herum. Ich hätte jedes zweite Paar kaufen können, Annika hingegen hatte an jedem Paar irgendetwas auszusetzen gehabt und nörgelte durch den Laden.

Irgendwann sagte ich zu ihr: „Wenn du jetzt nicht in der nächsten Minute ein paar Schuhe ausgesucht hast und zur Kasse gehst, mache ich hier mitten im Laden einen Sitzstreik!" Lachhaft?

Oh nein. Ich hörte förmlich, wie es bei ihr ratterte: „Uaaah, jetzt wirds eng. Ich gehe hier in der Stadt zur Schule. Jeden Moment könnte jemand in den Laden kommen, der mich kennt. Und sie tut es. Ich weiß, sie tut es. Ganz sicher."

Oh ja, wir kennen deine Mutter, Annika

Annika hatte dann von den vier Paar schwarzen Schuhen, die sie zur Auswahl vor sich stehen hatte, tatsächlich die Schwarzen genommen. Ohne Zögern, sofort zur Kasse. Volltreffer.

Zwei wie Hund und Katz

Die häufigste Konstellation einer Vergesellschaftung wird in unserem Fall wohl Hund und Katze sein. Wenn man zu einem „fertigen Familienhund" ein Katzenbaby hinzuholt, wird es kaum Probeme mit der Gewöhnung geben.

Es muss Liebe sein

Andersrum kann es jedoch etwas anders aussehen. Jedoch ist es nicht unmöglich. Wenn man ein paar Vorkehrungen trifft, macht man es allen Beteiligten etwas leichter.

Die Katzentoilette sollte an einem für den Hund unzugänglichen Platz stehen. Entweder in einem extra Raum, oder erhöht. Warum? Jahaa, für Hund ist leider Katzenkacka eine Delikatesse. Das ist echt eklig und unhygienisch.

Dann können die Fressgewohnheiten überdacht werden. Hat die Katze immer Futter dastehen? Da auf jeden Fall einen erhöhten Futterplatz etablieren, damit auch der erwachsene Hund später nicht drankommt. Futter hat ja einen hohen Stellenwert bei Tieren. Selbst ein vorher mäkeliger Fresser neigt dann dazu, seinen Napf vor dem „Fressfeind" zu verteidigen.
Und – für einen Hund ist alles, was übrig ist, seins.

Es wäre gut, wenn man der Katze am Anfang Rückzugsmöglichkeiten bietet. Das kann ein Raum sein, der mit einem Kindergitter abgesperrt ist, sie kann hüpfen, Hund kommt da nicht rein. Oder neue erhöhte Liegeplätze schaffen, damit die Katze den neuen Hausbewohner beobachten kann.

Der Welpe wird nach Ankunft (erst Pipi machen draußen), über die Hausschwelle getragen und erst im Raum abgesetzt. Und dann, solange die Menschen mit da sind, gut beobachtet. Ohne Leine bitte, damit der Hund flüchten kann. Je nach Wesen des Hundes, kann ein Fauchen und Buckeln der Katze bereits ausreichen, damit der Hund Abstand einhält. Es kann auch mal sein, dass die Katze auf den Hund haut, um ihr Hausrecht zu festigen. Ich habe in all den Jahren selbst – und von Berichten unserer Welpenkäufer noch nie gesehen oder gehört – dass eine Katze absichtlich in die Augen kratzt. Sie hauen auf den Kopf oder pieksen ihre Krallen seitlich in die Schnauze beim Hund. Damit ist meist ein für alle Mal geklärt, wer im Haus das Sagen hat.

Wenn man nicht anwesend ist, die erste Zeit Hund und Katz voneinander trennen. Im Laufe der nächsten Wochen kristallisiert sich dann raus, ob die beiden beste und engste Freunde werden, oder sich einfach nur dulden - das ist auch okay. Nichts erzwingen, dann soll es so sein. Es kann mal passieren, dass Katzen kurzfristig wild ins Haus pieseln. Den Ärger bitte runterschlucken und die Pfütze einfach entfernen. Die Katze will erpressen, dass das erstmal neue Feindbild wieder gehen muss. Nach einigen Tagen wird sie aufgeben.

Auch wenn Hund ne eigene hat, jagt er oft fremde Katzen

Wenn der Welpe sofort im Haus oder Garten Hühner, Kaninchen, Meerschweinchen etc. kennenlernt, wird er sie nicht als Beute ansehen. Trotzdem hier gut aufpassen - je kleiner das andere Tier, je größer und tölpeliger der Hund, desto eher kann das - auch nur aus Versehen - böse ausgehen.

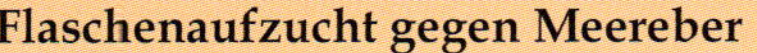

Flaschenaufzucht gegen Meereber **Junghund mit Meereber**

Aus ein mach mehr Hunde

Der Trend zur Mehrhundehaltung - auf jeden Fall zum Zweithund - ist zumindest bei meiner Familienhunderasse auffällig. Sie sind schon sehr gesellig, kaum „machthungrig“, haben eine hohe Reizschwelle (sind sehr geduldig) und lassen sich gut lenken. Wenn ich jetzt hier über Streitereien zwischen den Hunden spreche, gilt das nur für die eigene Gruppe und Hundekumpels, die sie schon gut kennen.

Es gibt da so ein paar Fehlerchen, die man machen kann, die jedoch äußerst folgenschwer sein können. Und wieder nicht vergessen, ich spreche hier immer von gut sozialisierten Hunden, die wesensfest und gesund sind und mit allen vier Pfoten fest im Leben stehen.

Ein reiner Weiberhaushalt

Auf jeden Fall sollte der erste Hund wirklich gut erzogen sein, bevor man auch nur dran denkt, sich einen weiteren Hund ins Haus zu holen. Fehler, die sich schon eingeschlichen haben, auf jeden Fall erst ausmerzen, ganz wichtig. Sonst hat man bald zwei der Gattung „erzieherisch mal gar nicht fehlerfrei", die sich gegenseitig hochschießen und drum kämpfen, wer denn der noch Rotzigerereste ist und du bist völlig abgeschrieben in deren Augen.

Wenn dein Hund irgendeine „Macke" hat, die euch missfällt: BEVOR der Zweithund da ist, dran arbeiten - wenn man es nicht alleine schafft, mit einer Einzelstunde beim Hundetrainer und dann zuhause üben. Sonst hat man schnell mehr Hunde, mit vielen Macken.

Es kann klappen, wenn sich beide Hunde gut verstehen und dann irgendwann auch erzogen sind, dass sie sich tagsüber genug sind und auch ganztags gearbeitet werden kann.

Jedoch müssen sie natürlich vor der Arbeit schon einen Spaziergang haben. Wenn ein Junghund dabei ist, sollten die Stunden eine Zeit lang - noch besser, ab und an sein Leben lang - überbrückt werden. Entweder mit einer guten Hundetagesstätte, oder mit Hilfe weiterer Personen, die den Junghund mal in den Garten lassen können. Und auf jeden Fall nach der Arbeit die Hunde wirklich in den Rest des Abends miteinbeziehen. Ich persönlich hätte immer etwas Bauchweh, wenn ich ganztags arbeiten müsste, und die Hunde jeden Tag über acht Stunden nur warten. Und dann quasi zu zweit alleine sind. Weil ich sehe, wie sehr meine Hunde es genießen, ein paar kleine Unterbrechungen während des Dösens zu haben.

Einsamkeit

Wer passt zu wem

David und Goliath

Gedanklich schön kann es für dich sein, einen sehr großen mit einem sehr kleinen Hund zusammenbringen zu wollen. Hier ist zu bedenken, dass beide Arten den Umgang mit der jeweils anderen Größe von klein auf kennengelernt haben. Dann kann auch ein Bär von einem Hund wunderbar mit einem kleinen Teilchen spielen und sehr vorsichtig sein. Aber da auch bitte dran denken, dass nur ein aus Versehen drauftreten, ein nicht gewolltes Ausrutschen des Großen in den Kleinen, ihn schwer verletzen oder gar umbringen kann. Unser Hovawart ist mal beim Bremsenwollen gerutscht und in unsere junge Hündin geschlittert. Diese hatte dann einen Beinbruch.
Oder man möchte eine sehr ruhige Rasse mit einem sehr lebhaften Hund bei sich haben. Da ist dann der Besitzer gefragt, den ruhigen Hund vor dem Betriebsamen zu schützen oder den Eifrigen anders auszulasten. Mag sein, dass bei diesem ungleichen Verhältnis die Tiere wenig voneinander haben. Aber, wenn alles richtig läuft, kann das für dich ein gutes Gespann sein.

Rüde und Hündin

Hier ist es natürlich notwendig, dass einer von beiden unfruchtbar ist. Oder in dieser Zeit auszieht. Die kommen auf die irrsten Ideen, wenn es an der Zeit ist. Wenn man sie trennt, auf jeden Fall die Tür mit Schlüssel zusperren, da sie plötzlich auch Türen öffnen können - selbst wenn sie es vorher nie gemacht haben. Sie werden sich wahrscheinlich im Haus sehr gut verstehen, da die Hündin das Sagen hat und sich der Rüde danach richtet. Ein Rüde kann - je nach Rasse - bereits zwischen dem fünften und achten Monat zeugungsfähig sein. Eine Hündin kann bereits zwischen dem fünften (kleinbleibende Rassen) und dem zwölften Lebensmonat läufig werden. Meist dauert die Läufigkeit einundzwanzig Tage. Wann genau die Stehtage sind - das ist die Zeit, in der sie sich decken lässt - ist auch sehr unterschiedlich. Am Anfang beißt die Hündin den Rüden weg. Während der Stehtage - die in etwa zwischen dem neunten und neunzehnten Läufgkeitstag sein können, duldet sie das Aufreiten.

Außerhalb vom Haus kann der Rüde dazu neigen, „seine" Hündin zu verteidigen, so dass gemeinsame Spaziergänge auf Strecken, auf denen man viele Hunde trifft, schlecht möglich oder sehr anstrengend sind.

Wenn mehrere erwachsene Menschen im Haushalt sind: Es ist durchaus machbar, dass jeder Hund „seinen Hauptchef" bekommt. Einigt euch, wer welchen Hund sein Eigen nennt. So schreien nicht mehrere durcheinander, sondern jeder achtet auf „seinen" Hund. Was nicht heißt, dass der eine Mensch dem Hund des anderen nicht mal etwas sagen darf.

Ein „falscher Hase" kann die Gruppe

Die hier sind sich einig

Gleichgeschlechtliche Haltung

In all den Jahren Mehrhundehaltung habe ich selbst diese Erfahrungen gemacht und bei vielen nachgefragt, die mehr Hunde haben. Einmal ein richtiger Streit, und es klappt oft nie mehr richtig. Also bitte wirklich ernst nehmen, was ich hier schreibe, dann habt ihr hoffentlich weniger Probleme. Oft läuft es harmonisch ab - in der pubertären Phase jedoch aufpassen. Wenn bei reiner Rüdenhaltung aus dem Jungrüden ein erwachsenes Tier wird oder, bei Hündinnenhaltung, wenn die jüngere Hündin läufig wird. Wirklich bewundernswert ist es, wenn ein Züchter mehrere Deckrüden hält und diese größtenteils friedlich miteinander sind. Das geht mit großer Wahrscheinlichkeit nicht „einfach so".

Unheimlich wichtig ist es also wieder, sie gut zu beobachten. Du „ahnst“ irgendwann, was der eine oder der andere Hund gleich vorhat. Dann kannst du sehr schnell mit einem Wort eingreifen und die Hunde bereits im Vorfeld ermahnen.

Der ältere Hund darf den Junghund „begrenzen“. Wenn der erste Hund unterm Tisch liegt und er will nicht, dass der Welpe zu ihm kommt, darf er knurren und abschnappen. Der Kleine kann dann schreien wie am Spieß - es war aber völlig ungefährlich, richtig von dem älteren Hund und nur etwas übertrieben von dem Junghund. Aufpassen als „Chef im Haus“ sollte man, wenn man beobachtet, dass der Junghund gar nichts mehr darf. Wenn ihm zum Beispiel vom ersten Hund ständig der Laufweg abgeschnitten wird. Da wird dann der Ersthund ermahnt. Der jüngere Hund lernt vom Älteren! Der Ältere kann auch wieder zurückfallen und lauter Quatsch mit dem Jungspund erfolgreich durchführen.

Hahn im Korb: Der kleine Schwarze

Die Aussage „das müssen die unter sich ausmachen, auch wenn ich nicht da bin, muss das ja klappen“ ist so nicht unbedingt richtig. Wenn es um die Regelung einer Rangordnung geht, kann es tatsächlich sein, dass nach einer Auseinandersetzung alles geklärt ist.

Aber, ich habe in all den Jahren die Erfahrung gemacht, wenn ich mich „im richtigen Moment“ einmische und dadurch Klarheit schaffe, dass es in meiner Abwesenheit keinerlei Machtkämpfe gibt. Abstand schaffen und auch einfordern. Sowohl für den Ersthund sollte Ruhe möglich sein, als auch für den Junghund. Einer mal im Garten, der andere drinnen - oder auch mal in getrennten Zimmern ruhen lassen, wenn man kurz weggeht.

Im ersten Jahr mindestens zweimal in der Woche einzeln spazieren gehen, bzw. getrennt üben. Auch der Welpe oder neue Hund muss lernen, seinen Kopf zu gebrauchen und nicht einfach das nachmachen, was der Große tut. Der Ersthund freut sich, da er trotz dem Kleinen auch alleine Aufmerksamkeit bekommt. Jeder sollte mal alleine im Auto warten lernen, sowie alleine im Haus bleiben können. Je mehr Hunde es werden, desto weniger kann letzteres geübt werden.

Wie gut, dass wir jetzt eine groooße Küche haben

Frauchen, die dissen mich

So kann man auch einen jungen Hund zu einem älteren Hund aufnehmen. Es sollte aber vorher schon ausprobiert werden, ob sich der ältere Hund grundsätzlich noch für Junggemüse interessiert, bzw. er Gasthunde immer gerne gesehen hat.

Auch ein gemeinsamer Spaziergang ist hier gut integrierbar: Während der Opa- oder Omahund sich mit Grashalmbeschnüffeln beschäftigt und bedächtig langsam hinterherläuft, kann man den jungen Hund bespaßen. Balancieren lassen, mit Leine Slalom um die Bäume rum, Rückruf üben etc.

Und nein, der ältere Hund denkt NICHT „ich lebe noch und werde schon ersetzt". Solche Gedanken kann ein Hund nicht haben. Sehr häufig ist der junge Hund - wenn der Alte noch einigermaßen fit ist - wie ein Jungbrunnen.

Der ältere Hund kann in der Aufzucht des Junghundes eine Aufgabe sehen, für die es sich lohnt, dass er seine müden Knochen wieder aufweckt.

Sollte der Kleine zu wild sein, kann der Mensch eingreifen und dem Alten mehr Ruhe gönnen, indem er eben Abstand schafft. Das ist schon wichtig, damit der alte Herr oder die Dame ihre längere Ruhepause einhalten können. Und somit ist der Besitzer wieder dran, ein wenig den Jungspund zu bespaßen.

Junges Gemüse zu erziehen ist etwas anstrengend, hält aber fit

Futterverteidigung in der Gruppe und bei Besuch

Eines der wenigen Dinge, das sich für den Familienhund von heute noch lohnt zu verteidigen, ist Futter. Das ist übrigens auch bei einem Einzelhund wichtig, wenn Besucherhunde kommen. Auch hier bedenken, dass selbst der Büffelhautknochen, den dein Hund normalerweise mit dem Hintern nicht anschaut, dann doch eine Verteidigung wert ist, wenn sich der Hund deiner Freundin den mopsen will.

Hier also niemals zu nachlässig werden, wenn sich deine Hunde einmal wegen Futter in den Haaren liegen, wird es schwierig, die vorherige Verbundenheit und Ausgeglichenheit wiederherzustellen. Somit auf jeden Fall getrennt füttern. Entweder in getrennten Räumen, oder eben selbst dazwischenstehen. Erst, wenn alle fertig sind, darf der Napf des anderen untersucht werden. Sollte einer zögerlich fressen, beim nächsten Mal weniger Futter geben oder den Schnellfresser nicht in die Nähe des anderen Napfes lassen.

Noch unentspannter kann es werden, wenn es Kausachen gibt. Die sie ja brauchen. Getrockneter Pansen ist in der Regel schnell weg. Bei Rinderkopfhaut zum Beispiel, dauert das genussvolle Knörpseln länger. Alles, was sie länger kauen, wirklich nur dann geben, wenn man aufpassen kann. Oder allen von Anfang an da immer Ruhe gönnt. In getrennten Zimmern, oder einer im Garten, einer drinnen, etc. Reste der Kausachen NIE liegen lassen, immer wegräumen. Bei uns gibt es allerdings keine Reste.

Bereits die Welpen lernen von ihrer Mutter, dass man erwachsenen Hunden keine Kausachen wegnimmt… da hört sich das Knurren in unseren Ohren äußerst böse an. Prompt üben das auch die Geschwister untereinander.

Das geht nur, wenn die Chemie zwischen den Hunden stimmt

Streithühner und Hähne und die Schlichtung

Man lernt auch mit der Zeit zu erkennen, wenn ein Spiel zwischen den Beiden umzukippen droht. Gerade bei mir hier mit den vielen Mädels muss ich ab und an mal unterbrechen, wenn ich merke, dass es ernster werden könnte. Wenn der Kamm steht, die Rute steif wird, der Kopf auf den Nacken des anderen gelegt wird - auch beim gegenseitigen Aufreiten (das machen auch Hündinnen) – passe ich auf. Nicht einfach Knurren unterbinden. Erst mal die Lage peilen. Knurren ist erlaubt, da der eine Hund dem anderen sagt, „ich will das jetzt nicht“. Sonst lernen die Hunde nur: „Ich muss gleich ohne Vorwarnung angreifen.“ Der „Abteilungsleiter“ – also du – kann dann, je nach Sachlage, den Hund abrufen, der den anderen zum Knurren veranlasst hat.

So kann es sich auch zutragen: Die ältere Hündin wird gar nicht begrenzt vom Besitzer, eineinhalb Jahre geht das in seinen Augen gut. Sie hat die jüngere Hündin immer in ihre Schranken gewiesen. Dies aber hätte man als „Abteilungsleiter“ nicht in jeder Situation seine Untergebenen tun lassen dürfen. Manchmal ist ein „Machtwort“, je nach Situation, durchaus hilfreich. Auch in Abwesenheit des Anführers wird dann – wenigstens eine zeitlang – nicht gestritten.

Die jüngere Hündin aber ist nun in der zweiten Läufigkeit. Da lässt sie sich den Versuch der ersten Hündin, immer nachdrücklicher zu werden, nicht mehr gefallen. Es kommt der erste Angriff auf die ältere, in dem Haushalt lebende Hündin. Das kann ganz schnell umschlagen und der Kampf wird ernst. Danach wird es nie mehr so sein wie vorher. Entweder, man schafft es spätestens dann als Mensch, die Dinge für die Hunde zu regeln, oder zieht eine Abgabe in Erwägung, zur Sicherheit aller Beteiligten. Die Hündin, die in dieser Hundegruppe den Stress macht, kann als Einzelhund anderswo wieder ein ausgeglichenes Leben führen. Sie hat dann meist auch kein Problem mit Hunden, die sie unterwegs trifft.

Hündinnen können erbitterter kämpfen, als Rüden. Dafür seltener. Das hatten wir noch nie, habe aber davon gehört. Das ist doch mal ein Vorteil, hm? Hier sei noch gesagt: Laute Hunde-Auseinandersetzungen sind oftmals ungefährlich. Sie schreien sich an – ja, und es kann mal ein Loch geben oder auch eine klaffende Wunde. Auch können sie viel Blut verlieren, wenn eine blöde Stelle erwischt wird. Oftmals sind Hundekämpfe, die fast lautlos vonstattengehen, dagegen sehr ernst.

Einigkeit

Rüden unter sich

Eine Familie möchte unbedingt, dass der Erstrüde das Leittier bleibt. Die Hunde untereinander hätten eine andere Regelung für sich durchaus gut angenommen. Auch hier kann es dann zu Kämpfen kommen.

Oder, eine Familie erkennt die Zeichen nicht – der eine Rüde begrenzt den anderen immer wieder stark. Der Zweitrüde ist mittlerweile erwachsen, lässt sich das nicht mehr gefallen. Nicht genutzt wurde in der Gewöhnungsphase, dass jeder Hund von Anfang an alleine mit der Familie etwas unternehmen durfte. Sobald die zwei jetzt mal ein paar Minuten getrennt sind, oder, sie sind durch etwas anderes gestresst, gehen sie aufeinander los und lassen Dampf ab. Sehr anstrengend, da nie genau gesagt werden kann, wann es wieder knallt.

Mehrhundehaltung und Futter
Jahrelang werden alle Hunde im gleichen Zimmer gefüttert. Jeder Hund hatte immer den gleichen Napf und den gleichen Platz. Der Besitzer war dabei. Und dann ist aus irgendeinem Grund das Essen vom anderen doch interessanter. Es spitzt sich schnell zu und es gibt eine wilde Beißerei. Wenn einer anfängt, kann das in einer Hundegruppe (das sind auch nur zwei Hunde) so schnell losgehen, dass der Mensch nicht mehr einschreiten kann und sollte. Wenn du dann fehlhandelst und trennen willst, kann aufgrund der aufgewiegelten Anspannung der Hunde - im Eifer des Gefechtes - auch der „Abteilungsleiter" ein paar Piercings abbekommen.

Spaziergänge mit mehreren Hunden

Auch bei den gemeinsamen Spaziergängen gerade im ersten Jahr sehr gut seine Hunde beobachten. Zuerst einmal „sprechen sich" Hunde in Sekundenbruchteilen ab. Aufpassen bei Wild, Wildspuren und auch, wenn man auf Hundewiesen oder mit anderen Hunden spazieren geht. Damit sie zu zweit zum Beispiel nicht andere belästigen und stressen.

Übungen erst getrennt machen, dann zusammen. Wenn die Hunde wirklich folgen, wird ein gemeinsames Ableinen beim Spaziergang entspannt. Wenn der Ersthund sehr gut folgt, wird der Junghund in der Regel auch kommen, da er sich das abschaut.

Und wenn man mal keinen Bock hat, ständig aufmerksam zu sein, dann bleiben halt die „Anstifter" mal an der Leine. Um mehrere Hunde frei laufen lassen zu können, ist es für die Sicherheit der Hunde, des Wildes, der Mitmenschen und überhaupt nötig, dass sie gut hören. Es sollten Kommandos zügig ausgeführt werden, der Rückruf jederzeit funktionieren. Und es wäre vorteilhaft, wenn sich die Hunde von selbst - oder anerzogen - nicht allzu weit aus dem Radius der Menschen bewegen. Damit man auch - mal seine Aufmerksamkeit zum Beispiel seinem Kind widmen kann.

Bei uns klappt das prima...na gut, ganz arg oft aber

Fremdhundbegegnungen
Das ist sehr individuell. Bitte gucken, dass dein Pulk andere nicht mobbt. Hier ist auch wieder gute Beobachtungsgabe angesagt. Und, es sollte immer möglich sein, mit allen die man gleichzeitig dabei hat – an der Leine – an einem anderen Hund vorbeigehen zu können. Ohne Geknurre und Gekläffe und sich in die Leine schmeißen. Egal, wie sich das Gegenüber aufführt. Bezogen auf die Hunde. Naja, vielleicht auch auf den Besitzer.

Verschiedene Charaktere treffen aufeinander. Wir mögen ja auch nicht jeden.

Das wird nix
Wenn ich mal nicht gut drauf bin – soll ab und an auch vorkommen – wähle ich unter meinen Hunden die einfachste Möglichkeit, um den Tag nicht noch mehr zu versauen. Also, ich nehme schon mal eine Strecke, an der ich wenige Begegnungen habe, sei es menschlicher oder tierischer Natur, und gehe in zwei Abschnitten. Damals waren die Zusammenstellungen Roxy und Jumi am Vormittag, und Candy mit Lolli am Nachmittag, sehr entspannend. Sie verbündeten sich nicht, jeder machte „sein Ding".

Wenn ich was ansagte, befolgten sie es schnell und zuverlässig. Am schwierigsten waren Lolli und Jumi zusammen, da eben Mutter und Tochter und sehr kleine Klein-Elo®, die noch etwas mehr Pfeffer im Hintern hatten, als ihre größere Verwandtschaft. Die waren sich so was von schnell einig, dass immer wieder mal mein Gegenangriff viel zu spät kam. Zefix. Das sind wirklich nur ein paar zehntel Sekunden zu spät. Nichts zu sagen, wäre ähnlich. Deswegen machen das so viele Hundebesitzer – und auch Menschenkinderbesi- äh -eltern. Einfach nichts zu sagen, da es ja eh zwecklos ist. Ja, dieses eine Mal. Beim nächsten Ausflug passte ich besser auf und stoppte die zwei bereits im Ansatz. Und wenn mal gar nichts ging, dann liefen sie einfach ne zeitlang an der Leine. Auch das ist eine durchaus gute Idee, wenn die Ohren auf Durchzug stehen oder die Hunde merken, dass der Mensch gerade sehr unaufmerksam ist. Auch mit meinen heutigen Hunden mache ich das noch so. Alles andere kann eine verheerende Wirkung haben.

Wenn du deine Tiere beobachtest, merkst du schnell, welche Zusammenstellungen erfolgreich entspannender sind. Mittlerweile kann ich ein Pony, zwei Alpakas und ein oder zwei Hunde gleichzeitig mitnehmen.

Ja, es klappt gut - aber nein, wir gehen nicht zusammen in die Stadt auf nen Kaffee

Die bucklige Verwandtschaft
Hundemamas und ihre Kinder - die sind nochmal inniger verbandelt. Wir hatten schon mehrere Male Mutter-Töchter-Gespanne zusammen bei uns wohnen - es ist immer wieder wundervoll zu beobachten. Auch wenn es zeitweise für den Besitzer eben durch dieses unsichtbare Band mal anstrengender bei der Erziehung sein kann.

Noch kürzlich wohnten bei uns zeitweise mehrere Generationen miteinander: Ich habe schon mehrfach gehört, dass das oftmals nicht möglich sein soll - da eigentlich ein Abwandern normal wäre und die Jüngsten oft weggebissen werden.

Das haben wir so noch nicht erlebt. Und die jüngste Hündin zurzeit, kann dermaßen schleimen, dass man echt aufpassen muss, nicht auf der Spur auszurutschen.

Auch ist wieder Beobachtung und eventuelles Einschreiten bei Missstimmungen nötig - das liegt in unserer Verantwortung. Während der Läufigkeiten ist besonders auf die Gruppe zu achten. Es kann da schon von der läufigen Hündin versucht werden, sich eine neue Position innerhalb der Gruppe verschaffen zu wollen.

Mehrgenerationen-Haushalt

Aufmerksame Hunde

Jahaaa, und Missverständnisse gibt es natürlich auch. Vielleicht sollte man von Anfang an seine Anweisungs-Worte anders zusammenstellen. Der Unterschied von „NEIN" und „FEIIN" ist auch nicht wirklich riesig. Hier kann man nur etwas helfen, indem man das „NEIN" tief, barsch und schnell spricht, das „FEIIIIIN" hingegen in die Länge zieht und dabei die Stimme etwas höher stellt. Ja, auch Männer können das - ein wenig Übung macht schon einen Gesellen - später kann man noch den Meisterbrief erwerben.

Ein wunderbares Beispiel habe ich noch zu der Ansage „AUF". Das heißt bei mir, dass der Hund seine jeweilige Position von meiner letzten Ansage her, verlassen darf.

Ich gelte als vergesslich, hatte sogar mal die Hunde im Garten vergessen, als ich mit ihnen im Auto zum Spazierpunkt fahren wollte. Jahaaa. Habs aber fast gleich schon im Nachbarort gemerkt. Ich sag dir, da wurde mir aber sowas von heiß und kalt. Ich fuhr sofort zurück. Da saßen sie doch tatsächlich alle - bei offenem Tor - im Garten. Mit den entrüstetsten Blicken, die ich je in meinem Leben gesehen habe.

Nun aber zur Sache: Ich komme am Spazierpunkt an (diesmal gleich mit den Hunden im Auto). Aber, ich hatte die Leinen vergessen. Mist. Da die Fläche jedoch gut zu überblicken war, habe ich den Gang gewagt. Hat auch auf dem Hinweg alles gut geklappt. Sie hören ja prima. Haben sie auch.

Im wahrsten Sinne des Wortes. Auf dem Rückweg sah ich in einiger Entfernung eine Frau mit Hund. Als sie näher kamen, erkannte ich, dass der Hund an einer Schleppleine war. Shit, jetzt würde es sich als anständiger Hundehalter gehören, seinen Hund, in meinem Falle seinen „Hundehaufen", auch sofort anzuleinen. Aber, falls du es zwischenzeitlich wieder vergessen hast, ich hatte ja die Leinen vergessen.

Okay dachte ich mir, das kriegste geregelt. Ich sagte zu meinen „FUSS". Klappte. Ich war noch ungefähr dreißig Meter von meinem Auto weg, das an der Wegkreuzung stand. Die Frau blieb an der Kreuzung stehen und gab mir ein Zeichen, dass sie mir entgegenkommen möchte. Gut. Ich ließ all meine Hunde ins „SITZ" gehen. Klappte. Sie kam mit ihrem Hund noch ein Stück näher. Meine saßen noch artig nebeneinander. Nun riefen wir uns zur weiteren Abhandlung der Sachlage ein paar Sätze zu. Den fränkischen Dialekt erspare ich dir jetzt.

Sie: „Ich möchte nun diesen Weg gehen!" Und deutete dabei in meine Richtung. Ich: „Ja, ist kein Problem. Ich habe nur leider meine Leinen vergessen, wir müssten noch die paar Meter zu meinem Auto." Mir fiel auf, dass ich die Frau schon mal in der Hundeschule in einer anderen Gruppe gesehen hatte. Also nein, eigentlich eher den Hund. Die erkenne ich alle wieder, wenn ich sie einmal gesehen habe. Menschen leider nicht so.

Wir wissen ja jetzt schon, dass man in einer guten Hundeschule lernt, dass es zwischen Hunden keine Kontakte an der Leine geben soll. Erst recht nicht, wenn einer angeleint, und der andere frei läuft (in diesem Fall gleich mehrere frei sind). Hat auch etwas mit Frust aushalten zu tun. Und, entspannende Folgerung ist wieder, dass der Hund später nicht ständig zu jedem anderen Hund an der Leine ziehend und keifend hin will. Auch kann es unter Hunden wesentlich mehr Auseinandersetzungen geben, wenn sie an der Leine sind. Oft kann der Leinenhalter unbewusst der „Unterstützer des Unmutes der Hunde" sein. Bei kleinen Hunden kann das Größenwahn auslösen, ein eh schon großer Hund kann zum Riesen-Ungetüm mutieren.

Jedenfalls sagte die Frau dann: „Wissen Sie, ich kann meinen nicht losmachen, der ist dann sofort weg." Und ich fragte dann - habe den Satz auch zu Ende bekommen, konnte aber null mehr auf das dann Entstehende eingehen - ich fragte: „Sind Sie nicht auch in der Hundeschule von Dietmar?" Und sah nur noch - ohne Worte und jegliche Regung von mir - wie meine Hunde plötzlich losschossen. Auf den anderen Hund zu.

Es war Gott sei Dank nicht wirklich tragisch, da keiner der Hunde auf Stress aus war. Das weiß ich ja von meinen, aber die Gegenseite konnte das nicht wissen. Das ging so schnell, ich schaffte gerade mal Luft zu holen, zu mehr kam ich einfach nicht. Habe mich auch gleich entschuldigt, war schon peinlich. Was war eigentlich passiert???

Meine Hunde hatten das Gespräch gaaanz genau verfolgt – und als ich sagte „Sind Sie nicht au.....ch in der Hundeschule..." rasten sie los. Das war für sie die Auflösung – „AU.....F" – ich darf die Position verlassen – und „au.....ch", das eigentlich von mir gesagte Wort. Konnte mir so richtig vorstellen, wie meine alle, in einer Reihe sitzend, ausgemacht hatten: „Sollte Frauchen nur etwas Ähnliches wie ein Auflösungswort sagen, rennen wir los. Wir handeln ja dann schließlich auf ihre Anweisung." Toll. Ganz sicher vereinbarten sie das. Ganz sicher. Und sie haben immer wieder grinsen müssen, wenn sie sich über diese Geschichte unterhielten. Ganz sicher. Diese Hundebande. Und haben dies an ihre Nachfolger hier überliefert. Ganz sicher.

Heute muss sie uns alle mitnehmen

Mal ein Auge zudrücken

Bei dem Grundsatz „keine Berührung an der Leine" mach ich im wahren Leben bei meinen erwachsenen (!) Hunden ab und an eine Ausnahme. Erst einmal aber muss der Hund lernen, dass es da bei Ausnahmen bleibt. Wenn sich zu einem Spaziergang mit vielen anderen Hunden getroffen wird. Manche dürfen aus bestimmten Gründen nicht von der Leine, andere eben doch. Auch wenn ich einmal im Jahr die hiesige Hunde-Ausstellung als Gast besuche. Da ist es so eng, dass man Berührungen von Hunden an der Leine überhaupt nicht vermeiden kann.

Trotzdem gehe ich mit Hund dorthin und bisher wurde ich dabei auch noch nie Augenzeuge einer wirklich heftigen Auseinandersetzung. Auch wenn mir Bekannte mit Hund an der Leine begegnen, lasse ich mit dem Wort „OKAY“ eine kurze, freundliche Begrüßung zu. Man kennt sich ja schließlich und weiß, dass das auch so mal in Ordnung ist. In der Stadt wiederum, oder wenn ich keine Berührung möchte, dann reicht ein kurzes „EHEH“ und meinem Hund ist klar, dass ich einfach an dem anderen Hund vorbeilaufen möchte. Und das klappt, ohne einen Zug von meinem Hund in die Richtung des anderen Hundes. Genau so soll es sein.

Kranker Hund, was nun

Wenn ein Hund plötzlich Probleme macht, sich erst die Frage stellen: Ist abgeklärt, dass der Hund GESUND ist? Wenn ein Hund Schmerzen oder eine andere Störung hat, kann es auch sein, dass er aus diesen Gründen heftig – egal in welche Richtung - auf gewisse Umstände anspringt, weil er dies zu seinem Schutz tut. Zu Bedenken ist hier auch, dass ein Hund Schmerzen erst sehr, sehr spät zeigt und man ihn gut kennen muss, um das richtig zu deuten. Das hat nichts mit dem wehleidigen Quietschen beim Kämmen, schon bevor es ziept, zu tun. Gar nicht so selten sind unter anderem Schilddrüsen-Krankheiten. Die Hunde können entweder sehr ruhig und dick, aber auch sehr hibbelig und streitsüchtig werden. Das also im Hinterkopf behalten, sollte dir ein plötzlich merkwürdiges Verhalten bei deinem Hund auffallen. Ein Bluttest schafft hier Klarheit.

Wer seinen Hund gut beobachtet, merkt schnell, wenn irgendetwas nicht in Ordnung ist. Plötzliche Wesensveränderungen zum Beispiel nicht auf die leichte Schulter nehmen, es kann eine Krankheit dahinterstecken. Dies sollte immer im Hinterkopf sein. Dann auch wirklich dieser Sache auf den Grund gehen und ab zum Tierarzt deines Vertrauens.

Es gibt einige Krankheiten, die Mensch und auch Tier, so auch der Hund, bekommen können. Dazu zählen Allergien, Schilddrüsenerkrankungen, Krebs, Erkältungen, Ohrenentzündungen, Augenkrankheiten und vieles mehr.

Impfungen
sind deine Aufgabe und gewissenhaft ausführen zu lassen, bis mindestens die Grundimmunisierung steht. Danach kann man abwägen, ob man – je nach Impfstoff – längere Abstände einhalten möchte. Für manche Unternehmungen mit Hund muss man allerdings regelmäßige Impfungen vorweisen. Hier dich bitte immer beim Tierarzt deines Vertrauens erkundigen. In Deutschland gibt es bei privat gehaltenen Tieren zum heutigen Tag keine Impfpflicht. Aber sie ist dringendst anzuraten. Noch trifft ein ungeimpfter Hund häufiger auf geimpfte Hunde – dadurch ist er auch gewissermaßen geschützt. Wenn es aber überhand nimmt, kann es zu Epidemien, Pandemien und Zoonosen kommen – aber wem sag ich das, in der heutigen Zeit.

Auch ist der Besuch in einer Praxis mit Welpen ohne Impfschutz immer etwas gefährlich. Die Impfmüdigkeit in Deutschland (auch bei unseren Kindern) kann ich überhaupt nicht verstehen und finde dies wie „Russisch Roulette".

Hundeohren
Jede Woche kurz einmal kontrollieren. Entzündungen sind auch dort nicht selten und tun höllisch weh. Gehäufter sind diese bei Hunden mit Schlappis durch die ungenügende Belüftung, aber durchaus auch bei Stehohren möglich. Je mehr Fell in einem entzündeten Ohr ist, desto wunderbarer können sich Bakterien vermehren. Es gibt Hunde, die zeigen es ganz schnell, wenn sie da Schmerzen haben. Eine meiner Hündinnen hat erst den Kopf geschüttelt und schief gehalten, als das Ohr schon ziemlich entzündet war. Hier ist es gut, wenn man den Tierarzt draufgucken lässt, da auch die Ursache vielfältig sein kann. Meine Devise ist zwischenzeitlich, dass ich bei einer Entzündung die Haare aus den Ohren entferne, wenn das Ohr gesund ist, bleiben die Haare jedoch zum Schutz drin. Ein gesundes Ohr bedarf kaum einer Pflege. Unsere Mädels putzen sich da auch gegenseitig.

Allergie
Und dann gibt es gefühlte X-Millionen Allergien. Sowohl bei Rasse-, aber auch Mischlingshunden. Auf Hausstaub, Milbenkot, Flöhe, diverse Futterfleischlieferantentiere, Getreide und so fort. Oftmals kratzen sie sich, bekommen Ausschläge, offene Stellen, beknabbeln sich ständig und werden unleidig.

Zähne
Sieht das Gebiss bei einem älteren Hund schon richtig gruselig aus, einmal unter kurzer Narkose richten lassen. Dicker Zahnstein gehört entfernt. Entweder, man kümmert sich alle paar Wochen und gibt neben diversen Kauartikeln eine Enzym-Kur oder putzt seinem Hund die Zähne (die Backenzähne nicht vergessen, ich kann das meist bei meinen Hunden mit dem Fingernagel abknipsen (ist das eklig?). Oder erkundige dich über die verschiedenen Narkose-Möglichkeiten. Auch abgebrochene oder gespaltene Zähne gehören zum Arzt. Entzündungen im Maul können weitreichende Folgen haben.

Magendrehung
Oh, verflixt und teuflisch ist die. Die kann jeden Hund treffen. Ob dick oder dünn, klein oder groß, alt oder jung. Wir hatten das jetzt nach dreißig Jahren Hundehaltung das erste Mal. All unsere „Vorkehrungen" haben dieses eine Mal nicht „gewirkt". Nur kurz angeschnitten ist es so, dass der Magen des Hundes nur an zwei „Bändern" aufgehängt ist. Durch irgendeine Bewegung - oder zu viel Futter auf einmal - oder zu große Anstrengung, oder, oder, kann sich der Magen umstülpen und das schnürt die Versorgung ab. Dies geschieht immer wieder mal in der Nacht - da es einige Stunden dauert, bis sich die Symptome der Drehung zeigen. Warum dies genau entsteht, weiß

man noch nicht sicher. Bei älteren Hunden könnte man ein Ausleiern der Bänder vermuten.

Es heißt: Ein erwachsener Hund sollte vor der Mahlzeit und nach der Mahlzeit sich ausgeruht haben. Er sollte mehrmals am Tag gefüttert werden, damit die Menge nie zu groß ist. Für Junghunde ist aber gerade das Spiel nach der Mahlzeit zu erlauben – das gehört einfach zu seiner Entwicklung. Auch kann ich hier immer wieder erwachsene Hunde beobachten, die nach einer Mahlzeit nicht ruhen möchten, sondern eine Spielerunde einlegen. Das ist in einer Gruppenhaltung fast nicht vermeidbar. Größere Hunde mit einem schmalen Brustkorb sind von einer Magendrehung häufiger betroffen. Trotzdem achten wir weiter auf gewisse Dinge. Wichtig wäre zu wissen, was das ist, wie die Symptome sein können und du und dein Tierarzt hoffentlich ganz, ganz schnell seid.

Wir hatten Glück – großes Glück. Ich kannte die Symptome, es war ein Samstagabend, wir glücklicherweise zuhause und noch wach. Ich habe nicht gezögert und gleich meine Tierärztin informiert. Danke für das schnelle handeln, auch an die extra noch geholte Arzthelferin. Danke, danke. Die Hündin hat den Eingriff sehr gut überstanden, kein Gewebe war abgestorben, die Milz wurde nicht geschädigt. Der Magen wird bei dieser OP zugleich an der Bauchwand angenäht. Hier ist Schnellsein enorm wichtig.

Grannen

Auch noch ein Grund, Hunde nicht in hohe Wiesen oder über Stoppelacker rennen zu lassen: Diese Grannen sind borstige Spitzen von Gräsern oder Getreide. Sie können sich unbemerkt beim Hund in die Ohren, Achseln, gerne auch Zehenzwischenräume einhaken und sich regelrecht in die Haut bohren und darin verschwinden. Dies löst eine Entzündung aus und der Tierarzt muss das Ding dann mühselig entfernen. Es kann auch ne richtige OP daraus werden, wenn die Dinger in der Nase oder im Rachen landen.

Wir hatten das nur ein einziges Mal, da durfte unsere Hovawart-Hündin über ein Stoppelfeld rennen. Das war uns eine Lehre – seither sind Stoppelfelder für alle unsere weiteren Hunde immer tabu. Man kann auch anderswo Spaß haben als Hund. Und wir hatten nie mehr wieder ein Problem damit.

Husten

Passiert selten, wir hatten bisher auch nur einen Hund, der sich dies eingefangen hat. Husten beim Hund hört sich so an, als würde ihm etwas im Hals stecken. Macht er das öfter am Tag und zwei Tage hintereinander, ab zum Tierarzt. Der sogenannte Zwingerhusten verbreitet sich schnell. Eine Impfung hilft da, dann fällt der Husten in der Regel schwächer aus oder tritt erst gar nicht auf.

Knochen/Gelenke
Je nach Ernährungszustand, Genetik oder Überbelastung, können Arthrosen, Hüftgelenksdysplasie mal früher, mal hoffentlich erst im gesegneten Alter auftreten. Bei Lahmheit, unrundem Gang, nicht springen wollen, Hasenhoppeln etc. nicht lange warten.

Krabbelviecher
Flöhe, Milben, Stecher und weitere Beißer sind nicht angenehm. Aber, ihre Bekämpfung geht relativ einfach. Bei Floh- und Milbenallergien ist auch der Gang zum Tierarzt anzuraten. Mein Blut gehört mir und auch unsere Hunde möchten es am liebsten mit niemandem teilen.

Eine immer größere Gefahr geht von Zecken aus. Die früher im Süden beheimateten Arten breiten sich durch das wärmere Klima und auch über Einschleppungen in ganz Deutschland aus. So wird die Gefahr der Übertragung von vielen Krankheitserregern leider immer größer. Borreliose, Anaplasmose, Babesiose, FSME etc. Schau bitte bei Tante Google auf seriösen Seiten nach. Je nach Erreger treten Lähmungserscheinungen, Müdigkeit, Zittern, Fressunlust und Fieberschübe auf, die lebensgefährlich sein können. Ich kenne wirklich einige Hunde, die Zeit ihres Lebens nun auf Medikamente angewiesen sind. Und weiß zwei Hunde, die verstorben sind, weil sie das Gegenmittel nicht vertragen haben. Aber ich kenne keinen Hund, der nachweislich eine schwere Schädigung durch ein Schutzmittel bekommen hat.

Alles, was es da so gibt an – ich nenne es hier mal gut gemeinten „Kinkerlitzchen", wie Kokosöl, Bernsteinketten, Kräuterchens, Plaketten – nützen nichts!!! Der Mensch neigt jedoch dazu, alles Mögliche auszuprobieren. Wenn ein Mittelchen drei Jahre lang in einem zeckenreichen Gebiet überdurchschnittlich gut funktioniert, gebt mir bitte Bescheid.

Genau, wie Impfungen in gewissen Abständen sinnvoll und lebensrettend sein können, genauso kann ein Schutzmittel gegen Zecken oder Sandmücken lebensrettend sein. Es gibt Halsbänder, Spot Ons und Tabletten – jeweils mit anderen Wirkstoffen und entsprechendem Ergebnis. Ich finde repellierende Mittel am besten, da eine Zecke bereits abstirbt, bevor sie sticht. Wenn eines dieser Schutzmittel ein Nervengift ist, dann spricht es spezielle Merkmale von Insekten an, NICHT von Säugetieren. Säugetiere besitzen eine Membran, die sozusagen wie eine Pumpe in der Blut-Hirn-Schranke funktioniert und ständig unerwünschte Stoffe wieder raus transportiert.

Allergien können auftreten, die natürlich beachtet werden sollten und dann das verwendete Schutzmittel ausgetauscht werden muss.

Ich habe seit Jahrzehnten ein Halsband für unsere Hunde (nur für Hunde!) mit dem Wirkstoff „Deltamethrin". Es hat den Vorteil, dass die Zecke bereits abfällt und stirbt, bevor sie überhaupt beißen kann. Wirkt gegen Spinnentiere und Insekten über mehrere Monate.

Ausnahme!!! Bei Rassen, die einen Hütehund (Collie, Aussie) oder Mischlingen daraus in sich haben, kann es allerdings den „MDR 1"-Gendefekt geben. Diese Tiere (gibt es auch beim Menschen) haben eine Überempfindlichkeit gegen bestimmte Arzneimittel, dies kann zum Tode führen. Um das auszuschließen, kann man eine Blutprobe auf diese Mutation hin untersuchen lassen. Die Tierärzte wissen dann genau, welche Medikamente einsetzbar sind. Auch für diese Hunde gibt es zugelassene Schutzmittel.

Wurmkur

Die ist im Moment auch sehr umstritten beim Hund. Es gibt mittlerweile Tests, die man sich online bestellen kann, wenn man sich scheut, dem Hund eine Wurmkur zu verpassen. Aber selbstverständlich sind unsere Welpen bis zur Abgabe viermal mit zwei unterschiedlichen Mitteln entwurmt. Sie haben immer Würmer, die entwickeln sich teilweise erst mit der Muttermilch. Pferdeleute entwurmen, wenn sie auf Ausstellungen fahren, bis zu sieben Mal im Jahr. Wir entwurmen alle unsere Säugetiere in artgerechten Intervallen. Gerade bei „Vielviecherei" können sie sich gegenseitig mit diversen Würmern anstecken. Wessen Hund Mäuse frisst, oder auch wenn kleinere Krabbelkinder in der Familie sind, würde ich viermal im Jahr entwurmen. Also ich.

Und viele „Wühltischwelpen" mit Blähbäuchen haben Massen an Würmern in sich drin. Und Giardien. Und noch viel mehr. Bei tagelangem Unwohlsein, fühlbaren Beulen oder sonstigen Veränderungen setzt man sich immer mit seinem Tierarzt in Verbindung.

Weiterhin haben Heilpraktiker und Globuli durchaus ihre Berechtigung! Auch wir setzen dies sowohl bei uns Menschen, als auch bei den Tieren immer wieder mit Erfolg ein. Jedoch, wenn es um Leben oder Tod geht, ist für mich immer der Mediziner und Tierarzt mit all seiner „Chemie" allererste Anlaufstelle.

Viele Hunde jedoch sehen den Tierarzt nur selten. Zur Impfung, zur Kontrolle, oder mal nach einer Verletzung. Nichts im Leben ist ohne Risiko - einen Hund bei sich haben zu können, ist jedoch ein großes Glück.

Bitte informiere dich gut - und setze deinen gesunden Menschenverstand ein. Wäge ab und entscheide. Für dich und deine Lieben, nicht für die Gesellschaft, die dich gerade umgibt.

Der Hype nach nur noch „Natürlich" ist gerade sehr hoch – die Mehrheit an einem Tisch muss nicht immer Recht haben. Tust du Dinge, nur um dazuzugehören?

Und selbstverständlich sind wir sehr umweltbewusst, haben Unkräuter und Bienen, viele Pflanzen für Raupen und Schmetterlinge. Das eine schließt doch das andere nicht aus. Nicht umsonst nennt man die Mitte oft golden. Jeder kann seinen Beitrag für die Natur und Gesundheit leisten.

Nicht immer ist „Chemie" so schlecht, wie ihr derzeitiger Ruf. Überlege, und entscheide für DICH. Zum Wohle aller, das ist ja keine Frage. Es kann sich so schnell eine neue Lebenssituation entwickeln, die die ganze Welt verändern kann.

Schattenparker

Dein Hund wird alt

Das Altwerden gehört zum Leben dazu. Irgendwann ist es soweit, dass auch dein Hund alt sein wird. Kleinere Hunderassen, wenn gesund, sind länger fidel. Die Alterswehwehchen setzen oft erst nach dem zehnten Lebensjahr ein.

Je größer ein Hund ist, desto eher wird er tapprig und baut schneller ab. Das kann bereits ab dem siebten Lebensjahr geschehen. Ab dem Zeitpunkt lieber einmal öfter zum Tierarzt gehen, als zu spät. Nicht einfach sagen „na der ist jetzt eben alt und dann ist das ein oder andere nicht mehr so, „wie früher".

Eben. Genau aus diesem Grund wäre es gut, mal ein großes Blutbild machen zu lassen.

Und auch den kompletten Bewegungsapparat mal röntgen lassen. Sieht man da Verschlechterungen, kann man noch gut entgegenwirken und dem Hund oftmals noch einige Zeit mehr eine gute Lebensqualität schenken. Auch ein Hundephysiotherapeut lindert gewisse Zipperleins. Scheue dich nicht, deinem Hund Schmerzmittel zu geben, wenn der Tierarzt das rät. Arthrose tut höllisch weh. Wenn dein Hund „wie auf rohen Eiern läuft", ist die Krankheit schon ziemlich fortgeschritten. Die Nebenwirkungen der Medikamente sind in dem Fall zwar über ein Blutbild abzuklären und gegebenenfalls ist auf ein anderes Mittel zu wechseln. Jedoch überwiegen die Vorteile. In dieser Zeit gilt es, sein Leben noch lebenswert zu gestalten. Alte Hunde haben oft Rücken. Meist ist das „Spondylose", die bei Schüben höllisch weh tut. Wie schon geschrieben, zeigen viele Hunde Schmerz erst sehr spät.

Gerade bei pieseligem, feuchten Wetter tun ihnen Mäntel echt gut. Die gibt es auch in gedeckten Farben, wenn man es leid ist, sich und seinen Hund ständig zu erklären. Sonst zieht die Kälte in die Knochen - und was ein anderer darüber denkt, kann dir egal sein - das Lebenswertgefühl für deinen Hund ist wichtig und es sollte dieses und auch mal jenes angepasst werden.

Wenn es losgeht, dass die Ohren nicht mehr so wollen - da gibt es aus der Homöopathie gute Hilfe. Wenn das irgendwann nicht mehr ausreicht, kann ein Medikament den Blutfluss besser in Gang bringen, so erreicht er auch wieder das Ohr und für einige Monate freut sich der Hund, wenn er seine Umwelt auch wieder hörend wahrnehmen kann.

Auch die Augen können im Alter nachlassen. Wenn du das bemerkst, bitte einmal zu einem Tier-Augenarzt gehen - er kann feststellen, ob der Hund aufgrund einer Augenkrankheit Schmerzen hat. Sollte dein Hund erblinden - bitte auf keinen Fall mehr die Tasthaare an der Schnauze und über den Augen schneiden oder abscheren lassen. Mit diesen Tasthaaren kann sich ein blinder Hund noch ganz toll zurechtfinden. Er muss noch nicht mal an einen Gegenstand anstoßen, er nimmt ihn bereits vorher durch die Tasthaare wahr. Auch die Nase hilft ihm dann bei der Orientierung. Sie können sich da sehr schnell umstellen und teilweise wusste auch ich bei meinen Oldies hier nicht, wieviel sie wirklich noch - oder eben nicht mehr - gesehen haben.

Wenn das Herz nicht mehr so will, gibt es auch noch medikamentöse Möglichkeiten. Irgendwann kann es sein, dass der Hund nicht mehr alleine aufstehen kann. Dann hilf ihm einfach, wenn das möglich ist. Bei einem schweren Hund mit einem Geschirr mit Griff, einen kleinen oder auch mittleren Hund kann man so in die Höhe hieven. Nach einiger Zeit weiß man die Blicke des Hundes zu deuten, wann er aufstehen möchte. Auch kann es passieren, dass der Schließmuskel und die Blase nicht mehr so dichthalten. Eine Zeit lang können da noch Anabolika helfen. Die Inkontinenz ist für einen Hund nach kurzer Zeit erträglich, wenn du es einfach annimmst und sauber machst. Dann nimmt er es auch an. Taste ihn immer mal ab, um irgendwelche Wucherungen frühzeitig zu finden.

Jedoch versuche auch, dem Hund noch kleine Aufgaben zu stellen - ansonsten baut er schneller ab, da es ja nichts mehr zu tun gibt. Und sei es nur, er sucht im Umkreis noch sein Futter.

Massiere ihn leicht alle paar Tage - so, wie es ihm guttut. Auch eine Rotlichtlampe kann ihn entspannen. Unsere alte Roxy damals wurde fünfzehnjährig! noch von einem streunenden Schäferhund angefallen. Er hat ihre Beine zerbissen, bevor ich ihn wegtreten konnte. Wir haben zusammen mit ihr gekämpft - die damalige Tierärztin und wir als Familie. Unterstützend machten wir eine Blutegeltherapie - diese wirkte wahre Wunder. Sie kam tatsächlich wieder auf die Beine und lebte noch fast eineinhalb Jahre mit uns. Solange der Hund einmal täglich noch mitten drin ist im Geschehen, frisst und laufen kann und medikamentös versorgt ist, ist es nicht nötig, bereits ein Ende zu setzen. Lebensqualität ist relativ - du weißt am besten, wie dein Hund es gerne hätte.

Wenn du empfindest, er würde sehr leiden, dann ruf deinen Tierarzt an, der auch hoffentlich dafür einen Hausbesuch macht. Geht das nicht, dann gehe mit dem Tier den letzten Weg und lass es nicht alleine beim Sterben. Es wird in Frieden gehen und du deine Trauer besser überwinden. Solltest du weitere Hunde zuhause haben, wäre das Einschläfern zuhause für alle friedlich. Du wirst sehen. Irgendwann. Allerdings, wenn man die Zeit nicht hat, es nicht sehen kann, oder arbeitsbedingt nicht zwischendurch auf den alten Hund achten kann, ist es natürlich deine Aufgabe, den richtigen Zeitpunkt zu finden, wann man ihn denn erlösen sollte.

Loslassen ist immer schwierig - ich vermisse alle unsere bereits gegangenen Tiere. Trotzdem darf man irgendwann mit einem Lächeln zurückdenken. Und solange wir leben, auch weiteren Tieren eine glückliche Lebenszeit bei uns schenken.

Roxys 15. Geburtstag am 15.02.2012

Was macht Takeo

Drei Wochen, nachdem Takeo wieder bei seiner Familie war, stand der Postbote bei mir vor der Tür - mit zwei Päckchen. Das eine hatte den Absender von Takeos Besitzern. Auf dem anderen stand: „Frische Blumen".
Ich machte zuerst das kleine Päckchen auf. Drin war das Halsband, das Takeo von uns umhatte, da sein Geschirr ja viel zu klein geworden war. Und eine Karte:

Hallo Simone,

mittlerweile ist Takeo seit fast drei Wochen wieder bei uns und es ist wunderbar! Paul hat uns für zwei Stunden besucht, das war alles, den „Rest" lernen wir in der Gruppe. Vielen Dank noch mal für Deine Unterstützung! Wir hoffen, die Blumen sind bei dir angekommen!?

Herzliche Grüße,
Takeo-Herrchen- und Frauchen.

Uiii, darüber habe ich mich echt ganz, ganz arg gefreut!!!

Meine Rückmeldung per Mail an Takeo-Leute:

Ja hallo,

vielen, vielen Dank für den schönen Blumenstrauß! Er kam echt zeitgleich mit der Karte und dem Halsband an. Super Timing. Anbei ein Beweisfoto. Freut mich sehr, dass ihr jetzt besser klarkommt und wünsche euch sehr, dass es so bleibt und ihr miteinander eine lange, fröhliche, entspannte Zeit habt.

Viele Grüße

Simone Wagner
und die Wauzis aus der Elo®-Zuchtstätte von Werths Echte

Ich sage „ja“ zu (m)einem Hund

Jetzt hast du ein paar neue Wege zum anständigen Familienhund gezeigt bekommen. Und du kannst mit deinem „neuerworbenen Klick“ in die gewünschte Richtung gehen. Entscheide dich, es wird genau euer beider richtiger Weg zum entspannten Miteinander sein. Viel Erfolg, ich drücke die Daumen. Dann wird es schon bald eine glückliche gemeinsame Zeit mit Hund geben. Das hat so viel Herzenswärme – es lohnt sich alles wirklich!

Was für ein Gefühl hast du jetzt? Bist du guten Mutes, mit deinem „Klick“ und einem wohligen, guten Bauchgefühl einen Welpen zu erziehen? Und auch mal andere Wege zu gehen? Ja, ganz bestimmt.

Das klappt, wirst sehen

Na ich weiß nicht...

Natürlich funzt das

Aber sicher doch

Und ich freue mich über deine Erfahrungen und ein Foto mit dir – lächelnd – und deinem entspannten Familienhund. Wie immer nehme ich auch gerne weitere Vorschläge für die nächste Auflage an. Und da habe ich auch sicherlich neue Erkenntnisse über unseren kleinen „Schweinehund" Higgins – der auch für mich eine Herausforderung ist.

Man könnte ihn mit einem Wolpertinger aus Rauhaardackel-Basset-Jack-Russel-Katzen-Esel vergleichen. Aber, auch ich bin guten Mutes – wir schaffen das!

In diesem Sinne wünschen wir eine erfolgreiche neue Lebenszeit!

Simone, Annika, Rolf Wagner und Moritz Hauk

IMPRESSUM
Redaktion: Simone Wagner, Melanie Hartmann, Moritz Hauk
Lektoren: Quentin Hapunkt, Annika und Rolf Wagner
Autor: Simone Werth-Wagner

Vielen Dank für die Mithilfe und das Mutmachen:

Sabine Meyer, www.hundepension-fuerth.de, Dietmar Meyer, www.hundeschule-fuerth.de , Rolf Wagner, Annika Wagner, Moritz Hauk, die „Kleine" und Michaela Hilburger

Fotografen:
Melanie Hartmann, Lisa Brodka, Johannes Bürger, Ingrid Fischer-Holve, Marion Griebel, Claudia Haas, Tanja Kreimendahl, Birgit Hennig, Sabine Meyer, Frank Noll, Heike Schust, Achim Bär, Daniel Weiser, Sarah Schiefer, Ulrike Neumann, Yvette Petri, Clarissa Flohry, Joachim Windmüller, Nadja Held, Petra Wanner-Sauter, Rolf Sauter, Elisabeth Piringer, Moritz Hauk, Michaela Hilburger, Claudia Schröder, Annika Wagner, Rolf Wagner, Simone Wagner

Bei der rechtlichen Beurteilung verschiedener Sachverhalte hat uns Herr Bürgermeister i. R., Peter Strizelberger, gerne unterstützt.

AnRoSi Verlag

Simone Wagner, Oberdombach 24, 91522 Ansbach, www.anrosi-verlag.de

1. Auflage 2020

ISBN 978-3-9814115-2-2

Druckerei: www.druckterminal.de

Weiterführende Links zum Buchinhalt gibt es unter
www.hundeerziehung-familienhund-welpe.de

Seehotel Moldan
Wellness nur mit Hund,
Beautyfarm, Kulinarisches,
Hundeprogramm

www.dogotel.de

Tierrettung Mallorca
Vermittlung Hunde, Katzen

KaiPioch Media
www.espana.tierhilfe.com

sponsoring by AnRoSi-Verlag

Assistenzhunde-Ausbildung Fürth
Blindenführhund
Diabetes-Signalhund
Svenja Bardeck

www.hundeschule-seite-an-seite.de